La Naissance de l'Homme

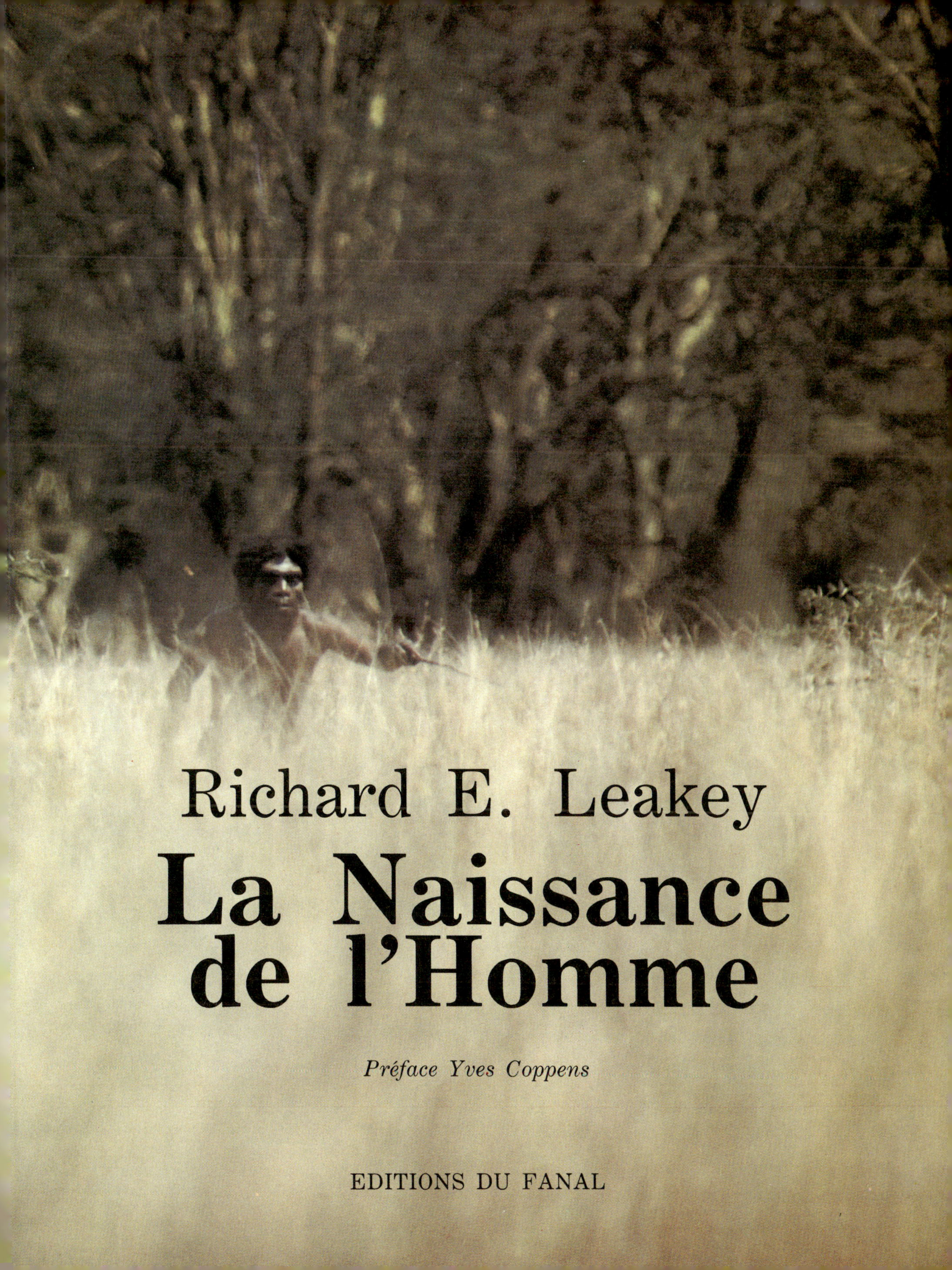

Richard E. Leakey

La Naissance de l'Homme

Préface Yves Coppens

EDITIONS DU FANAL

Titre original : *The Making of Mankind*

Conçu et réalisé par
The Rainbird Publishing Group Limited
36 Park Street, London W1

Authorized French language edition

21-23 rue d'Astorg, 75008 Paris

Traduction :
Anne Laflaquière (Chap. 8 à 14)
Brigitte Senut (Introduction et chap. 1 à 4)
Christine Tardieu (Chap. 5 à 7)

Consultation scientifique :
Yves Coppens

Printed and bound in Spain by Printer Industria Gráfica, SA
Sant Vicenç dels Horts Barcelona D.L.B. 19735-1981

ISBN 2-7308-0025-5

Sommaire

Préface

Voici encore un très beau livre de Richard Leakey, encore un livre qui ne se lasse de raconter cette histoire extravagante d'un être qui, en quinze millions d'années, se rend maître du monde. Et dire que ce vieux rêve des hommes est notre propre histoire !

Petits singes arboricoles, friands de fruits et de jeunes pousses, nous nous sommes un beau jour risqués hors de l'ombrage des forêts pour goûter aux baies et aux graines des clairières. Et l'aventure nous plut au point que nous nous fixâmes dans ces paysages plus éclairés où la vue est imprenable. Le corps tendu sur les pattes de derrière, l'idée nous vint alors de libérer la moelle d'un os en le brisant avec une pierre, et le résultat fut si convaincant que nous adoptâmes définitivement la méthode. Puis les vicissitudes du climat qui n'était plus ce qu'il avait été, le goût grandissant des jeunes générations pour la chasse et la bougeotte firent que nous nous lançâmes dans la reconnaissance de nouvelles terres; c'est ainsi que peu à peu nous apprîmes à connaître le monde et à contrôler, de manière d'ailleurs quelque peu désordonnée, tout ce qui l'habitait. Et nous en sommes à peu près là de notre belle histoire; l'outil s'est amélioré, la connaissance du milieu, développée, mais nous poursuivons toujours la recherche de ce que nous sommes.

Il faut que les milliards d'hommes qui peuplent aujourd'hui la terre entendent cette histoire, qu'ils apprennent que notre origine plonge dans le temps et dans le monde animal, qu'elle est la même pour tous et qu'elle est tropicale; que notre réussite est une adaptation à un environnement qui a changé et qu'il n'y a aucune prédétermination dans nos comportements agressifs. S'il est vrai que notre corps demeure soumis aux lois de la biologie, il est vrai aussi que nous avons acquis la réflexion, c'est-à-dire la liberté.

Ce livre est donc, bien au-delà d'un agréable raccourci très joliment illustré de la Préhistoire de l'Homme, un grand message d'espoir et de fraternité. La guerre n'est pas dans les gènes; 1 % de protéines différentes et deux chromosomes de moins ont fait que l'Homme a désormais le privilège immense de pouvoir choisir; il est devenu en partie responsable de son propre avenir.

Yves COPPENS
Professeur d'Anthropologie du Muséum
Directeur au musée de l'Homme

Introduction

Depuis le début de ma carrière de paléoanthropologue, je suis continuellement impressionné par l'intérêt passionné que le public porte à tout ce qui touche aux origines de l'homme.

J'ai donc tenté de répondre aux questions soulevées par cette énigme de façon à vulgariser notre histoire évolutive, à la faire partager au plus grand nombre et peut-être à jeter un pont entre le professionnalisme sérieux des scientifiques et la curiosité légitime de chacun de nous. Cet ouvrage et la série documentaire télévisée sur laquelle il est fondé en sont un essai et j'espère que l'ensemble des deux fournira un aperçu durable de ce qui est certainement une dimension essentielle de l'humanité.

La plus grande part de notre passé et des événements qui ont conduit à notre présence sur cette planète est maintenant connue et constitue une histoire fascinante. On peut observer l'évolution et parler de faits, mais, par-dessus tout, nous pouvons nous réjouir de la connaissance de nous-mêmes à travers notre passé évolutif.

Un des problèmes de tout récit sur un sujet pluridisciplinaire est la difficulté de les embrasser tous, d'être à jour, et de présenter les faits de manière totalement objective. Bien sûr, j'ai glissé trop rapidement sur certaines découvertes importantes. Bien sûr, il reste encore un monceau croissant de preuves concernant les derniers stades de notre préhistoire, dans des régions telles que l'Afrique et l'Asie, qui n'est pas suffisamment évoqué dans les pages de ce livre. Je suis douloureusement conscient du fait que les progrès dans ce domaine sont si rapides que les découvertes peuvent remettre en question toutes nos idées sur l'évolution humaine d'ici la publication de ce livre. Je le regrette et ne peux seulement qu'espérer un jour avoir l'opportunité d'en dire plus sur l'histoire de notre passé.

Alors que ce livre était presque terminé, j'ai eu connaissance de données nouvelles qui auraient certainement pu constituer une partie de la présente étude. La plus intéressante est peut-être la découverte d'un squelette de Néandertalien classique relativement plus jeune que les autres pièces européennes de ce type. Ceci aura une influence considérable sur toute discussion portant sur la place des Néandertaliens européens dans l'histoire de l'évolution humaine.

La préhistoire humaine est une science qui est en plein essor. Chaque année, les découvertes se multiplient et la perception de nos origines change. Chaque changement nous rapproche de la vérité qui est, bien entendu, notre objectif.

Dans cet ouvrage, je fais référence aux travaux de nombreux collègues auxquels je suis très reconnaissant, et j'espère que ce livre et la série télévisée rendront justice à nos efforts communs.

Richard E. LEAKEY

1 Comprendre nos origines

La première décision sérieuse que je pris concernant ma vie fut que je n'allais certainement pas suivre la tradition Leakey. Mes parents, Louis et Marie, étaient mondialement connus pour leurs travaux et découvertes en préhistoire africaine. Leur engagement dans cette recherche était tel que cela développa une atmosphère d'une intensité rare à laquelle je fus soumis (comme mes frères, d'ailleurs) dès mes premiers jours. Ce n'était pas par hostilité que je m'étais résolu à ne pas me laisser entraîner dans la chasse aux fossiles, mais parce que j'essayais désespérément d'obtenir une certaine indépendance, d'être libre du monde dans lequel mes parents évoluaient.

Mais, lentement, j'étais attiré par le monde des fossiles. La fascination des objets restés enfouis dans ces dépôts anciens s'avéra petit à petit plus forte que mon désir de me différencier de mes parents. A l'occasion, je participais à des fouilles dans divers sites du Kenya. Sans posséder de réels diplômes académiques, mes leçons venaient de ce que je voyais et entendais tandis que je travaillais avec les autres. Je réalisai bientôt que, comme mon père, j'étais contaminé par un puissant besoin de connaître le passé, de savoir d'où vient l'animal humain, de comprendre nos origines. Je ne pouvais résister plus longtemps à ce terrible défi et à cette excitation de la recherche sur l'être humain.

L'interrogation ultime

L'être humain a de nombreuses caractéristiques peu courantes parmi lesquelles, et non la moindre, la curiosité intense de comprendre sa parenté avec le monde qui l'entoure. Nous observons les animaux qui partagent notre planète et nous nous demandons ce qui nous distingue d'eux. Nous nous demandons s'il existe d'autres mondes habités disséminés dans l'univers. La pensée philosophique à travers les âges reflète l'obsession de la question suivante : que signifient le terme « être humain » ?

Un des plus grands succès télévisés des années soixante-dix, *Racines*, contait l'histoire fictive d'un jeune Américain nommé Kunta Kinte à la recherche de ses aïeux arrachés à la terre de leur village d'Afrique de l'Ouest pour être emmenés comme esclaves deux siècles auparavant. Les barrières sociale, économique et ethnique s'évanouissaient au fur et à mesure qu'un large public s'identifiait au jeune homme en quête de son passé et de ses origines. Ce scénario touchait une corde sensible qui révélait l'incertitude quasi universelle sur nos origines. Ce désir de lever ce doute est vraiment très fort et rejoint ce que le grand théologien Paul Tillich appelait « l'interrogation ultime ».

A travers l'Histoire, les religions et les mythologies ont toujours fourni aux peuples les réponses à leur « interrogation ultime ». Chaque tribu, État ou nation a donné sa propre version de la création, généralement aux mains d'un dieu tout-puissant qui, en conséquence, peupla le reste du monde d'êtres plutôt inférieurs. De nombreuses personnes considèrent comme une

Richard Leakey à Koobi Fora (dans le Nord Kenya) observe des outils façonnés par nos ancêtres il y a 500 000 ans environ.

Bien que Darwin eût évité d'être explicite sur le problème de l'origine de l'homme, sa théorie implique très nettement que les êtres humains sont les descendants d'un animal simiesque. Après la publication de son livre L'Origine des espèces, *de nombreux journaux et caricatures reflétèrent l'émoi général à l'idée d'être apparenté aux grands singes. Cette caricature fut publiée dans* Punch *en 1861.*

preuve significative de l'existence d'une telle divinité le fait que toutes les cultures du monde ont eu une sorte de dieu ou des divinités. D'autres, dont moi-même, préfèrent en conclure que l'esprit humain possède une nature très spéciale.

On discerne facilement, dans l'évolution historique, l'importance de la religion dans la plupart des cultures. Mais pour retracer l'histoire humaine, il faut remonter bien au-delà des 6 000 ans que nous révèlent les documents classiques. Depuis combien de temps la question de « l'interrogation ultime » a-t-elle germé dans l'esprit humain ? L'apparition de l'art de l'époque glaciaire, qui débuta il y a 35 000 ans, témoignait-elle de cette forme de spiritualité ? A-t-on le droit de dire que les problèmes philosophiques naquirent il y a 40 000 ans ou plus avec l'apparition d'hommes anatomiquement modernes ? Que devons-nous dire, alors, de ceux qui les ont précédés ? Il est probable, je crois, que le besoin de s'interroger sur nos origines a véritablement une très longue histoire, certainement plus longue qu'il n'y paraît à première vue.

La civilisation occidentale a été fondée depuis plus d'un millénaire sur la religion judéo-chrétienne, qui prêche que les êtres humains et la planète que nous habitons sont le centre du territoire de Dieu. Cette considération confortablement égocentrique fut récusée il y a plus de quatre siècles lorsque Nicolas Copernic osa prétendre que la Terre n'était pas le centre de l'univers, mais seulement une des nombreuses planètes gravitant autour d'une étoile assez petite. Pendant les trente premières années du XVIIe siècle, Képler, suivi de Galilée, confirma ce que Copernic avait suggéré. C'est alors que les tensions éclatèrent : l'Église et l'État condamnèrent les astronomes pour hérésie. Galilée dut renoncer à ses idées devant la Sainte Inquisition, mais la vraie nature de l'univers physique se vérifia grâce au développement de la science et, bientôt, l'opinion émise par l'Église et l'État fut rejetée. Notre planète n'est, en fait, qu'un simple corps dans le vaste complexe du système solaire et des galaxies. La science avait commencé d'ébranler le point de vue du monde judéo-chrétien.

Le coup le plus important porté par la suite vint au milieu du XIXe siècle avec la publication de *L'Origine des espèces* de Charles Darwin. Dans son livre, Darwin s'était restreint au commentaire suivant sur la position de l'homme : « Une lumière sera jetée sur l'origine de l'homme et son histoire ». Dans les éditions suivantes, il ajouta le mot « grande » au début de la phrase. Bien qu'il eût évité d'être explicite sur le problème de l'homme, l'application directe de sa théorie de l'évolution entraînait que les humains descendaient d'un animal simiesque et n'étaient pas le produit d'une création particulière. La société du XIXe siècle fut très choquée et Darwin subit les attaques à la fois de l'Église et de nombreux scientifiques. Il était impensable que l'homme pût être directement apparenté aux créatures communes du monde. La réponse judéo-chrétienne à la question de l'« interrogation ultime » était menacée et ses défenseurs s'apprêtèrent à combattre âprement pour elle.

Après la publication de la théorie de Darwin, on rapporte que la femme de l'évêque de Worcester se serait exclamée : « Mon Dieu, descendre des singes ! Espérons que ce n'est pas vrai, mais si cela était, prions pour qu'on ne le sache pas ! » La crainte de la dame fut reflétée dans de nombreux journaux et caricatures de l'époque dont certaines montraient des singes aussi surpris d'avoir des parents tels que nous. Notre proche parenté biologique avec les grands singes a, bien sûr, été confirmée scientifiquement dans un passé plus récent. Les biochimistes, par exemple, ont démontré que les protéines qui composent le corps humain et celui des chimpanzés diffèrent de moins de 1 % dans leur structure. Une telle similitude biochimique trahit évidemment une parenté dans leur processus évolutif et

Louis Leakey (à gauche) avec Raymond Dart en 1970.

j'irai même plus loin : s'il n'y avait notre ego et notre désir d'être différents, les grands singes seraient inclus dans notre famille, celle des hominidés.

Ce qui ne signifie pas, comme la femme de l'évêque de Worcester le craignait, que nous descendons des chimpanzés et des gorilles, mais plutôt qu'à un certain moment nous avons partagé avec eux un ancêtre commun. Plus simplement, on peut imaginer que les descendants de cet ancêtre commun ont évolué suivant deux voies : l'une qui a mené aux grands singes et l'autre qui a conduit aux ancêtres de l'homme, les hominidés. Nous devrions cependant éviter de penser que nos prédécesseurs ont progressé sur une ligne droite vers le présent. Du point de vue du préhistorien, on imagine plutôt une scène sur laquelle différents acteurs ont joué un drame très long et complexe. Il s'agit simplement de savoir combien d'autres personnages ont participé à ce drame, quels étaient leurs liens, à quel moment ils sont entrés en scène et quand ils en sont sortis...

La tradition Leakey

Lorsque, en 1926, mon père partit à la recherche d'une preuve de l'ancêtre de l'homme en Afrique, aucun des acteurs n'avait été virtuellement localisé et les rôles de ceux qui avaient été découverts étaient largement discutés. Quand Louis mourut en octobre 1972, il avait passé presque un demi-siècle à participer énergiquement à une meilleure compréhension du passé. Robert Broom et Raymond Dart, qui travaillaient tous deux en Afrique du Sud, formaient avec Louis un trio de personnalités hors du commun, véritables pionniers dans l'étude des origines de l'homme en Afrique.

Louis avait tout juste vingt ans quand il décida d'embrasser la carrière de chasseur de fossiles. Jusque-là, il avait essayé de suivre l'exemple de son père et de devenir missionnaire chrétien au Kenya. Bien que né et élevé au Kenya, il rentra en Angleterre pour y poursuivre son éducation, d'abord à

l'école de Weymouth, puis au Collège Saint John à Cambridge. Pendant ses études universitaires, Louis fut victime d'un traumatisme crânien au cours d'un match de rugby. A la suite de quoi, souffrant de terribles maux de tête, il fut contraint au repos sur les conseils de son médecin. En guise de convalescence, il se joignit à une expédition du British Museum en Tanzanie, à la recherche de dinosaures fossiles. L'expérience suffit à le convaincre qu'il serait chasseur de fossiles. Aussi, lorsqu'il revint de cette expédition, termina-t-il son diplôme d'anthropologie tout en commençant à préparer son retour en Afrique avec un projet de son cru en 1926.

A cette époque, la pensée académique considérait comme tout à fait erronée l'idée de Louis de rechercher les ancêtres de l'homme en Afrique. Bien que Darwin eût suggéré en 1871, dans *La Descendance de l'homme*, que nos ancêtres pouvaient peut-être se trouver en Afrique, les chercheurs européens des années vingt considéraient leur propre continent comme le berceau le plus plausible de l'humanité. On pensait qu'un ancêtre tout à fait respectable, l'Homme de Piltdown, avait été découvert en Angleterre elle-même : il s'agissait en fait d'un faux, mais la supercherie ne fut reconnue que plus tard. Un hominidé véritable, appelé « singe-homme », découvert par Raymond Dart en Afrique du Sud en 1924, fut largement rejeté car on le considéra plutôt simiesque qu'humain.

Cependant, Louis se rendit en Afrique. Il fouilla plusieurs sites au Kenya et en Tanzanie, dont certains très anciens et d'autres relativement récents. Son site favori demeurait celui de la gorge d'Olduvai. Un géologue allemand, Hans Reck, y avait travaillé dans les années précédant la Première Guerre mondiale, et il avait reconnu l'importance du site fossilifère. En 1931, Louis découvrait sur une pente des bifaces bien travaillés, âgés de 1 million d'années environ : sa foi dans le site d'Olduvai avait triomphé, mais on devait attendre presque trente ans avant qu'un fossile pré-humain ne soit découvert dans la gorge.

Pendant ces trois décades, Louis fut très occupé, à la fois au National Museum à Nairobi et sur beaucoup d'autres sites est-africains. Louis et ma mère, Marie, ne pouvaient se rendre qu'irrégulièrement à Olduvai, du fait de ces engagements et d'un manque de ressources, ce qui entraîna un lent et frustrant progrès des recherches. Jonathan, Philip et moi-même accompagnions souvent nos parents dans leurs déplacements, à la fois à Olduvai et sur d'autres gisements. Non seulement, nous y avons emmagasiné un grand nombre d'informations sur les techniques de recherche et de dégagement des fossiles, mais nous y avons également appris à survivre dans une région inhospitalière : comment trouver de la nourriture, où chercher de l'eau en terrain sec et quelles plantes pouvaient être de bonnes médecines. Cette éducation m'inocula peu à peu une passion pour le territoire est-africain, sa faune et sa flore.

Vers le milieu des années soixante, mes parents avaient réuni une liste impressionnante de trouvailles fossiles dont on pouvait déjà déduire quelques renseignements sur la préhistoire humaine. Par exemple, Louis croyait que plusieurs espèces d'hominidés fossiles existaient il y a 2 millions d'années à peu près; certaines se seraient éteintes, alors que l'une d'elles, qu'il appela *Homo habilis*, donna plus tard naissance aux hommes modernes. Il pensait aussi que l'origine de la lignée *Homo* était encore plus ancienne. Une si lointaine ascendance pour le rameau humain était une idée très nouvelle à l'époque et de nombreux chercheurs ne pouvaient encore l'accepter.

C'est en 1967 que je participai à ma première grande expédition fossile, lorsque je pris la direction du contingent kényan de la mission internationale de la basse vallée de l'Omo en Ethiopie (mission à laquelle prirent part des équipes française et américaine). En dépit du caractère prometteur de la

La gorge d'Olduvai, en Tanzanie. Les Masai lui ont donné le nom d'Olduvai, qui signifie « le lieu du sisal sauvage » d'après les plantes épineuses qui y croissent et que l'on distingue sur la droite de la photo. Louis Leakey commença son travail à la gorge en 1931 et les fouilles se poursuivent à l'heure actuelle sous la direction de Mary Leakey et de son équipe.

région, je décidai d'un autre site pour ma propre recherche future, que je découvris tout à fait par hasard, lors d'un bref voyage à Nairobi pendant les fouilles de l'Omo. Au cours du voyage de retour, nous dûmes survoler la côte est du lac Turkana (anciennement lac Rodolphe) pour éviter un orage, au lieu de prendre la route ouest normale. Je ne pilotais pas et pouvais donc observer tout à loisir le paysage. En cet endroit, ce que de nombreuses personnes avaient pris pour des laves foncées s'étendant sur des kilomètres et des kilomètres vers les collines lointaines, pouvaient être, en fait, des grès et autres dépôts sédimentaires. Si cela était le cas, ces sédiments pouvaient être riches en fossiles. Un rapide contrôle par hélicoptère quelques jours plus tard établit que l'on pouvait effectivement espérer trouver des fossiles.

Peu après, je demandais une bourse de 25 000 dollars à la National Geographic Society pour financer une première expédition vers ce terrain neuf. A cette époque, mon père clama qu'il était résolument opposé à cette aventure et son refus me poussa encore plus à l'entreprendre. Je me suis souvent demandé pourquoi il avait réagi ainsi. Je pense qu'il était peut-être réellement enthousiasmé à cette idée et que, connaissant ma manière de réagir à ses remarques, il fit semblant de s'opposer au projet sachant que cela me pousserait à le réaliser. La National Geographic Society prit le risque de m'accorder la bourse. Une période particulièrement féconde de ma vie débutait.

J'eus la chance d'être accompagné de Kamoya Kimeu lors de la première expédition sur les rives du lac en 1968. Kamoya travaillait à Olduvai avec Louis et Marie depuis 1960 et il était devenu un prospecteur expert en fossiles. Nous avions participé ensemble à d'autres missions et il était ravi de se joindre à l'équipe du lac Turkana. Celle-ci était également constituée de John Harris, Bernard Wood, Paul Abell et mon ex-femme, Margaret. Les fossiles, quant à eux, jonchaient littéralement le paysage. Nous trouvâmes

Richard Leakey, accompagné de Kimoya Kimeu au cours de l'expédition de 1969 au lac Turkana. Pour faciliter l'exploration en terrain accidenté, des dromadaires furent employés pour le transport, mais ils se montrèrent peu coopératifs et difficiles à maîtriser.

trois fragments de mandibules d'hominidés qui justifièrent la poursuite des travaux sur ce nouveau site.

Sur la rive est du lac, on prouva l'existence d'un niveau supérieur au niveau de grès qui, grâce à ma bonne vieille chance, s'avéra riche en fossiles. Depuis la première excursion au lac Turkana, la large équipe de chercheurs travaillant sur ce site a mis au jour les restes de plus de 160 hominidés. Les trouvailles du lac Turkana, ainsi qu'un certain nombre de très importantes découvertes faites en Tanzanie, en Ethiopie et en Afrique du Sud, commencent à donner une image assez détaillée de notre passé. Le tableau des origines de l'homme comporte encore, il faut bien l'admettre, un certain nombre de lacunes, mais les grandes lignes se dégagent et si les recherches se poursuivaient à la même cadence pendant la prochaine décade, je crois qu'on pourrait obtenir une image assez intelligible de cette histoire.

Durant l'été 1969, je pus retourner au lac Turkana pendant trois mois. Au cours de cette expédition, nous utilisâmes des dromadaires à la fois comme bêtes de somme et comme moyens de transport. Parmi les autres membres de l'équipe figuraient Kamoya, Peter Nzube et Meave Epps, qui devait devenir ma femme quelque temps plus tard. A un certain moment, nous avions prévu d'étendre notre prospection directement vers le nord à la frontière éthiopienne, mais une formidable découverte nous fit prestement rallier notre camp de base. Nous avions laissé nos dromadaires et le camp provisoire dans la fraîcheur de l'aube et avions entrepris de marcher le long des lits fossiles à la recherche de spécimens intéressants. Vers dix heures, nous avions atteint la limite des dépôts fossilifères. Meave et moi avions soif, si bien que nous retournâmes en ligne plus ou moins droite vers le lieu où nous pensions trouver nos dromadaires. Tandis que je descendais le lit à sec d'une rivière, mes yeux tombèrent sur quelque chose qui me fit stopper net : cela ressemblait à un crâne d'hominidé posé sur le sable. Nous avançames pour découvrir la face osseuse d'un crâne intact d'hominidé qui nous regardait fixement. Ce fut un moment vraiment exceptionnel !

Le crâne avait manifestement été enseveli dans la rive du fleuve. La pluie et le courant avaient érodé petit à petit les sédiments et le crâne avait probablement été roulé lors des dernières fortes pluies. Si nous ne l'avions pas trouvé, les pluies l'auraient fait disparaître. Par une coïncidence extraordinaire, le crâne appartenait au même type que celui découvert à Olduvai par ma mère, dix ans plus tôt, presque jour pour jour. Par un autre effet du hasard, cette dernière était de passage au camp de base, à Koobi Fora, vers lequel nous nous précipitâmes. Inutile de décrire son enthousiasme à la vue du magnifique spécimen. Je dois avouer qu'une telle découverte est en général un phénomène extraordinaire, car la plupart des trouvailles sont le résultat de plusieurs mois de fouilles à la recherche de dépôts favorables.

Notre premier camp au lac Turkana était temporaire : quelques tentes et une structure de paille aux côtés ouverts où l'on pouvait travailler lors des fortes chaleurs diurnes. En 1969, nous commençâmes à construire des « bandas » plus permanentes (huttes de paille avec plancher en dur). A l'heure actuelle, le camp est assez vaste et peut accueillir près de soixante personnes en même temps. Des équipes de recherche internationales viennent chaque année au lac participer à de nombreux projets.

L'excitation de la saison 1969 était toujours aussi intense. Meave et moi retournâmes périodiquement sur le site pour poursuivre la prospection, et tout simplement aussi pour le plaisir d'être à Koobi Fora. Nous quittions Nairobi le vendredi à midi, conduisions toute la nuit, pour atteindre le golfe de Fergusson sur la rive ouest du lac, puis traversions vers la rive est sur notre petit bateau le samedi matin. Nous passions le samedi et la plus grande partie du dimanche à chercher des fossiles ou nous promener; puis nous

*L'expédition de 1969 fut couronnée par une formidable découverte : un crâne intact d'une espèce d'hominidés connue sous le nom d'*Australopithecus boisei. *Il y avait presque dix ans jour pour jour que Mary Leakey avait découvert, à Olduvai, un crâne appartenant à cette espèce.*

quittions le site au coucher du soleil, conduisions de nouveau toute la nuit pour être de retour à Nairobi le lundi matin. Nous adorions ces escapades vers le lac, endroit vraiment magique avec les lits fossilifères coupés ici et là de buissons et ponctués par la teinte délicate des roses des sables. Mais si ces week-ends étaient amusants, il fallut bien admettre quatre ou cinq mois plus tard, qu'ils étaient épuisants. Nous établîmes bientôt un camp permanent au bord du lac, occupé par une équipe stable tout au long de l'année, si bien que l'on pouvait se rendre à Koobi Fora plus facilement.

A vrai dire, tous les hominidés découverts au lac Turkana sont tous plus importants les uns que les autres : chacun représente un épisode d'une histoire qui se construit petit à petit. Cependant, on accorde inévitablement plus d'attention à certains qu'à d'autres; peut-être à cause de caractéristiques particulières ou bien parce que leur découverte remet en question les conceptions précédentes sur notre évolution. C'est ainsi le cas du crâne 1470, découvert vers le milieu de l'année 1972 par Bernard Ngeneo, membre de l'équipe de Kamoya. Bernard observait plus attentivement une zone sur laquelle de nombreuses personnes passaient et repassaient. Il vit quelques petits fragments osseux qui appartenaient incontestablement à un crâne d'hominidé exceptionnellement grand. Il s'agit d'un hominidé qui vivait il y a un peu plus de 2 millions d'années. A la différence du premier crâne découvert à Koobi Fora, celui-ci était en mille morceaux et il fallut à Meave et, plus tard, à l'anatomiste anglais Alan Walker, plusieurs semaines de travail minutieux à la fraise pour le remonter.

Au fur et à mesure que la reconstitution avançait, l'excitation s'accroissait dans le camp, car il s'avérait que les premières intuitions concernant le crâne étaient exactes : cet hominidé ancien avait un cerveau remarquablement grand. Il appartenait au même type que celui baptisé *Homo habilis* par Louis, bien que 1470 fût un peu plus vieux et plus complet que les spécimens d'Olduvai.

Dès que la restauration du crâne fut terminée, je le transportai au musée de Nairobi où Louis l'examina brièvement avant son départ pour un dernier voyage vers l'Europe et l'Amérique à la fin septembre. Il était naturellement ravi. Le crâne 1470 semblait confirmer ce qu'il avait suggéré plusieurs années auparavant, à savoir que la lignée du genre *Homo* était bien plus ancienne qu'on ne le supposait. Il savait que cette découverte exciterait les sceptiques et conclut malicieusement : « On ne te croira jamais ! ». Peu de temps après, Louis mourait d'une crise cardiaque en Angleterre.

Alan Walker et Meave Leakey reconstituant le crâne 1470.

Homo habilis peut très bien avoir joué un rôle-clé dans la pièce sans suite des origines de l'homme. Mais, comme je l'ai déjà précisé, la recherche de nos origines va au-delà de la simple identification des acteurs. Nous devons savoir ce qu'ils faisaient quand ils entrèrent en scène, et quand et pourquoi ils la quittèrent. En termes plus évolutifs, la question que Louis se posait et que mes collègues et moi-même continuons de nous poser est la suivante : comment, sur des milliers d'années, des créatures primitives pré-humaines se sont-elles transformées pour aboutir à l'humanité moderne ? Qu'est-ce qui nous a fait ce que nous sommes ? La réponse, on doit l'admettre, nous échappe encore, mais les nombreuses et importantes découvertes ainsi que le développement d'idées nouvelles durant la dernière décade nous rapprochent de plus en plus de la solution. C'est l'histoire des découvertes excitantes des années soixante-dix, ainsi que leur apport à la compréhension de notre passé que je veux présenter dans ce livre.

L'animal humain

Qui sommes-nous ? Pour le biologiste, nous appartenons à la sous-espèce appelée *Homo sapiens sapiens*, division de l'espèce *sapiens*. Chaque espèce est unique et distincte. Mais qu'est-ce qui rend notre espèce particulièrement intéressante ? Tout d'abord, nous marchons continuellement debout sur nos membres inférieurs, ce qui est un moyen très peu courant de se déplacer chez un mammifère. Il existe également plusieurs caractères peu usuels concernant notre crâne dont un des plus importants est le très grand cerveau qu'il contient. Ensuite, notre faciès étrangement aplati avec son nez proéminent tourné vers le bas se distingue de la face projetée en avant comme un museau des grands singes et des singes à queue. Les singes possèdent des nez « épatés » à l'extrémité de ce museau. En évolution humaine, de nombreux mystères demeurent dont celui de l'apparition de la forme peu courante de ce nez. Notre nudité presque apparente constitue une autre énigme. A la différence des grands singes, nous ne sommes pas recouverts d'un pelage épais. Les poils du corps humain sont abondants mais extrêmement fins et courts, si bien que finalement nous semblons pratiquement nus. Cela est très probablement lié au deuxième caractère intéressant de notre corps : la peau renferme uniformément des millions de glandes sudoripares microscopiques et l'importance de la sudation humaine est unique dans le monde des primates.

Voilà pour notre apparence. Qu'en est-il de notre comportement ? Nos membres supérieurs, libérés de la locomotion, ont une très grande habileté à manipuler des objets. Cette dextérité tient en partie à la structure anatomique des mains, mais l'élément crucial est, bien entendu, la puissance du cerveau. Il est inutile que les membres soient construits pour des manipulations délicates, s'ils ne reçoivent pas les instructions transmises par les fibres nerveuses. Le produit le plus évident de nos mains et de nos cerveaux est la technologie. Aucun autre animal ne façonne le monde si intensément et si arbitrairement que les humains. Les termites sont capables de construire des monticules de structure complexe qui créent leur propre environnement à air conditionné intérieur. Mais les termites sont incapables de construire à la place une cathédrale. Les humains sont uniques par leur faculté de choisir ce qu'ils font.

La communication est une des composantes vitales de la vie animale. Des insectes sociaux comme les termites possèdent un système de communication absolument indispensable à leurs travaux complexes. Leur langage n'est pas verbal, mais il est fondé sur des échanges chimiques entre individus, ainsi que sur certains types de signalisation corporels. Dans de nombreux groupes animaux, comme les oiseaux et les mammifères, la communication par sons est considérable; la posture et le mouvement du corps peuvent

Ci-contre *: une fois reconstitué, il apparut clairement que le crâne 1470 appartenait au même type que celui découvert à Olduvai et que Louis Leakey nomma* Homo habilis. *Louis était ravi de cette nouvelle découverte car elle confirmait sa théorie d'une lignée* Homo *très ancienne.*

également avoir une signification... l'inclinaison de la tête, des yeux fixés ou détournés, le dos courbé, les poils ou les plumes hérissés : tous ces traits font partie du large répertoire de la communication animale. Chez les animaux grégaires, le besoin d'être effectivement capable de communiquer est primordial.

Pour les humains, le langage gestuel demeure important, mais la voix est devenue le principal canal de transmission de l'information. A la différence de tous les autres animaux, nous possédons un langage articulé qui se caractérise par un riche vocabulaire et des structures grammaticales élaborées. Le langage est un moyen inégalé d'échange d'informations complexes et il occupe également une place prépondérante dans les relations sociales chez la plus sociale de toutes les créatures, l'*Homo sapiens sapiens*.

Tous les points que je viens d'évoquer sont caractéristiques d'une créature intelligente, mais les humains sont plus que des êtres simplement intelligents. Notre sens de la justice, notre besoin de plaisir esthétique, nos rêveries et notre pénétrante conscience du moi, se mélangent pour créer un esprit indéfinissable qui, à mon avis, peut être appelé « l'âme ». Comme tous les animaux, nous essayons de survivre, de trouver la nourriture, l'abri, mais ce n'est pas tout. Comme l'écrivait Dostoïevsky : « L'homme a besoin de l'insondable et de l'infini, tout comme il a besoin de la petite planète sur laquelle il vit ».

Notre place dans l'univers

L'univers physique existe depuis près de 20 milliards d'années, mais notre tout petit coin d'univers, le système solaire, est beaucoup plus jeune dans cette grande expansion. La Terre s'est formée il y a 4,6 milliards d'années. Peu après la condensation des gaz chauds et des roches qui la constituent, la vie y est paradoxalement apparue, il y a probablement 3,5 milliards d'années. Les premiers organismes vivants étaient des cellules petites et simples, très proches des bactéries, qui restèrent inchangées pendant plusieurs milliards d'années. Puis, apparurent des animaux plus grands et plus complexes, tels les vers et les méduses. D'abord, la vie s'est épanouie dans les mers et la terre ferme ne fut colonisée avec succès que vers 400 millions d'années. Depuis ce temps, plusieurs centaines de millions d'espèces animales sont nées, se sont développées et la plupart d'entre elles se sont ensuite éteintes. De toutes les espèces animales qui ont existé, il n'en subsiste à l'heure actuelle que 1 % : l'ultime destin de la plupart des espèces semble bien être l'extinction. Certaines survivent pendant peut-être quelques millions d'années, quelques-unes pendant plus longtemps, mais les risques sont tels que la plupart des espèces qui deviennent des êtres vivants finissent pas disparaître de la surface de la terre.

Qu'en est-il de notre espèce ? Nous sommes là depuis près de 100 000 ans. Nos aïeux immédiats, les *Homo erectus* semblent avoir vécu près de 1,5 million d'années et, avant eux, les *Homo habilis* habitèrent certaines régions de l'Afrique pendant presque 1 million d'années. En théorie, il semblerait que nos chances soient bonnes pour le prochain million d'années au moins. Bien entendu, le dernier représentant de la lignée *Homo, Homo sapiens sapiens*, est à même d'exercer un contrôle plus grand sur l'environnement que n'importe qu'elle autre espèce et nous pouvons espérer éviter par là-même notre destin voué à l'extinction. Les humains sont sans nul doute des créatures qui s'adaptent extrêmement bien et peuvent répondre aux changement par des technologies appropriées. Nos chances de survie paraissent donc très bonnes. Cependant, un simple coup d'œil sur l'histoire de l'humanité au cours des 10 000 dernières années suffit à tempérer notre optimisme.

Les fruits de la révolution agricole, comme on la nomme, commencée il y a 10 000 ans, ont nourri une population mondiale en accroissement et des centres de population concentrée. Alors que les villes se transforment en cités et qu'elles-mêmes deviennent de véritables États, les êtres humains rentrent petit à petit en conflit et s'affrontent. Nous observons aujourd'hui un monde dans lequel l'adaptibilité humaine et la magie technologique ont permis l'acquisition virtuelle de chaque partie du globe; la sécurité future de ce monde est cependant sous la menace très réelle des armes nucléaires des super-puissances. Quelle triste ironie de constater que les mêmes génies et inventeurs qui donnèrent la vie dans les régions les plus stériles de la Terre, pourraient faire de notre planète un vaste désert, où pratiquement rien ne survivrait après un cataclysme nucléaire !

Il est couramment admis qu'une telle chose est la conséquence inévitable de la nature humaine. On pose comme principe que *Homo sapiens sapiens* est une créature foncièrement agressive, un « singe-tueur » et, comme la technologie devient de plus en plus précise, la machinerie militaire croît en sophistication et en pouvoir destructeur et *sera* utilisée. Si l'argument est exact, il n'y a pas grand chose à faire et il y aura un holocauste tôt ou tard. Mais je suis convaincu que cette hypothèse est incorrecte et que cette notion populaire de « singe-tueur » est une des idées les plus dangereuses que l'homme ait jamais eue.

J'ai commencé ce chapitre en suggérant que les humains ont un désir profond de comprendre leurs origines. Il me semble que jamais auparavant cette quête du passé n'a été aussi importante. La question de « l'interrogation ultime » a maintenant un rapport avec notre survie, non pas pour le prochain million d'années ou même seulement pour un millier d'années, mais simplement pour la fin du siècle.

A l'issue d'une décade riche en découvertes remarquables dans le domaine de la paléoanthropologie, notre origine en tant qu'espèce peut être présentée, pour la première fois, sur des bases scientifiques ! Ainsi, il y a quelque espoir que tous les peuples, croyances et cultures confondues, apprennent l'unité de l'humanité et notre passé commun. Il y a plus de dix ans, le célèbre généticien russe, Theodorius Dobzhansky, fit la remarque suivante : « L'utilité de la biologie et de l'anthropologie est assez évidente. Dans sa fierté, l'homme espère devenir un demi-dieu. Mais il est encore et restera sûrement pour une bonne part une espèce biologique. Son passé, tous ses antécédents sont biologiques. Pour se comprendre, il doit savoir d'où il vient, et ce qui l'a conduit sur ce chemin. Pour prévoir son futur, à la fois en tant qu'individu et bien plus en tant qu'espèce, il doit connaître sa puissance et ses limites ». Le but de ce livre est de rassembler les résultats d'importants travaux, menés par de nombreux scientifiques du monde entier, et qui apportent un éclaircissement sur la nature biologique de l'homme. J'espère que cela contribuera à éviter un futur désespérément effrayant.

2 Temps et évolution

Si on remonte le temps à travers n'importe quelle série d'anciennes roches fossilifères, on note un thème persistant : l'évolution. De nouvelles espèces apparaissent tandis que d'autres disparaissent; mais, au lieu de présenter une série régulière de transitions, les données fossiles laissent plutôt penser que ces changements se font par une succession de sauts. Comme si on regardait un album de photos plutôt qu'un film sur le passé.

Les mécanismes par lesquels les espèces apparaissent et, par conséquent, vont vers l'extinction ont longtemps mis dans l'embarras les biologistes. Le problème apparut quand des géologues amateurs et des naturalistes découvrirent la nature sédimentaire de certaines roches et l'existence, dans celles-ci, de restes d'animaux disparus. Ces découvertes impliquaient que le monde actuel avait été sujet à des changements difficiles à concilier avec le concept de la Création.

La théorie dite « diluvienne » vint à la rescousse. Elle prétendait que les espèces éteintes trouvées dans les roches sédimentaires avaient été les victimes du Déluge. Mais quand il devint certain que les roches ne contenaient pas un mais plusieurs niveaux différents de créatures disparues, il fut clair qu'un seul déluge ne pouvait pas avoir été responsable de leur disparition. Le célèbre Français, naturaliste et membre de l'Académie des sciences, le baron Georges Cuvier (1769-1832), proposa une solution avec sa « théorie des catastrophes ». Il suggérait que le monde était passé par une série de créations et que chacune d'entre elles était suivie d'une destruction générale, qui balayait la plupart sinon tous les habitants de la Terre. Vingt-sept événements de cette nature avaient été répertoriés à la mort de Cuvier, en 1832.

La « théorie des catastrophes » semblait s'accorder avec les couches fossilifères des roches terrestres, mais l'intervalle de temps durant lequel ces phénomènes étaient supposés avoir joué était beaucoup trop court. En 1650, James Ussher, archevêque d'Armagh, avait publié son estimation de l'âge de la Terre basée sur l'étude de l'Ancien Testament. Il avait calculé que la Création remontait à 4004 av. J-C., ce qui donnait évidemment à notre planète une histoire très courte. Cuvier et ses successeurs réestimèrent l'âge de la Terre et décidèrent que le chiffre de 70 000 ans devait être plus proche de la vérité. Mais les révélations de la géologie continuèrent à remettre en question les fondements de la vision occidentale et conventionnelle du monde. L'Écossais James Hutton avait créé les bases de la géologie moderne au XVIIIe siècle, et Charles Lyell continua la révolution au XIXe siècle. Selon ce qu'il observait dans les roches, la terre était l'objet de très lents mais constants processus de formation. Lyell affirmait que non seulement ces processus avaient duré très longtemps, mais qu'ils duraient encore. En d'autres termes, le monde, que les gens croyaient stable, était au contraire soumis à un changement dynamique continu.

Lyell publia le premier volume de ses *Principes de Géologie* en 1830,

La vallée de l'Omo, en Ethiopie. L'aspect lité de ces collines est caractéristique des roches sédimentaires qui se forment lors du dépôt d'un limon par un lac ou une rivière. Les os des animaux recouverts par les sédiments peuvent se fossiliser et, dans certains cas, des matériaux plus mous comme des feuilles peuvent se conserver. Si plus tard, une rivière entaille les sédiments comme c'est le cas de la rivière Omo, les lits fossilifères sont exposés.

établissant fermement une nouvelle vision des choses. On admit bientôt que le monde était fort ancien et que cette ancienneté se chiffrait non pas en milliers mais en millions d'années; ce fut le principal fondement géologique qui permit la formulation d'une théorie de lente évolution des espèces.

La théorie de l'évolution

Nombre de personnes se sont interrogées sur l'origine des espèces et quelques-uns furent de farouches partisans de la théorie de Charles Darwin. L'un d'entre eux était son grand-père, Erasmus Darwin, physicien, poète et philosophe. Dans ses derniers écrits, il méditait sur la possibilité que tous les êtres vivants partagent un ancêtre commun, et il spéculait sur la manière dont les espèces pouvaient se tranformer. Un des plus célèbres précurseurs de l'évolution fut Jean-Baptiste de Lamarck qui publia sa théorie l'année où naissait Darwin, en 1809. Lamarck connut une courte période de popularité, mais fut rapidement discrédité, en partie parce que l'influent Cuvier le critiqua très violemment.

Lamarck croyait, à tort, que les caractères acquis durant la vie de l'animal

Charles Darwin, jeune homme.

étaient transmis à ses descendants. Cela signifierait que si les girafes ont un long cou, c'est parce que leurs ancêtres tendaient continuellement le cou pour atteindre les plus hautes branches des arbres. Ce qui est aussi absurde que de supposer que si un homme a été amputé d'une jambe, tous ses enfants seront unijambistes. Cela dit, la plupart des idées de Lamarck étaient valables et la critique lui a été injustement hostile. On se doit également de noter que Darwin, lui aussi, crut que les caractères acquis pouvaient être transmis, mais il ne fonda pas sa théorie sur ce mécanisme comme l'avait fait Lamarck.

Charles Darwin était le fils d'un remarquable médecin de campagne, Robert Waring Darwin, qui était en outre un homme profondément croyant. Il était entendu que Charles suivrait la tradition familiale, mais, à l'école de médecine, il se trouvait mal à chaque opération; aussi l'Église parut être un substitut respectable. Charles Darwin alla à Cambridge. Etudiant peu appliqué, il demeurait, selon les mots de son oncle Josiah Wedgwood, « un homme d'une très grande curiosité ». Cette qualité lui valut un poste à bord du H.M.S. Beagle, vaisseau de la marine britannique, chargé de cartographier les eaux peu connues du globe. Darwin fut un « naturaliste de bord » très enthousiaste et il constitua une collection considérable de roches, de fossiles, d'animaux et de coquillages pendant cinq années de navigation avant de rentrer en Angleterre en octobre 1836. Il remplit un volumineux carnet de notes sur ses observation et réfléchit profondément sur tout ce qu'il vit. Darwin était, en fin de compte, aussi intéressé par la géologie que par le monde vivant; la combinaison de ces deux sciences se révéla extrêmement bénéfique. Ce qu'il vit en Amérique du Sud, et particulièrement aux îles Galapagos, convainquit Darwin que les espèces pouvaient réellement changer, qu'elles n'étaient pas figées. Dans un récit de son voyage, Darwin écrivit ces lignes sur les îles Galapagos : « D'ici, à la fois dans l'espace et le temps, nous semblons être fortement rapprochés de ce grand événement — ce mystère des mystères — la première apparition de nouveaux êtres sur cette terre. »

Darwin commença son livre sur *La Transformation des espèces* peu de temps après être rentré de son grand voyage. En 1838, il lut un essai sur les populations, écrit par Thomas Malthus, qui sema dans son esprit les graines du développement futur de sa théorie sur la sélection naturelle. En 1842, il était prêt à esquisser sa thèse qu'il développa en 1844. Mais plus de vingt années s'écoulèrent entre le retour de Darwin et la publication de *L'Origine des espèces*, le 24 novembre 1859. Pour des raisons encore inexpliquées, Darwin « s'arrêta » sur la théorie biologique la plus révolutionnaire de tous les temps, apparemment peu disposé à la rendre publique. Durant ces vingt années, il amassa les preuves, lisant beaucoup, observant patiemment la vie dans la campagne environnante, effectuant des expériences. Enfin, il fut pratiquement obligé de publier ses travaux. Un autre naturaliste anglais, Alfred Russell Wallace, lui envoya un bref papier pour avoir son avis et quand Darwin le lut, il s'aperçut avec effroi que ce texte résumait sa propre théorie. En réponse à l'approche de Wallace, Darwin fut pressé par ses amis de présenter une communication commune à la réunion de la *Linnean Society* de Londres en 1858. *L'Origine des espèces* parut l'année suivante. L'intention apparente de Darwin était de mener à bien un travail monumental dont *L'Origine des espèces* n'était qu'un « résumé », mais il n'y parvint jamais.

Sélection et survie

L'importance de *L'Origine des espèces* était de quatre ordres. Tout d'abord, Darwin voyait le monde vivant comme évolutif plutôt que figé : les espèces changent graduellement, de nouvelles apparaissent, tandis que d'autres s'éteignent. Deuxièmement, Darwin croyait que le processus était graduel et continu, n'impliquant ni « sauts », ni changements brusques. Troisièmement, il émettait l'idée d'une descendance commune : tous les mammifères, par exemple, ont un ancêtre commun, de même tous les reptiles, les oiseaux, les insectes, etc. Darwin pensait même que toute vie, aussi végétale qu'animale, pouvait à la limite partager un ancêtre commun. Quatrièmement, le mécanisme du changement, de l'évolution, jouait par l'intermédiaire de la sélection naturelle grâce à laquelle les individus qui présentent des caractéristiques supérieures laissent derrière eux la plus grande descendance.

La sélection naturelle ne peut jouer que s'il y a « variation ». Cela signifie que si les descendants peuvent présenter nombre de caractères communs à ceux de leurs parents, il ne leur sont jamais identiques. Il peut y avoir, par exemple, des différences de taille, de couleur, de coordination musculaire et d'autres caractéristiques structurelles du comportement. Les descendants ne sont jamais exactement semblables entre eux, excepté dans les rares cas de vrais jumeaux. Il y a, en d'autres termes, un degré non négligeable de variation dans les familles et, bien entendu, dans les populations. Nous avons un avantage sur Darwin en ce sens que nous pouvons comprendre comment la variation se manifeste au niveau moléculaire. Nous savons que les caractères sont transmis des parents aux enfants par des unités chimiques appelées « gènes ». La variation est en grande partie due au remaniement des gènes quand les informations génétiques des deux parents se réunissent.

La sélection naturelle agit sur la variation en favorisant certains animaux aux dépens d'autres. Les animaux survivent dans le monde grâce à la capacité de se procurer assez de nourriture, assez d'eau, un refuge adéquat, etc. Ils doivent aussi être capables d'échapper aux prédateurs et éviter nombre de risques. Cette règle s'applique au monde vivant tout entier. En outre, pour se reproduire, ils doivent s'accoupler avec succès et protéger leur descendance. C'est dans cet aspect de la vie que la sélection naturelle agit, car la masse des individus produit plus de descendants qu'il ne peut en survivre. Ceux qui survivent malgré tout y parviennent parce qu'ils sont mieux adaptés à leur environnement. A cause de la variation, il arrive que quelques individus soient plus capables que d'autres. Ce sont eux, mieux adaptés, qui survivent, qui prospèrent et qui laissent une descendance plus prolifique.

Une telle vision de la vie semble, de prime abord, froide et mathématique. Le terme « survivance des plus aptes » qu'utilise Darwin, était en fait employé par Herbert Spencer dans sa description de la société économiquement stratifiée du début du XIXe siècle. « S'ils sont suffisamment armés pour vivre, ils doivent vivre, et c'est bien qu'ils vivent; s'ils ne sont pas suffisamment armés pour vivre, ils meurent, et c'est mieux ainsi ». Il n'est donc pas surprenant que les lois de la biologie que Darwin a formulées aient été invoquées comme soutien aux attitudes politiques et sociales associées avec le *laissez-faire* capitaliste. Le mouvement devint en effet célèbre sous le nom de darwinisme social, ce dont Darwin lui-même se méfiait.

Assez bizarrement, les théories de Darwin attirèrent aussi ceux dont les convictions politiques étaient diamétralement opposées. Karl Marx, grand admirateur de Darwin, fut amené à dire combien réaliste était le tableau que ce dernier avait brossé de sa propre société. Dans une lettre à son collègue Frédéric Engels, en 1862, il écrivit : « Il est remarquable de voir comment Darwin peut reconnaître, parmi les animaux et les plantes, la société anglaise avec sa division du travail, la compétition, l'ouverture de nouveaux marchés, l'« invention » et la malthusienne « lutte pour la vie ».

Fréquement cité cependant, le passage suivant de *L'Origine des espèces* donne un ton différent : « J'... utilise le terme de « lutte pour la vie » dans un sens large et métaphorique, incluant la dépendance par rapport aux autres et en tenant compte (ce qui est le plus important) non seulement de la vie de l'individu, mais aussi du succès de la reproduction. On peut considérer que deux carnivores en période de disette luttent l'un contre l'autre pour obtenir leur nourriture et survivre. Mais on dit d'une plante à l'extrême limite d'un désert qu'elle lutte pour la vie contre la sécheresse, bien qu'on puisse considérer plus justement qu'elle est dépendante de l'humidité ». Darwin fut affligé par les interprétations politiques de sa théorie, alors que la seule chose qui l'intéressait était de décrire le monde vivant tel qu'il le voyait. C'est peut-être malencontreusement qu'il employa des termes qui pouvaient être repris et appliqués à la société humaine par des gens qui n'en comprenaient pas vraiment le sens.

La sélection naturelle est généralement une force conservatrice, assurant la persistance de certaines normes physiques et de comportement dans une espèce. En des circonstances normales, les individus faibles ou anormaux transmettent peu ou aucun de leurs gènes. Dans un environnement stable, les espèces restent donc relativement inchangées pendant de très longues périodes. Mais, comme l'a observé Darwin lors d'expériences sur la reproduction, les animaux peuvent changer et cela se produit aussi bien dans la nature.

La variation, telle qu'elle a déjà été décrite, provient largement du réassortiment des gènes des parents pendant la reproduction. Mais il existe une autre source de variation : des changements spontanés du matériel génétique peuvent se produire. Ces modifications génétiques, connues sous le nom de mutations, sont rares. Le matériel génétique est étonnamment résistant au changement et de nombreux mécanismes chimiques complexes

Pour survivre, les animaux doivent être capables d'échapper aux prédateurs et de trouver assez de nourriture et d'eau pour eux. Certains animaux échappent aux prédateurs, par le camouflage ou par la lutte, mais d'autres, comme les impalas, comptent sur leur rapidité. Parmi ces espèces, les animaux les plus rapides auront tendance à survivre et à se reproduire, alors que les plus lents seront tués le plus souvent. La sélection naturelle favorise donc les plus rapides.

Le succès de l'évolution n'est pas seulement une question de survie : un individu doit aussi transmettre le plus de gènes possibles à la génération suivante. L'accouplement, l'accouchement et l'apprentissage du jeune sont, bien sûr, des activités vitales.

peuvent corriger les erreurs. Néanmoins, des mutations se produisent occasionnellement. Leurs effets sur l'organisme sont aléatoires : le plus souvent, ils sont nuisibles et le mutant ne survit pas; quelquefois, ils sont neutres et n'entraînent aucune différence pour les porteurs; mais très rarement, ils sont bénéfiques et, dans ce cas, l'apparition d'une nouvelle espèce est possible. Ce qui n'est pas aléatoire, c'est l'environnement dans lequel les mutants sont introduits. La présence de fruits, de feuilles, de proies potentielles, l'abondance ou l'absence d'eau : des facteurs tels que ceux-ci constituent les forces de la sélection qui favoriseront certains caractères physiques ou comportementaux nouveaux.

Si l'on se penche sur l'histoire de la vie sur cette terre, on découvre un accroissement constant de la complexité des organismes vivants. On dit souvent qu'il y a une progression des formes « inférieures » vers les formes « supérieures ». Darwin n'aimait pas l'usage de ces termes, car ils impliquent des positions inférieures et supérieures dans une sorte de hiérarchie. Il est bien mieux de considérer les espèces, qu'elles soient simples ou complexes, comme étant adaptées à un mode de vie particulier dans un environnement particulier. A la vue de cette notion, une patelle peut sembler mener une vie moins intéressante et moins active attachée à ses rochers qu'un lion. Mais en termes biologiques, les deux sont très bien adaptés pour la vie qu'ils ont à mener. L'une n'est pas meilleure que l'autre, ils sont simplement différents.

L'accroissement de la complexité anatomique et des comportements à travers le temps suggère qu'une sorte de main guide le processus de l'évolution, poussant le mouvement vers un aboutissement ultime : l'espèce humaine. Les progrès apparents dans les produits de l'évolution sont, pourtant, exactement ce que l'on pouvait espérer de l'action de la sélection naturelle. Ernst Mayr, un des plus grands biologistes évolutionnistes de notre temps, l'explique comme ceci : « L'évolution... est dangereusement opportuniste : elle favorise tout changement qui procure un avantage compétitif sur les autres membres de la propre population de l'organisme ou sur d'autres individus d'espèces différentes. Depuis des milliers de millions d'années, ce processus a automatiquement alimenté ce que nous appelons le progrès de l'évolution. Aucun programme n'a contrôlé ou dirigé cette progression : c'est le résultat des décisions prises, sur l'impulsion du moment, par la sélection naturelle. »

L'interaction entre les changements aléatoires dans le matériel génétique et les changements à long terme de l'environnement a engendré un monde vivant d'une étonnante diversité. Les hommes en font partie, mais n'en sont pas l'aboutissement. Dans un sens, nous sommes le produit d'une succession d'événements dus au hasard; dans un autre, nous sommes le résultat d'une série d'innovations progressives, mais non réfléchies.

L'observation des modifications obtenues par la sélection naturelle sur les plantes et les animaux aida Darwin à forger son opinion sur l'origine des espèces. En effet, ce dernier avait passé de longs moments à faire se reproduire des pigeons et de nombreuses références à ces animaux apparaissent dans son livre. Les preuves géologiques de l'existence d'espèces disparues contribuèrent également à étayer sa théorie. Il fut marqué par les fossiles piégés dans les anciennes roches sédimentaires et, parlant de la ressemblance manifeste entre les espèces vivantes et éteintes d'Amérique du Sud, Darwin dit : « Cette merveilleuse similitude entre le mort et le vivant jette désormais, je n'en doute pas, plus de lumière que n'importe quelle autre sorte de fait sur l'apparition des organismes sur notre terre et sur leur disparition. »

Il vit dans les ensembles de fossiles des brefs coups d'œil du passé qui, comme il le déduisait, étaient liés entre eux et avec le présent par un

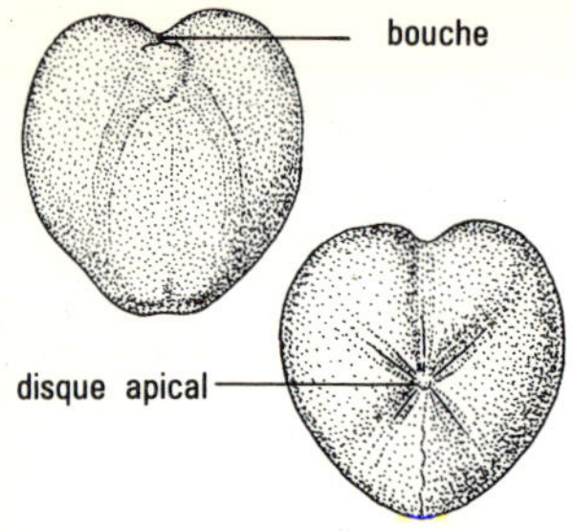

Il y a 70 millions d'années

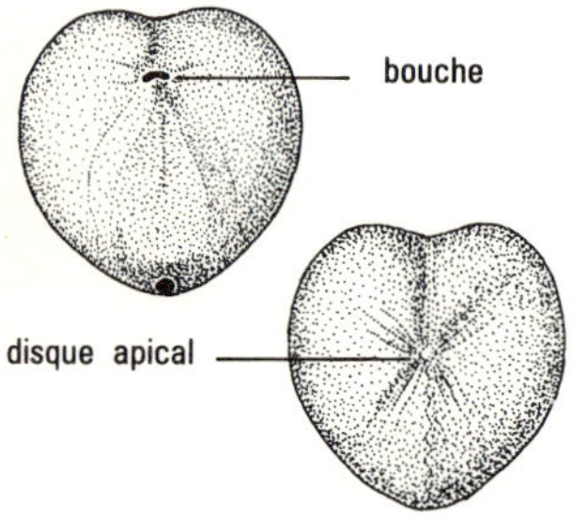

Il y a 100 millions d'années

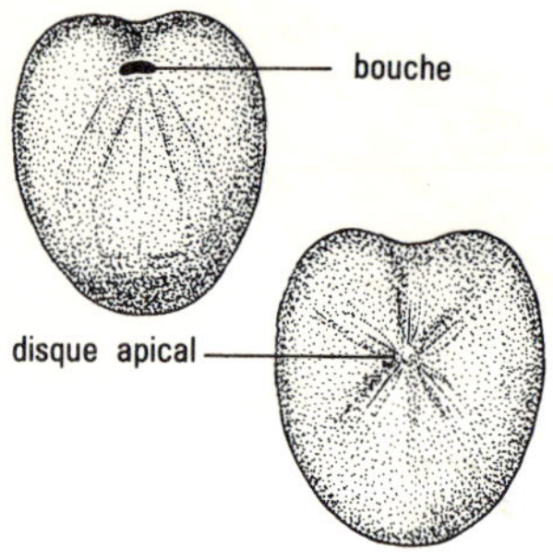

Il y a 130 millions d'années

Ces fossiles d'oursins cordiformes constituent une série dans laquelle la forme change graduellement ainsi que la position de la bouche sur le bord inférieur (gauche) et le disque apical sur le bord supérieur (droite). Cependant, les exemples de transition lente et graduelle sont rares dans les collections fossiles. C'est un des problèmes qui a grandement intéressé Darwin et qui est, encore aujourd'hui, au cœur d'un des débats les plus passionnants de la biologie évolutive.

constant et continuel changement. Bien que Darwin invoquât les données fossiles comme support à sa théorie, il faut bien avouer qu'elles la gênaient plus qu'elles ne l'étayaient. On voit très peu de transitions continues d'une espèce à la suivante dans les collections fossiles. Au contraire, les nouvelles espèces semblent apparaître plutôt brutalement. Les lacunes dans ces données embarrassèrent Darwin. Il le reconnaissait en ces termes dans *L'Origine des espèces* : « Pourquoi toutes les formations géologiques et toutes les strates ne sont-elles donc pas remplies de tels liens intermédiaires ? La géologie ne révèle assurément pas toute la chaîne biologique; et c'est, peut-être, la plus grande objection que l'on puisse faire à ma théorie ».

L'évolution des espèces nouvelles

Cela nous amène à l'un des débats contemporains les plus intéressants de la biologie de l'évolution. Darwin expliquait les coupures dans les données fossiles en invoquant le fait que ces données étaient incomplètes. Il supposait que, si seulement on pouvait récolter des fossiles qui traduisent plus parfaitement le passé, on verrait les formes de transition entre les espèces. Une autre explication a été récemment proposée par les biologistes américains, Niles Eldredge et Stephen Jay Gould, qui avancent notamment que les nouvelles espèces n'apparaissent pas à la suite d'une transition douce et tranquille, mais plutôt d'événements assez brusques. En termes d'évolution, cependant, « brusque » signifie des centaines ou des milliers d'années.

L'idée de Darwin était qu'une nouvelle espèce se forme à partir d'une espèce déjà existante par accumulation graduelle de caractères nouveaux. Ainsi, si on observait la population à un moment donné, on verrait alors toutes les caractéristiques de l'espèce parentale, alors qu'un examen ultérieur (peut-être 1 million d'années plus tard) révèlerait une espèce proche mais distincte, présentant de nouveaux caractères. Et en n'importe quel point intermédiaire, il y aurait des niveaux de transition montrant de nouveaux traits encore incomplètement développés. La transition évolutionniste, pense Darwin, se propage à travers l'ensemble de la population de l'espèce. Cette théorie a reçu le nom pompeux de « gradualisme phylétique ».

« Le gradualisme a toujours eu des problèmes » dit Stephen Jay Gould, « particulièrement avec le passage entre les types organiques majeurs : des invertébrés aux vertébrés, des agnathes aux gnathostomes. Personne n'a jamais résolu le vieux problème de Mivart (un des adversaires de Darwin) sur l'origine des structures utiles. Par exemple, la mâchoire fait la joie de l'ingénieur : les mêmes os ont travaillé tout aussi bien pour supporter l'arc branchial d'un ancêtre agnathe. Mais peut-on réellement concevoir une série graduelle d'intermédiaires fonctionnels ? A quoi sert une série d'os, détachés des ouïes, mais encore trop postérieure pour fonctionner comme une bouche ? Ces os migrèrent-ils, millimètre par millimètre, pour finalement occuper une position adéquate autour de la bouche ? »

Darwin était fortement tourmenté par des problèmes de cet ordre, et il compléta les dernières éditions de *L'Origine des espèces* par tout un chapitre consacré à réfuter les critiques de Mivart. Stephen Jay Gould raconte : « Il répondit qu'une série continue d'intermédiaires devait exister et que l'insuccès à expliquer leur fonction résidait simplement dans notre manque d'imagination ». Accrochant fermement ses couleurs au mât du « gradualisme phylétique », Darwin dit : « Si l'on pouvait démontrer qu'il existe un seul organe complexe qui ne puisse avoir été formé à la suite de légères, mais nombreuses modifications successives, ma théorie s'écroulerait définitivement ».

La théorie opposée, qui propose une évolution par alternance de périodes relativement courtes de modifications et de périodes longues au cours desquelles les espèces restent inchangées, doit être prise en compte pour *certaines* formes transitionnelles; mais elle ne demande pas une longue série d'intermédiaires comme dans le cas du « gradualisme phylétique ». Avec cette vue de l'évolution, connue sous le terme d'équilibre ponctuel, le changement anatomique serait complet en dix ou cent générations et cette phase transitionnelle serait très courte en comparaison de la vie de l'espèce. Ceci explique l'échec dans la recherche de formes intermédiaires. La fossilisation est, en général, un phénomène rare. La grande majorité des squelettes animaux sont brisés et dispersés avant qu'ils aient une chance d'être ensevelis dans les sédiments qui assureront la fossilisation. Les chances de trouver une forme de transition d'une espèce dans un gisement, si cette forme ne représente qu'une petite fraction de 1 % de la population totale de l'espèce, sont très maigres.

L'origine d'une nouvelle espèce, dans le modèle de l'équilibre ponctuel, prend toujours place au sein d'un petit groupe d'individus qui sont géographiquement isolés de la population principale. La nouvelle espèce apparaît là, puis prend possession du territoire de la population principale, si bien qu'elle apparaîtra sous une forme parfaitement constituée dans les collections fossiles. Donc, en accord avec cette vue des choses, l'imperfection des données fossiles est acceptable, attendu que la fossilisation est un phénomène rare et qu'il n'y a jamais de données complètes sur les changements d'une année sur l'autre. La coupure de celles-ci est aussi acceptable, comme étant une véritable image de la manière dont agit l'évolution.

Voilà les deux théories : une transition tranquille de toute une population entre une espèce et la suivante ou de brefs à-coups évolutifs séparés par une longue période sans changement. Doit-on réellement choisir entre les deux ? Comme le remarque mon grand ami Alan Walker : « L'évolution peut sûrement se faire par les deux voies, et par tous les intermédiaires entre les deux ». Il vaut mieux garder cela présent à l'esprit lorsqu'on considère les données fossiles déplorablement incomplètes sur l'évolution humaine. L'impression première est que les nouveaux stades des ancêtres de l'homme apparaissent soudainement. Il y a, néanmoins, des signes de formes intermédiaires, comme nous le verrons plus loin.

Le visage changeant de la Terre

Mis à part les changements cataclysmiques dus aux séismes ou aux importantes éruptions volcaniques, il est très aisé de considérer le monde où nous vivons comme une planète stable. Les montagnes, les vallées et les rivières donnent l'impression d'une grande ancienneté et d'une stabilité. Mais il n'en est pas ainsi. Notre vie n'est qu'un faible instant sur l'échelle des temps géologiques; aussi, les continuels et inévitables mouvements de la croûte terrestre sont, à nos yeux, imperceptibles.

Sur la plus longue échelle de temps, on trouve le mouvement permanent des continents. Ces énormes masses se déplacent, mettant doucement en mouvement les plaques tectoniques qui forment la croûte terrestre... Il y a 200 millions d'années, toutes les masses continentales étaient en contact, ne formant qu'un super-continent unique, appelé Pangée. A cause du mouvement continuel des plaques, la Pangée se déchira, et les continents bougèrent graduellement vers leurs positions actuelles. De nombreuses caractéristiques du monde, tel que nous le voyons aujourd'hui, sont relativement récentes : l'Amérique du Nord et du Sud furent séparées jusqu'à il y a environ 2 millions d'années et l'Afrique était isolée de l'Europe par des mers peu profondes jusqu'à il y a 16 à 18 millions d'années.

Les montagnes se forment souvent quand deux plaques tectoniques se

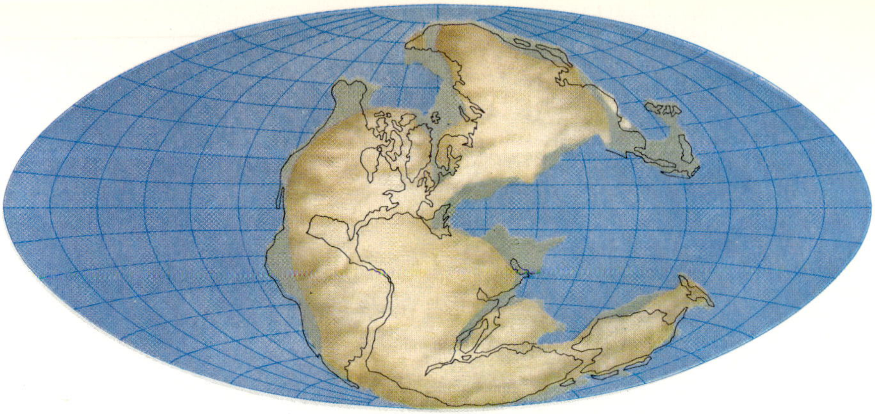

Il y a 200 millions d'années, tous les continents étaient en contact ne formant qu'un seul super-continent, la Pangée. Les zones brunes représentent les pays secs et les vertes, les mers peu profondes recouvrant les plateaux continentaux. Les lignes noires indiquent la position des continents actuels.

Il y a 100 millions d'années, l'Amérique du Nord et l'Europe ont commencé à se séparer comme le firent l'Amérique du Sud et l'Afrique. Le niveau de la mer était si élevé qu'on pouvait observer de nombreuses petites îles séparées par des mers peu profondes.

heurtent. Les Andes, par exemple, sont le résultat des mouvements d'est en ouest de la plaque pacifique, de même que le mouvement vers le nord du sous-continent indien écrase le bord du continent eurasiatique formant l'énorme chaîne himalayenne. C'est là, dans l'Himalaya, que les gigantesques forces de la tectonique des plaques ont conduit à la formation d'un des sites fossilifères les plus importants du monde.

C'est sur les contreforts de l'Himalaya que David Pilbeam, de l'université de Yale, recherche les premiers ancêtres de l'homme dans des dépôts âgés de 8 à 15 millions d'années. Lorsque ces montagnes étaient constamment en mouvement ascendant, il y avait aussi érosion des sommets et, pendant des millions d'années, d'énormes quantités de limons ont été transportées dans les rivières et les ruisseaux pour être déposées sur les plus basses pentes. Là, ils recouvrirent les restes d'animaux de l'époque. Les processus de dépôt se poursuivirent si longtemps que les sédiments accumulés atteignirent l'incroyable épaisseur de 6 km. Puis, plus récemment, les forces plissantes de la plaque indienne en mouvement commencèrent à pousser vers le haut ces sédiments, formant les collines des Siwaliks. A leur tour, celles-ci commencent à s'éroder et c'est ce mécanisme qui met au jour les données des temps passés, enfouies dans les dépôts anciens.

Les sites de David, dans les collines des Siwaliks, sont les témoins de l'importante agitation de la surface terrestre. D'autres sites sont également spectaculaires, bien que formés par des forces moins terribles. La basse

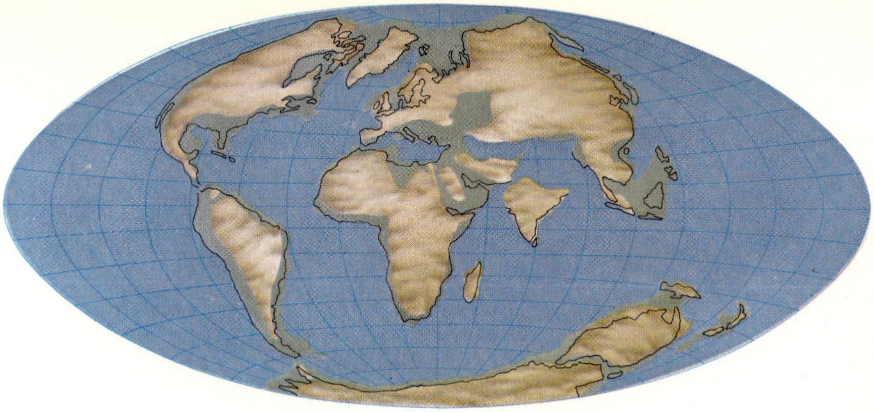

Il y a 50 millions d'années, l'océan Atlantique commença à s'ouvrir, mais l'Amérique du Sud et l'Inde étaient encore des îles, dérivant vers leurs positions actuelles. L'Afrique était aussi coupée des autres continents en raison du haut niveau de la mer.

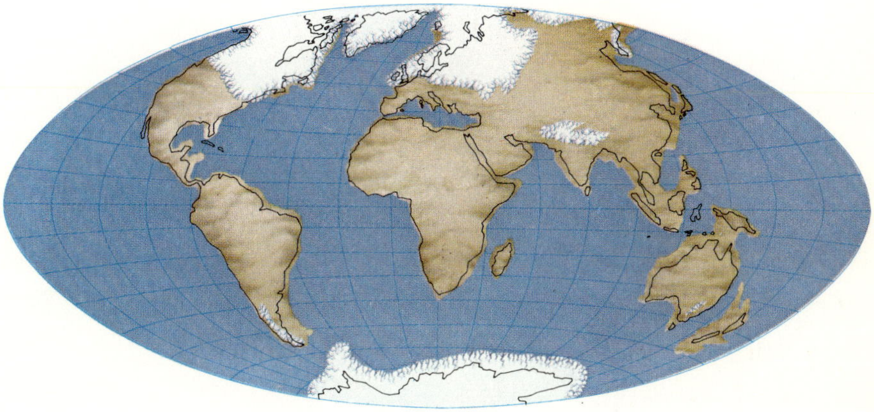

Il y a 40 000 ans, les continents avaient presque atteint leur position actuelle. L'Inde était entrée en collision avec l'Eurasie, formant la chaîne himalayenne. La dernière période glaciaire était à son maximum et il y avait tant d'eau emprisonnée dans les calottes de glace que le niveau de la mer baissa, amenant à la surface la plus grande partie des plateaux continentaux.

vallée de l'Omo, à l'endroit où la rivière Omo atteint le lac Turkana, constitue un site où les fossiles ont été enterrés dans des dépôts d'un kilomètre d'épaisseur. Tous les sédiments de l'Omo ont été transportés par les rivières en crue, des hauts plateaux éthiopiens, pendant les quatre derniers millions d'années. Dans ce même intervalle de temps, les sédiments ont été déposés par les mouvements des anciens lacs au nord et au sud de l'Omo. Dans la dépression de l'Afar, au nord-est de l'Éthiopie, 200 m de sédiments se sont accumulés dans un lac aujourd'hui disparu, et une équipe constituée d'Éthiopiens, d'Américains et de Français a fait des découvertes spectaculaires dans cette région. Les fossiles et anciens outils lithiques découverts à Olduvai proviennent des dépôts d'un ancien lac, maintenant disparu. Les ères passées ont été mises au jour par le récent lit creusé par une rivière sur une centaine de mètres dans les sédiments lacustres.

Quand on marche sur les roches sédimentaires, on se promène à travers le temps. A Olduvai, par exemple, une marche du sommet à la couche de base de la série vous emmène de sédiments déposés il y a juste 10 000 ans à d'autres, vieux de plus de 2 millions d'années et, cependant, la balade s'accomplit en quelques minutes. Sur les sites de David Pilbeam, on peut, en certains endroits, vagabonder à travers 14 millions d'années en une seule journée.

L'accumulation des produits de l'érosion, limons et sables, suivie de leur transformation en roches sédimentaires, puis d'une nouvelle érosion, forme

Les collines des Siwaliks, au Pakistan. L'érosion de l'Himalaya a emporté d'énormes quantités de limons qui se sont déposés et ont formé les roches sédimentaires. Des mouvements ultérieurs de la plaque indienne ont plissé ces sédiments pour former les collines des Siwaliks. Celles-ci ont été érodées, à leur tour, et les fossiles furent exposés, apportant la preuve de l'existence possible d'ancêtres de l'homme en ce lieu.

un cycle courant dans les modifications de la surface terrestre. C'est aussi une succession cruciale d'événements pour les paléontologues. Les os doivent être recouverts rapidement par les sédiments pour être protégés, mais ils sont inutiles s'ils restent ensevelis pour toujours. Les mouvements actuels de la surface terrestre dans des régions telles que l'Himalaya et l'Afrique de l'Est résultent de l'érosion permanente, facteur essentiel dans la recherche de preuves fossiles.

La constitution des données fossiles

Il est habituellement difficile de donner plus qu'une estimation grossière de la vitesse d'accumulation des sédiments : était-ce sur une période de 10 ans, 100 ans ou même plus ? On peut dire, à l'examen microscopique, si les sédiments se sont déposés dans des rivières ou près des berges d'un lac, mais le temps nécessaire au dépôt de chaque couche de sédiments dépend de nombreux facteurs non quantifiables. Des ruptures dans la série des dépôts quand un lac se retire temporairement ou que les pluies manquent, diminuant ainsi les débits, ajoutent aux problèmes.

Diane Gifford a étudié les périodes d'accumulation des sédiments sur des sites contemporains au lac Turkana et a trouvé qu'à l'heure actuelle, les accumulations se font très rapidement. Ces observations ont constitué une partie d'une étude sur la manière dont les os et les pierres s'inscrivent dans le domaine des fossiles. A la fin de septembre 1972, elle eut l'occasion d'observer l'évolution d'un lieu de chasse occupé par un petit groupe de chasseurs Dassanetch, lesquels avaient tué un hippopotame sur la rive du lac. En raison de la taille de la carcasse, ces hommes établirent un camp à environ 60 m à l'intérieur des terres. Ils transportèrent la plus grande partie jusqu'à leur camp où ils érigèrent deux coupe-vent en pierres et un foyer circulaire. Le groupe resta là quelques jours seulement, puis s'en alla, abandonnant les restes du camp et les os dispersés de l'hippopotame.

Les eaux du lac montaient à cette période et très vite la tête et le cou de l'animal baignèrent dans une eau peu profonde, tandis que le reste du squelette demeurait sur le sol sec. La montée des eaux se poursuivit pendant tout décembre puis le mouvement s'inversa. Finalement, la tête et le cou furent à nouveau hors de l'eau; ils étaient recouverts d'une couche de 3 cm de limons fins qui avait permis de préserver les os. Au contraire, le reste du squelette qui n'avait pas été immergé, avait commencé à se désagréger. Cela illustre à la fois la vitesse avec laquelle les os peuvent être ensevelis sur les berges d'un lac et la rapidité avec laquelle l'os non protégé est détruit.

Sur un autre campement, Diane eut une seconde occasion d'observer une suite d'évènements qui durent arriver fréquemment chez nos ancêtres. Huit Dassanetch adultes et enfants masculins dressèrent un camp dans le lit sableux d'un fleuve qui faisait partie du système deltaïque drainant une plaine inondable. Le site était à 300 m de la rive du lac.

Le groupe Dassanetch occupa le camp pendant quelques semaines seulement en novembre 1973, laissant derrière lui les restes de quarante tortues diamant, quatre petits crocodiles, quatorze poissons-chats, quelques perches du Nil et divers poissons, ainsi que des lambeaux de la carcasse d'un zèbre, reliefs du repas d'un lion. « Les pluies printanières furent cette année-là exceptionnellement fortes », rappelle Diane, « drainant beaucoup de limons dans le delta. Les dépôts dus aux premières pluies couvrirent la plus grande partie du site de 2 à 5 cm de limons et de sables. Cette couche sécha rapidement, formant un manteau dur sur le site. Quatre jours plus tard, arrivèrent des pluies beaucoup plus fortes et, cette fois, 5 à 10 cm de limons recouvrirent complètement le site. Plus tard dans l'été, Kay Behrensmeyer et moi-même fouillâmes le site pour étudier la sédimentation et pour regarder quels matériaux du camp restaient encore et lesquels

L'os qui est exposé au soleil et à la pluie se craquelle rapidement et se désagrège, comme c'est le cas de ce crâne d'éléphant. Les autres parties de l'animal ont été dispersées par le passage de hordes d'animaux et de nombreux os fragiles et abîmés ont été écrasés sous les sabots. Seuls les os qui sont ensevelis rapidement dans les sédiments peuvent être préservés et éventuellement se fossiliser.

avaient été emportés. Les résultats permirent d'estimer les proportions de flot qui avait préservé et détruit sélectivement des parties du site. »

Des phénomènes, tels que celui-ci, se sont produits d'innombrables fois au cours de l'histoire de la berge du lac, car lors de prospections et de fouilles minutieuses, nous avons mis au jour un certain nombre de campements anciens montrant une dispersion des débris très semblable à celle que Diane et Kay fouillèrent. La découverte des restes des hominidés qui occupèrent ces lieux est, bien entendu, vitale pour notre tentative de reconstitution de l'histoire des origines de l'homme. Mais les chances pour qu'une quelconque partie du squelette d'un animal se retrouve dans un gisement fossile sont, bien sûr, très faibles.

On rencontre souvent les victimes des lions, généralement des zèbres et des damalisques, près de l'actuelle rive du lac, et il est remarquable de constater avec quelle rapidité les restes de ces animaux sont dispersés. Les hyènes et les chacals déchirent la carcasse restante, la démembrent souvent, et des morceaux sont fréquemment emportés pour être mangés en paix

ailleurs. L'exposition au soleil et la pluie craquèlent les os et les piétinements des sabots des animaux errants les brisent. Le crâne et la mandibule sont souvent tout ce qui reste d'une créature morte quelques mois auparavant. Le destin d'un squelette d'hominidé doit avoir été très proche de cela dans le passé, quelle qu'ait été la cause de sa mort. Il n'est donc pas surprenant que la recherche de restes humains soit si souvent infructueuse. Les occasions de découvrir un crâne entier parfaitement intact sont donc très rares.

Les grandes rivières drainant le bassin du lac Turkana ont formé ce dernier il y a au moins quatre millions d'années et son niveau a toujours fluctué depuis. A un moment de son histoire, les eaux du lac se jetaient dans le Nil, comme l'atteste aujourd'hui la présence de perches du Nil dans ce lac fermé. Il y a 10 000 ans à peu près, le niveau de l'eau était de 100 m plus haut qu'il ne l'est à présent. Pourquoi baissa-t-il si précipitamment ? Cela est encore un mystère; mais plusieurs autres lacs est-africains se rétrécirent fortement environ à la même époque.

Chaque fois que le lac s'est agrandi, il a recouvert une étendue de plus en plus grande, accumulant des sédiments. Et chaque fois qu'il a baissé, les zones qui étaient auparavant sous l'eau se sont asséchées et sont devenues l'objet de l'érosion. Les grandes rivières contribuèrent aussi à l'augmentation des couches de sédiments; l'une d'entre elles était la rivière Bakate, située juste au sud du promontoire de Koobi Fora, sur lequel notre camp de base est établi. Charriant des eaux chargées en argiles des hauts plateaux éthiopiens, la rivière Bakate formait un large delta. Ce fut une importante zone de dépôts et elle est riche en fossiles. En plus de cela, il existe une piste où l'on trouve les empreintes préservées de pas, lesquelles furent laissées par un ancêtre de l'homme il y a 0,5 million d'années alors qu'il ou elle marchait le long de la berge, A présent, on trouve ces empreintes sur les crêtes, à environ 1 km du rivage du lac.

Les sédiments de l'ancien delta ont été plissés par des mouvements de l'écorce terrestre; il n'est donc pas simple de suivre les couches d'une zone à une autre. Les couches ont aussi été bousculées par des failles, ont subi des basculements et ont été altérées par les cours d'eau passagers mais vigoureux, créant ainsi un paysage de crêtes acérées et moussues et de ravins profonds. Heureusement, dans les dépôts, sont interstratifiées des couches de cendres volcaniques d'une valeur inestimable pour la datation des fossiles. Ces couches de cendre, les tufs comme les appellent les géologues, ou bien s'abattent directement sur le sol après avoir été crachées par des volcans voisins, ou bien ont été transportées par des fleuves pour être déversées sur la plaine de débordement du lac. Dans l'un ou l'autre cas, certains changements (de température et de pression) qui apparaissent dans les composants minéraux des cendres volcaniques durant l'éruption mettent en mouvement une « horloge atomique ». Cette « horloge » peut être employée pour dater les tufs : la méthode est connue sous le nom de datation au potassium-argon. Si on sait qu'un tuf est vieux de 1,8 million d'années, nous savons que tout ce qui est situé au-dessus est plus jeune et tout ce qui est au-dessous est plus vieux. Avec un peu de chance, on trouvera un autre tuf juste au-dessus daté de 1,6 million d'années; ce qui donnera une très bonne estimation de l'âge des fossiles trouvés entre les deux lits de tufs.

La combinaison de bonnes conditions de sédimentation et du fait que les animaux, hommes inclus, aiment vivre près d'un point d'eau, a entraîné que la rive est du lac Turkana est un lieu extrêmement riche en fossiles. Bien que des fragments d'os fossilisés abondent dans les sédiments, le travail des paléontologues demande beaucoup d'habileté. « C'est aisé si le fossile est blanc ou gris, » dit Kamoya Kimeu, « car vous pouvez le discerner à 20 m. Mais la plupart des fossiles sont très sombres et il devient très difficile de les reconnaître. »

Partie de la rive est du lac Turkana, il y a 2 millions d'années environ. Les rivières drainant les sédiments des hauts plateaux éthiopiens (visibles à une certaine distance) se jetèrent dans le lac Chew Bachir qui alimente la rivière Bakate. A l'endroit où cette rivière se jette dans le lac Turkana, le limon transporté se dépose dans un delta. Les autres couches furent déposées par les eaux du lac elles-mêmes : les niveaux rouges représentent ces sédiments.

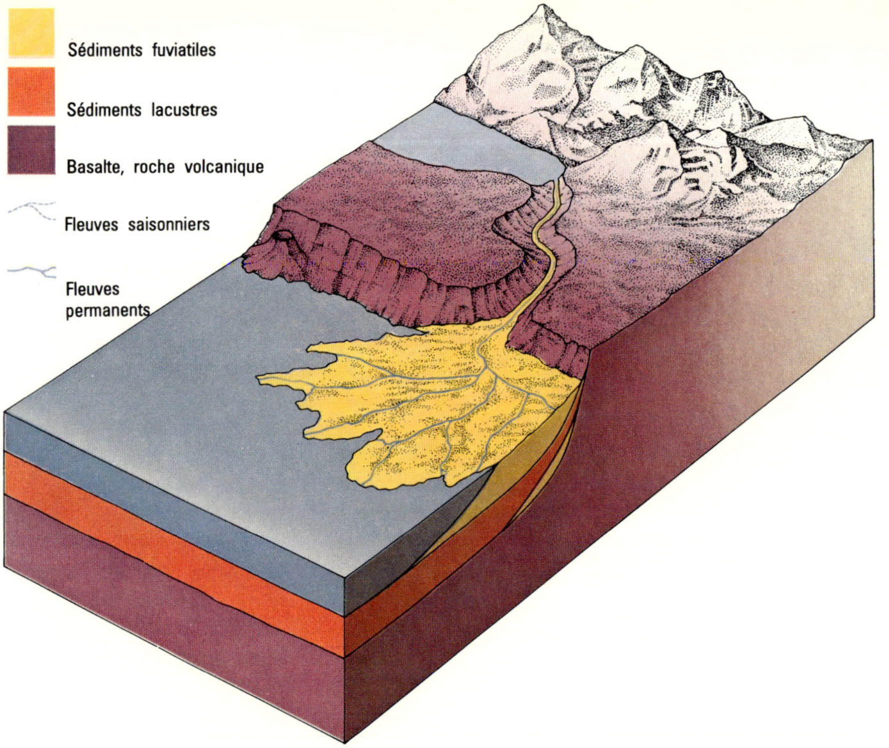

La même région, 1 million d'années plus tard. Le delta et le lac continuent à se former. A certains moments, le niveau du lac était haut et à d'autres bas, exposant ainsi de grandes zones de sédiments. Pendant ces périodes, les fleuves saisonniers s'écoulèrent dans les sédiments, les érodant. Des mouvements de la croûte terrestre en liaison avec la formation de la vallée du Rift africain, entraînèrent des déformations et des bombements des sédiments. De plus, des failles commencèrent à jouer; elles sont matérialisées par les lignes verticales.

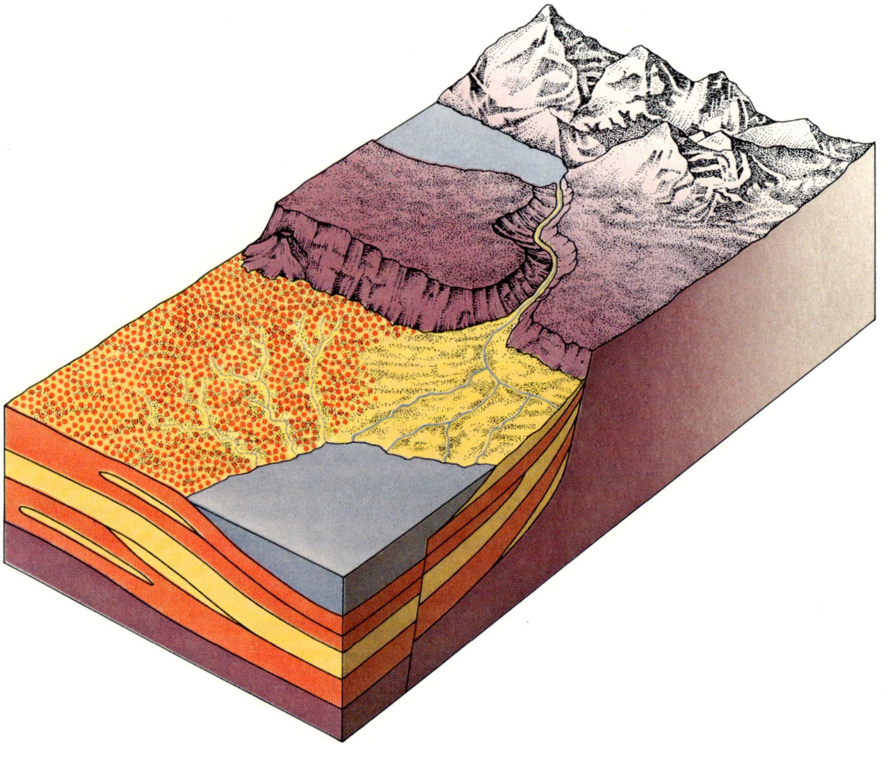

La même région aujourd'hui. Un climat plus sec a transformé le Chew Bachi en lac salé et il n'y a plus d'écoulement d'eau par le corridor Bakate. Les sédiments sont érodés par les fleuves saisonniers, ce qui crée un paysage de ravins et de crêtes parmi ces roches sédimentaires. Le promontoir de sable sur lequel le camp de base de Koobi Fora est installé est visible à l'arrière-plan.

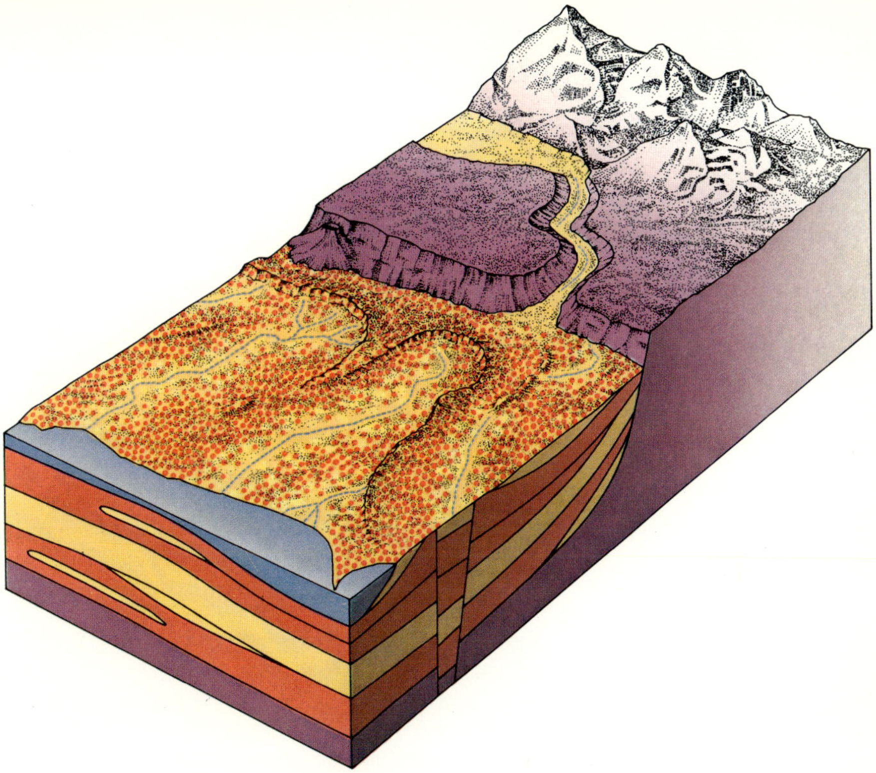

Kamoya emmène son équipe très tôt le matin, habituellement vers 6h 30, afin de travailler avant que le soleil ne devienne trop ardent. « Nous allons sur la zone de recherche et là, nous marchons par deux : il y a toujours le danger des lions, des serpents ou de quelque chose de ce genre. Quand quelqu'un trouve quelque chose, il peut alors en discuter avec son compagnon. Il faut environ trois ans avant de bien connaître les fossiles. Je reconnais très facilement les os d'hominidés maintenant, mais je ne sais pas toujours dire de quel type il s'agit ». Pour quelques-uns de nos visiteurs inexpérimentés en paléontologie, quelque chose de magique se passe lorsque Kamoya ou quelqu'un de son équipe gravit une pente où il n'y a apparemment que des cailloux et y ramasse un petit morceau d'os noir fossilisé annonçant qu'il s'agit, par exemple, d'un fragment de la partie supérieure du membre antérieur d'une antilope. Ce n'est pas de la magie, mais une inestimable accumulation d'habileté et de savoir.

3 Les ancêtres simiesques

Par un extraordinaire concours de circonstances, un fait très anodin survenu il y a quelque 3,75 millions d'années, a conduit à la découverte la plus exceptionnelle probablement de ce siècle. Trois hominidés ont laissé l'empreinte de leurs pas, très bien conservée, nous livrant ainsi l'image étonnante de quelques instants de leur vie.

Le lieu de la découverte s'appelle maintenant Laetoli, région boisée près du volcan Sadiman, à près de 40 km au sud de la gorge d'Olduvai actuelle. La saison sèche touchait probablement à sa fin et l'amoncellement de nuages de pluie promettait un soulagement bienvenu après des mois de sécheresse. Le volcan avait grondé sans interruption pendant une ou deux semaines, crachant, à l'occasion, des nuages de cendres grises qui retombèrent sur la région avoisinante. Rien de violent ou d'alarmant, mais simplement des secousses souterraines constantes, comme on en connaît de nos jours à l'Oldoinyo Lengai à 70 km au sud-est d'Olduvai. Comme celle du Lengai, la cendre produite par le Sadiman avait une composition chimique telle qu'elle formait un véritable ciment lorsqu'elle était séchée par le soleil après une légère humidification.

Le hasard voulut qu'un petit nombre de courtes averses annonçât la fin de la saison sèche. Les nuages s'amoncelaient : l'averse tant attendue se préparait. Le plancher de cendres était en parfaite condition pour prendre des empreintes nettes; moins de pluie et la cendre aurait été balayée par la brise, plus de pluie et chaque trace aurait été effacée.

Après la pluie, de nombreux animaux laissèrent leurs empreintes dans la cendre volcanique humide : des lièvres sauvages, des pintades, des éléphants, des cochons, des rhinocéros, des buffles, des hyènes, des antilopes, un tigre à dents de sabre et des dizaines de babouins. Tous laissèrent leurs traces, comme le firent trois hominidés. Un grand individu, probablement mâle, marchait lentement vers le nord. Puis à sa suite ou un peu plus tard, un individu plus petit, mâle ou femelle, arriva et mit son pied dans les traces laissées par le premier. A leur côté, un plus jeune gambadait et, en un point précis, il se tourna pour regarder vers la gauche. Les empreintes devinrent dures comme de la pierre après la cuisson du soleil. D'autres dépôts de cendres, des pluies et des tempêtes de sable recouvrirent les empreintes et les préservèrent jusqu'à leur découverte, tout à fait fortuite, en 1976.

« C'est la trouvaille la plus remarquable de toute ma carrière », déclara ma mère, qui dirige les fouilles à Laetoli. « Quand nous découvrîmes les traces des hominidés, j'avoue que j'étais sceptique, mais il s'avéra rapidement qu'elles ne pouvaient pas être autre chose. Ce sont les plus anciennes empreintes d'ancêtres de l'homme et elles nous prouvent qu'il y a 3,75 millions d'années, des hominidés marchaient redressés, avec une démarche similaire à celle que nous adoptons aujourd'hui. »

Mary Leakey observe les empreintes d'hominidés découvertes à Laetoli, en Tanzanie.

Le déplacement habituel sur les deux membres inférieurs, libérant les

Vue plus rapprochée des empreintes d'hominidés. On peut également distinguer les petits cratères formés par la chute des gouttes de pluie, et une piste d'empreintes animales s'éloignant sur la droite.

membres supérieurs pour d'autres travaux, est un mode de locomotion peu courant. Une fois que nos ancêtres eurent adopté une démarche redressée, de nombreux phénomènes liés à leur état d'humains tels que la manipulation précise et le transport de la nourriture vers un camp de base, devinrent possibles. Je ne veux pas dire que les hominidés primitifs ont acquis, il y a quelque 4 millions d'années, une démarche redressée pour utiliser leurs mains de manière très précise ou pour développer une économie basée sur le partage de nourriture. Ceci ne peut, bien entendu, être le cas, car ces comportements n'ont été effectifs que des millions d'années après l'acquisition d'une démarche bipède. Cependant, on doit considérer la bipédie comme un des acquis essentiels, sinon l'essentiel de l'évolution humaine. Dans ce chapitre, je vais parler du passé biologique et des pressions évolutives qui ont conduit à l'animal bipède et je vais, en même temps, considérer les autres changements évolutifs des premiers hominidés, en particulier les modifications dentaires.

L'héritage des primates

Homo sapiens appartient à l'ordre des « primates » qui regroupe les singes américains, africains et asiatiques, les lémurs, les pottos, les galagos, les loris et les musaraignes arboricoles. Les primates ont un certain nombre de caractères en commun, tels que des doigts préhensiles recouverts d'ongles plutôt que de griffes et des yeux tournés vers l'avant, permettant une vision binoculaire. Ces caractéristiques constituent un avantage sélectif pour l'animal qui vit dans les arbres et qui se nourrit d'insectes comme le fit l'ancêtre des primates. Les tout premiers primates furent probablement des animaux nocturnes de la taille d'une musaraigne. Leurs descendants adoptèrent une vie diurne et une activité de frugivore qui réclamait une vision en couleurs. Les singes à queue se développèrent il y a 40 millions d'années à peu près, suivis par les grands singes 10 millions d'années plus tard. Les derniers de tous, dans une période comprise entre 14 et 4 millions d'années, devinrent les hominidés.

L'évolution des primates, qui s'est déroulée sur 70 millions d'années, a été marquée, entre autres choses, par un accroissement de la taille du corps. Parallèlement à cela se manifesta un étonnant progrès de l'intelligence et les primates développèrent aussi un comportement social de plus en plus complexe. Cependant, la caractéristique qui est peut-être la plus remarquable des primates, et principalement des primates supérieurs, est l'opportunisme. La survie dépend essentiellement de l'apport continuel de nourriture et les primates supérieurs (dont les meilleurs exemples seraient le babouin et le chimpanzé) exploitent toute source de nourriture disponible. Les hominidés anciens, et particulièrement ceux de la lignée qui mena aux hommes modernes, semblent avoir réussi grâce au développement de ce comportement opportuniste. On doit remarquer qu'ils ne le firent pas consciemment, mais parce que cette tendance opportuniste, favorisée par la sélection naturelle, a elle aussi évolué comme tous les autres traits biologiques.

Parmi les primates, le chimpanzé est le plus proche parent de l'homme, alors que les deux autres grands singes, gorille et orang-outan, sont des cousins plus éloignés. Les grands singes et l'homme sont regroupés sous le terme d'« hominoïdes ». Les biologistes aimeraient bien savoir comment les grands singes et les hommes modernes ont évolué à partir de l'ancêtre commun. Malheureusement, en ce qui concerne les hominidés, les restes fossiles sont encore incomplets et rien n'est connu en ce qui concerne les grands singes. Tout ce que nous pouvons espérer, c'est que de nombreuses découvertes viendront combler les lacunes dont la principale, connue sous le terme de « vide fossile » (le « chaînon manquant »), se situe entre 8 et 4 millions d'années.

Une musaraigne arboricole d'Asie du Sud-Est. Le primate ancestral était probablement un petit animal nocturne qui vivait dans les arbres et se nourrissait d'insectes, un peu comme le font les musaraignes arboricoles actuelles.

Le milieu forestier des dryopithèques

Heureusement, nous possèdons quelques preuves tangibles de créatures simiesques qui ont vécu il y a plus de 14 millions d'années. Nous savons que l'Afrique abritait il y a 20 millions d'années des animaux simiesques primitifs, les dryopithèques. La terre était bien plus chaude alors qu'elle ne l'est actuellement, peut-être de 12°C (20°F) sous les latitudes tempérées. Des forêts épaisses recouvraient les tropiques et ce qu'on appelle l'Eurasie. La morphologie des continents était également différente et l'Afrique était encore une île.

Autant qu'on puisse en juger d'après leurs squelettes, les dryopithèques habitaient les forêts, se nourrissaient de fruits, de feuilles, de pousses, de fleurs et probablement d'insectes. Par opposition à l'époque actuelle où les grands singes sont peu nombreux et en danger d'extinction, ils foisonnaient il y a 20 millions d'années et étaient aussi nombreux que les singes à queue actuels.

De nombreuses espèces de dryopithèques ont été répertoriées et il est impossible de donner une image exacte des parentés entre les différentes espèces. En 1948, ma mère découvrit le crâne d'une de ces créatures qui fut nommé *Proconsul africanus*. Les dents de ce dernier sont plutôt simiesques, comme le prouvent la petitesse des dents jugales et la finesse de leur émail, ainsi que les canines acérées et saillantes. *Proconsul* était un quadrupède arboricole, plutôt qu'un brachiateur à la manière de l'orang-outan et du gibbon.

Il y a 16 ou 18 millions d'années, l'Afrique se rattacha à l'Eurasie et de nombreuses espèces purent passer d'un continent à l'autre, ce qui entraîna une profusion de changements évolutifs : nouvelles opportunités et nouvelles compétitions. Des espèces nouvelles apparurent, tandis que d'autres s'éteignirent. A ce moment-là, le climat commença à se rafraîchir sur la terre, ce qui entraîna une réduction continue des immenses forêts tropicales. Les dryopithèques durent donc subir ces différentes pressions.

Cependant, le changement était inévitable et un groupe nouveau, celui des ramapithèques, apparut. Ces créatures, probablement mieux adaptées à un milieu de forêt plus ouvert, se répandirent dans les régions tropicales et sub-tropicales, tandis que les dryopithèques, habitants des forêts, se faisaient de plus en plus rares. C'est vers les ramapithèques que nous nous tournons pour rechercher le premier ancêtre des hominidés et peut-être aussi celui des grands singes.

Le déplacement vers les milieux ouverts

Ce sont principalement les dents qui distinguent les ramapithèques des dryopithèques. Les dents jugales plus grandes et plus aplaties ainsi que les dents frontales généralement plus petites suggèrent que les ramapithèques se nourrissaient d'éléments plus durs et moins nutritifs que ce qui est normal chez les grands singes. C'est de cette modification dentaire que les paléontologues déduisent un déplacement du milieu forestier vers un environnement moins boisé. David Pilbeam explique : « La nourriture disponible en forêt est généralement tendre (c'est le cas des fruits, des jeunes pousses) tandis que dans les régions plus découvertes, non seulement la nourriture est plus dure, mais elle est aussi moins nutritive. Les ramapithèques devaient donc chercher plus de nourriture, mais aussi en tirer le maximum. »

Les ramapithèques furent florissants entre 14 et 8 millions d'années et se répandirent largement en Afrique, en Asie et en Europe. Un des plus beaux sites à ramapithèques est celui des collines des Siwaliks où David Pilbeam et Ibrahim Shah de la Société géologique du Pakistan ont entrepris un projet de recherche commune depuis 1973. Ils font beaucoup plus que de récolter les

Crâne d'un dryopithèque africain découvert par Mary Leakey en 1948, et connu sous le nom de Proconsul africanus. *Le groupe des dryopithèques simiesques fut très prolifique et varié, mais avec le recul des forêts il y a quelque 16 millions d'années, ils devinrent moins nombreux.*

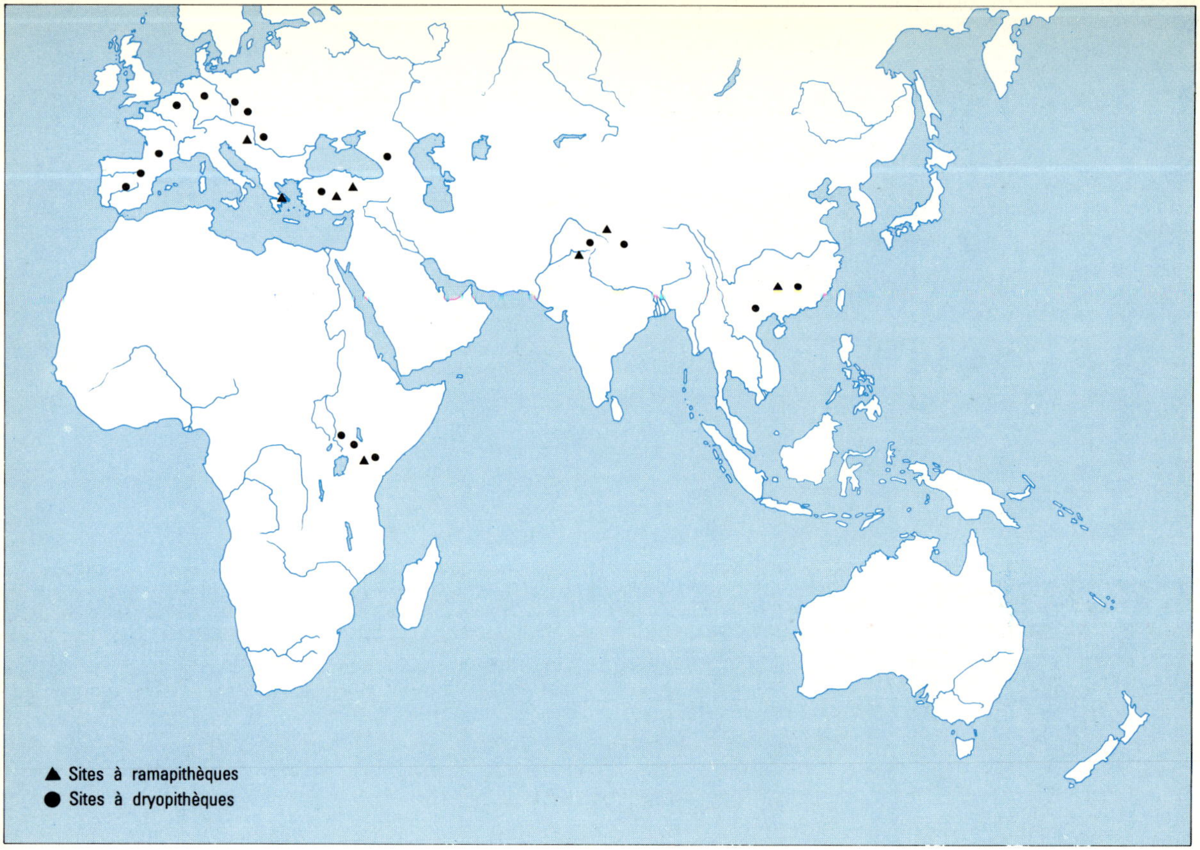

Sites de découverte des dryopithèques et ramapithèques fossiles.

Page de droite : *on peut identifier 3 types de ramapithécinés parmi les fossiles des collines des Siwaliks : ce spécimen appartient au genre* Sivapithecus.

fossiles. « L'idée, dit David, est de reconstituer l'environnement dans lequel ces créatures ont vécu pour voir comment il s'est modifié avec le temps et pour déterminer les pressions qu'il a exercées sur les animaux qui y vivaient. »

Martin Pickford, membre de l'équipe, donne la description suivante du milieu : « Il n'y avait pas d'habitat *moyen*. Certaines zones étaient nettement et assez fortement recouvertes d'arbres : des animaux brouteurs comme les porcs, les girafes et les petites antilopes y habitaient. D'autres endroits étaient probablement assez peu boisés et on y trouvait des chevaux et de grandes antilopes. A d'autres endroits encore, on récolte des restes de tortues, de crocodiles et d'animaux ressemblant à des hippopotames, ce qui indique un milieu aquatique. C'était une mosaïque de milieux différents ». C'est dans les zones faiblement boisées que l'on trouve les fossiles de ramapithèques.

L'expédition a été totalement couronnée de succès par la découverte de fossiles dans ces dépôts, mais malheureusement tous les spécimens sont assez fragmentaires. Cependant, comme le fait remarquer David Pilbeam, on commence à mieux comprendre ces formes : « Nous trouvons des hominoïdes de trois tailles différentes et trois tailles de crânes et de mâchoires, ainsi que des éléments post-crâniens. Il est donc raisonnable d'associer les fragments crâniens les plus grands avec les pièces post-crâniennes les plus grandes et ainsi de suite. Le plus petit des trois est *Ramapithecus*, qui a donné son nom au groupe. Il pesait probablement autour de 20 kg et partageait son temps entre les arbres et le sol. Le suivant, *Sivapithecus*, ressemblait beaucoup à *Ramapithecus*, mais il était un peu

plus gros. Lui aussi devait être mi-arboricole, mi-terrestre. Le dernier, *Gigantopithecus*, était, comme son nom l'indique, une forte créature. En effet, une espèce tardive trouvée en Chine atteignit réellement des proportions gigantesques et a été associée aux histoires mythiques concernant le yéti. En raison de sa taille, *Gigantopithecus* passait probablement la plus grande partie de son temps au sol. »

Bien que les différents niveaux des Siwaliks recouvrent une période s'échelonnant de 14 à plus de 0,5 millions d'années, seule la première moitié de cette séquence a livré des hominoïdes fossiles. Puis, après un bref épanouissement aux alentours de 8 millions d'années, ces primates disparurent des Siwaliks. « Il me semble que de nombreux changements se sont opérés il y a 6 à 8 millions d'années » suggère David Pilbeam. « Les dépôts océaniques prouvent que des variations importantes dans les courants étaient associées à une instabilité du climat qui devenait plus frais. Ce fut peut-être pour cela que les hominoïdes ne purent habiter plus longtemps au Pakistan. C'est également durant cette période que de nombreux animaux de plaine modernes apparurent. »

Bien que les ramapithèques aient disparu du Pakistan lors du rafraîchissement du climat, ils ont peut-être continué d'occuper l'Afrique. Ils vivaient sur le continent africain depuis longtemps et l'un des plus vieux *Ramapithecus* connus fut trouvé par mon père à Fort Ternan au Kenya. Pendant la période qui vit l'épanouissement des ramapithèques, d'importants changements survenaient en Afrique. La croûte terrestre se bomba et des régions de hauts plateaux apparurent. Les chaînes de montagnes nouvelles créèrent de nouveaux environnements et entraînèrent un changement climatique.

Il faut ajouter à cela que le continent africain commença à se fracturer lentement, des failles se formèrent et jouèrent ce qui donna la « vallée du Rift est-africain ». Cette grande cassure s'étend du point le plus septentrional de la Turquie, à Israël, à la mer Rouge pour se terminer au sud de l'Afrique, à l'embouchure du Zambèze. Sa taille et sa profondeur varient, mais elle peut, par endroits, atteindre 80 km de large et plus de 300 m de profondeur. La formation du Rift entraîna des changements importants d'altitude ainsi que des écoulements sur de très faibles distances; cela, combiné à la formation récente des chaînes de montagnes, donna toute une mosaïque d'habitats beaucoup plus complexe et variée. Une telle diversité d'environnements offre un milieu idéal pour les changements évolutifs et les opportunités nouvelles et variées furent sans aucun doute exploitées par les populations d'hominoïdes en expansion. Il est possible que le riche déploiement d'environnements provoqué par la formation du Rift et des nouvelles chaînes de montagnes ait contribué à donner naissance au premier hominoïde redressé : en d'autres termes, au premier hominidé.

Durant la dernière décennie, on a largement considéré *Ramapithecus* comme un premier hominidé, qui serait à l'origine de la lignée humaine, et la séparation d'avec les grands singes aurait eu lieu aux alentours de 14 millions d'années. La principale raison pour considérer *Ramapithecus* comme un hominidé ancestral est que ses dents ressemblent beaucoup à celle des hominidés ultérieurs. Cependant, il n'est en aucun cas certain que le *Ramapithecus* ait survécu de 14 millions d'années jusqu'à l'époque du « vide fossile », époque à laquelle il aurait pu évoluer pour donner naissance aux hominidés primitifs. Il semble vraisemblable que *Ramapithecus* se soit éteint et que le premier hominidé ait pris naissance à partir d'un ancêtre encore inconnu.

Les preuves moléculaires

Au cours des dernières années, deux biochimistes de l'Université de Californie, Vincent Sarich et Allan Wilson, ont étudié les différentes

Page de droite : *la vallée du Rift africain s'est formée lors de la séparation de la croûte terrestre, formant des craquelures et des failles. La formation du Rift peut avoir créé une diversité plus grande d'environnements dans lesquels les ramapithèques ont évolué pour donner naissance aux hominidés primitifs. De nombreux sites préhistoriques sont associés à la vallée du Rift à cause des lacs autour desquels les animaux, dont les hominidés, tendaient à se rassembler et où régnaient des conditions idéales pour la préservation et donc la découverte de leurs restes. La majorité des sites africains mentionnés dans ce livre sont figurés sur la carte.*

ALGÉRIE
LYBIE
ÉGYPTE
Nil
MER ROUGE
NIGER
TCHAD
Lac Tchad
SOUDAN
GOLFE D'ADEN
TERRITOIRE FRANÇAIS DES AFARS ET DES ISSAS
Hadar
Nil bleu
Nil blanc
Omo
Aouache
NIGERIA
Niger
Chari
EMPIRE CENTRE-AFRICAIN
ETHIOPIE
Basse vallée de l'Omo
CAMEROUN
Lua
Uélé
Lac Turkana
Koobi Fora
RÉPUBLIQUE DES SOMALIES
Lothagam
Kanapoi
GUINÉE ÉQUATORIALE
Zaïre
CONGO
OUGANDA
KENYA
GABON
Oubangui
Lac Victoria
Fort Ternan
Olorgesailie
Kasai
ZAÏRE
Gorge d'Olduvai
Laetoli
TANZANIE
Lac Tanganyika
Lualaba
Rufiji
Cuanza
OCÉAN INDIEN
ANGOLA
Lac Malawi
ZAMBIE
MALAWI
Broken Hill
Cubango
Zambèze
MOZAMBIQUE
Lac Kariba
ZIMBABWE
MADAGASCAR
OCÉAN ATLANTIQUE
NAMIBIE
Save
BOSTWANA
Limpopo
Makapansgat
SWAZILAND
Kromdaai
Swartkrans
Sterkfontein
Taung
Border Cave
Vaal
Orange
LESOTHO
RÉPUBLIQUE SUD-AFRICAINE
Failles dans la croûte terrestre qui ont conduit à la formation de la vallée du Rift est-africain.
Nelson Bay
Klasies

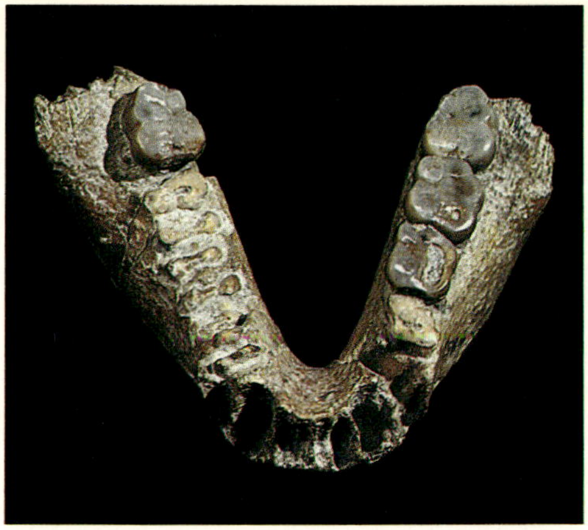

Ramapithecus, *le plus petit des ramapithécinés, est considéré comme l'aïeul le plus plausible des hominidés. Cependant, les restes retrouvés de* Ramapithecus *sont maigres : seulement quelques dents et mâchoires. Les paléontologues expérimentés peuvent déduire beaucoup de ces trouvailles, mais une grande partie des résultats reste spéculative. La photo ci-contre montre un des spécimens de* Ramapithecus *les mieux conservés et les dessins présentent les nombreuses reconstitutions qui en ont été faites.*

protéines de l'homme et celles du chimpanzé. Une protéine est constituée de longues chaînes d'acides aminés et des mutations génétiques peuvent entraîner des changements dans ces acides aminés. Certains de ces acides sont vitaux à la structure et à la fonction de la protéine; mais de nombreux autres ne le sont pas et peuvent être modifiés sans affecter l'action de la protéine dans le corps. Ces changements sont « invisibles » à la sélection naturelle, ils ne sont donc pas éliminés et ont tendance à s'accumuler au cours des temps. Le taux des mutations est assez régulier et le nombre de différences entre les protéines de deux espèces animales peut être utilisé pour mesurer approximativement le temps écoulé depuis la séparation de l'ancêtre commun.

D'après les données que Vincent Sarich et Allan Wilson ont recueillies sur les protéines de l'homme et du chimpanzé, nous n'aurions commencé à nous séparer de ces singes qu'il y a 5 millions d'années. Ce résultat stupéfie les paléontologues et écarte définitivement la possibilité que *Ramapithecus*, vieux de 14 millions d'années, soit notre ancêtre commun. Cependant, on sait qu'on ne peut complètement se fier aux méthodes biochimiques pour rechercher nos parentés évolutives et pour calculer la durée des faits de l'évolution : « l'horloge moléculaire » peut avancer trop vite ou trop lentement. Le débat reste ouvert, mais l'étude des protéines a été bénéfique à de nombreux égards et, en particulier, elle a forcé les chercheurs à reconsidérer leurs hypothèses sur l'évolution ancienne de l'homme.

L'origine de la marche bipède

La modification de l'appareil dentaire, telle qu'on la constate chez les ramapithèques, ainsi que l'adoption d'une démarche bipède et d'une posture redressée sont probablement les caractéristiques essentielles des hominidés anciens. Pourquoi ces nouveaux traits apparurent-ils ? Je dois une fois encore souligner que les changements ne sont pas intervenus au cours d'un processus inévitable qui aboutirait à l'homme moderne : l'évolution n'est ni finaliste, ni dirigée. Comme je l'ai déjà expliqué, les modifications dentaires constatées chez *Ramapithecus* peuvent très bien constituer une réponse évolutive à un milieu plus ouvert. Mais pourquoi et à quel moment nos ancêtres se sont-ils mis debout ? De nombreuses explications ont été proposées.

On a pendant longtemps expliqué la bipédie comme un résultat de la libération des mains pour fabriquer des outils et des armes. Mais il n'y a en fait aucun signe d'artefact dans les collections avant 2 millions d'années; et donc à peu près 2 millions d'années après que les hominidés eurent adopté une marche bipède. « Je pensais que le comportement culturel et le façonnage des outils étaient des facteurs importants dans la séparation entre hominidés et grands singes actuels, mais je ne considère plus le problème de la même manière », déclare David Pilbeam. Certains biologistes commencent à se détourner de la tête et à s'orienter vers l'estomac pour expliquer le phénomène humain de l'évolution. La nourriture, la manière dont elle est récoltée et transformée, sont des facteurs vitaux dans l'étude du comportement animal... En abordant le problème de cette manière, l'anthropologie se rapproche des études réalisées sur les autres mammifères.

Clifford Jolly, de l'Université de New York proposa le premier, il y a juste dix ans, l'hypothèse des « mangeurs de graines ». Comme il le dit lui-même : « Regardez les geladas, ils passent la plus grande partie de leur temps d'alimentation accroupis dans une position à peu près droite tandis qu'ils ramassent de petites choses sur le sol. Ils possèdent de petites canines qui permettent aux mâchoires de se mouvoir librement pour mastiquer la nourriture. Les hominidés vécurent probablement dans un milieu ouvert, où les graines et d'autres petits aliments étaient abondants. Leurs dents étaient bien adaptées aux graines dures, etc... » Comme Cliff Jolly l'admettrait lui-même aujourd'hui, il ne s'agit probablement que d'un épisode de l'histoire et ce n'est pas une explication satisfaisante de l'apparition de la bipédie. Son travail en 1970 fut cependant une étape décisive dans l'étude de la préhistoire humaine car il proposait une approche totalement nouvelle des origines de l'homme.

Mais comment pourrions-nous expliquer la bipédie en termes de régime alimentaire ? Dans un habitat assez ouvert, la nourriture, bien qu'elle soit plus coriace, est également plus dispersée et répandue qu'en forêt. Un animal qui vit en pays boisé ou dans une savane à buissons passe la majeure partie de son temps sur le sol à se déplacer d'une source de nourriture à une autre. Mais la taille doit jouer également un rôle important. Il doit être plus difficile pour un grand primate d'adopter une démarche redressée. Un petit singe comme le gibbon ou le siamang doit se mettre debout plus facilement qu'un gorille ou qu'un chimpanzé. David pense d'ailleurs qu'il est tout à fait raisonnable d'imaginer qu'un animal de la taille de *Ramapithecus* ait pu marcher très facilement sur deux jambes lorsqu'il était au sol. Et cette habitude aurait été renforcée par une durée assez longue passée au sol pour se nourrir, par exemple, cueillir des fruits, des baies et des noix sur les petits buissons.

Il suppose par ailleurs que l'aboutissement d'un changement évolutif peut être totalement différent de son adaptation originelle : « Le phénomène de la bipédie est peut-être analogue à celui des bajoues de certains singes : elles permettent de soustraire la nourriture aux autres individus et de manger en paix. Ainsi, même si la bipédie a permis finalement le développement d'une activité sociale complexe de cueillette et de chasse, la pression évolutive initiale était peut-être destinée à éviter la socialisation. »

Quelle que soit la cause de la bipédie, le passage d'un être quadrupède à un être bipède est spectaculaire. Owen Lovejoy, de l'Université de Kent State, explique la transition en ces termes : « L'acquisition de la bipédie est un des changements anatomiques les plus frappants que l'on observe en biologie évolutive. »

La séparation des grands singes et des hominidés

C'est David Pilbeam qui a été ces dernières années le chef de file de la recherche sur les hominidés primitifs; il est donc tout à fait légitime d'exposer ici ses hypothèses actuelles (il serait le premier à admettre que ce ne sont que des hypothèses) sur la chronologie de l'évolution des hominoïdes. « Je dirais que le dernier ancêtre commun à tous les hominoïdes — c'est-à-dire les grands singes asiatiques (orang-outan, gibbon, siamang), les grands singes africains (chimpanzé, chimpanzé nain et gorille) et les hominidés — vivait il y a 10 millions d'années environ. Puis les grands singes asiatiques se sont isolés. Enfin, la divergence entre grands singes africains et hominidés s'est effectuée il y a approximativement 7 millions d'années, au moment des changements climatiques et écologiques importants. Mais seule la récolte de nouvelles pièces fossiles permettra de vérifier scientifiquement de tels arguments. »

Les faits ont souvent été d'un faible secours dans l'étude de la préhistoire humaine et David décrit très clairement l'influence importante qu'a eu l'idéologie sur l'interprétation populaire du passé : « Au temps de Darwin, quand l'évolution et la vie étaient considérées comme une bataille, on supposa l'utilisation des outils comme des armes. Dans les premières décades de ce siècle, on disait que le cerveau, l'intelligence, nous avaient fait ce que nous sommes. Cette obsession du cerveau est précisément la cause de la supercherie de Piltdown, ce crâne de taille moderne associé à une mâchoire de singe que l'on reconnut comme authentique avec un tel empressement. Dans les années quarante, avec l'explosion de la technologie, l'homme, le fabricant d'outils a tenu le devant de la scène. Les années de guerre imprimèrent leur marque avec l'apparition d'un homme dont l'ancêtre était un « grand singe-tueur ». Et ce n'est probablement pas un hasard si, dans les années soixante, l'épanouissement des moyens d'information a coïncidé avec l'idée que le langage était le moteur du progrès humain. A l'heure actuelle, avec la force croissante des mouvements féministes, le rôle du mâle en tant qu'homme-chasseur doit être remplacé par l'image de groupes coopératifs de chasseurs-cueilleurs dans lesquels les femelles jouent le rôle dominant. Lorsqu'on examine nos origines, on doit avouer qu'on a été souvent fort peu objectif. »

On considère souvent la science comme une quête de réponses que l'on doit sûrement trouver si on a assez de temps, mais en raison de la nature des preuves, ou plutôt du manque de celles-ci, ce ne peut pas être le cas en paléoanthropologie. David Pilbeam conclut : « Je suis convaincu qu'il y a de nombreux aspects de l'évolution humaine qui nous échapperont toujours. »

Pourquoi nos ancêtres adoptèrent-ils une démarche bipède ? David Pilbeam pense que la bipédie a permis à nos ancêtres de soustraire la nourriture et de la manger en paix, comme le fait ce jeune babouin. Ce dernier vient de découvrir une cachette d'œufs d'autruche et on le voit en emporter un avant que le reste de la troupe n'arrive.

4 Les anciens hominidés

Dans le chapitre précédent, nous avons vu *Ramapithecus* (l'ancêtre possible des hominidés) s'aventurer vers un milieu plus ouvert que celui de ses prédécesseurs et peut-être commencer à marcher debout. On ne trouve plus de *Ramapithecus* dans les restes fossiles depuis 8 millions d'années; puis il y a une période de 4 millions d'années qui demeure obstinément vide, en dépit des efforts de nombreux paléontologues. Enfin, à partir de 4 millions d'années environ, plusieurs espèces d'hominidés apparurent et l'on vit alors des créatures qui peuvent certainement être considérées comme nos « ancêtres ».

David Pilbeam et Stephen Jay Gould découvrirent un jour dans une revue scientifique sérieuse cette affirmation quelque peu ironique : « La paléontologie humaine a un point commun avec des sujets aussi disparates que la théologie et la biologie extra-terrestre : il y a plus de chercheurs que d'objets à étudier ». Heureusement, les préhistoriens ont aujourd'hui une position bien plus forte après une décade de découvertes extraordinaires. Les années soixante-dix furent pleines de grands titres dans les journaux annonçant encore « une découverte fantastique ». A certains moments, le rythme des découvertes s'est un peu ralenti; les nombreux fossiles permettaient, alors, de repenser la préhistoire humaine. Les pages de notre histoire ont dû être totalement réécrites pendant ces dix dernières années. Or, il faut admettre que l'on attend encore une théorie que tout le monde puisse accepter sans problème; mais ce serait trop espérer d'une science souvent liée à nos émotions et dont le développement est si rapide.

Cependant, les efforts entrepris pour retracer les événements de l'histoire humaine sont de plus en plus cohérents. Cela est en partie dû aux échanges entre les différentes disciplines scientifiques complémentaires comme la géologie, la taphonomie (l'étude du procédé par lequel l'os se transforme en fossile), l'écologie, la primatologie et la biologie moléculaire ainsi que des recherches plus traditionnelles en archéologie et en paléontologie. Il est en outre possible, à l'heure actuelle, de poser des questions de plus en plus précises. On peut, par exemple, se demander comment les mécanismes de base de l'évolution ont agi pendant les premiers stades de l'émergence de l'humanité, comment nos ancêtres se débrouillaient pour vivre, quelles étaient les relations écologiques avec leurs plus proches parents et quelles furent les caractéristiques du comportement qui isolèrent ces hominidés, qui devinrent pleinement humains, de ceux qui disparurent.

Swartkrans, l'une des quatre grottes sud-africaines du Transvaal qui a livré des centaines d'hominidés fossiles. Bob Brain (au fond à gauche) fouille à Swartkrans depuis quinze ans et a grandement contribué à la compréhension de la sédimentation dans cette grotte.

La supercherie de Piltdown

Le désir de « savoir » est souvent accompagné d'idées préconçues sur ce que l'on doit trouver. Ce fut ainsi qu'au début de ce siècle, l'archéologue amateur Charles Dawson « découvrit » le crâne de Piltdown, constitué d'une mandibule de singe associée à un crâne relativement récent. La découverte réalisée en 1912, dans une sablière du sud de l'Angleterre, cadrait

Ci-contre : *le crâne de Piltdown « découvert » dans une sablière du sud de l'Angleterre en 1912. Caché au monde scientifique pendant plusieurs dizaines d'années, ce n'est qu'en 1955 qu'on s'aperçut de la supercherie.*

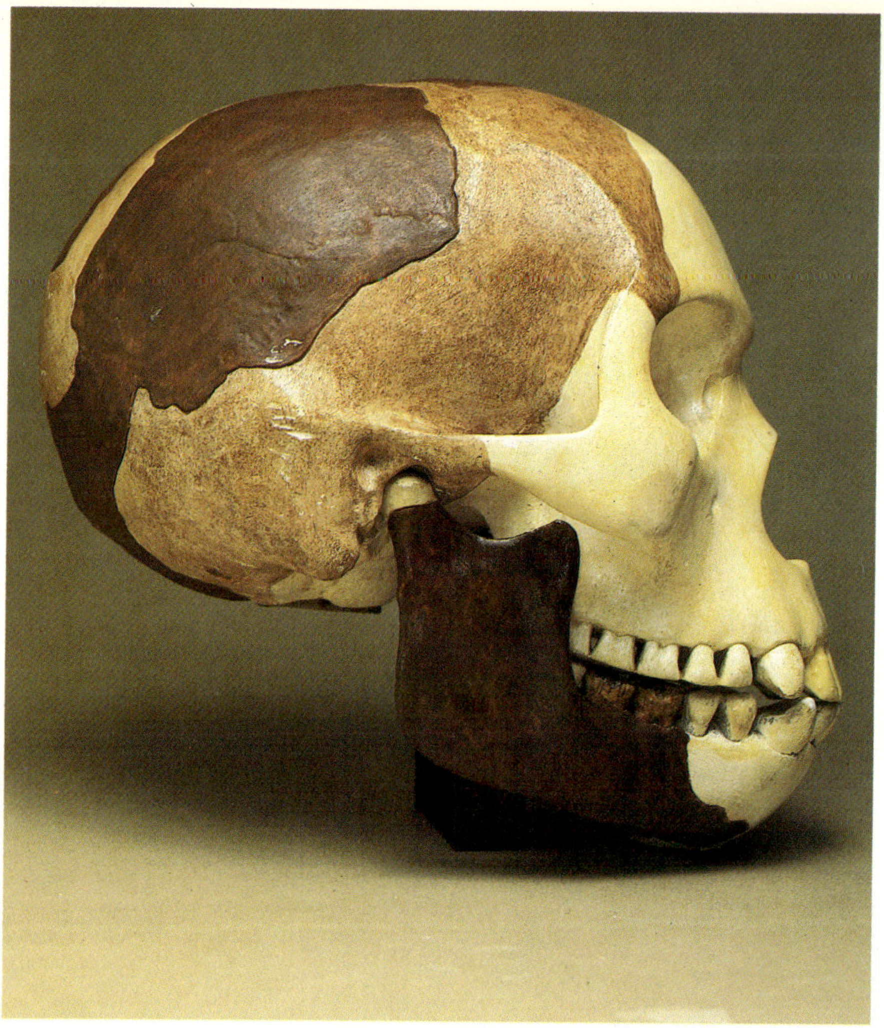

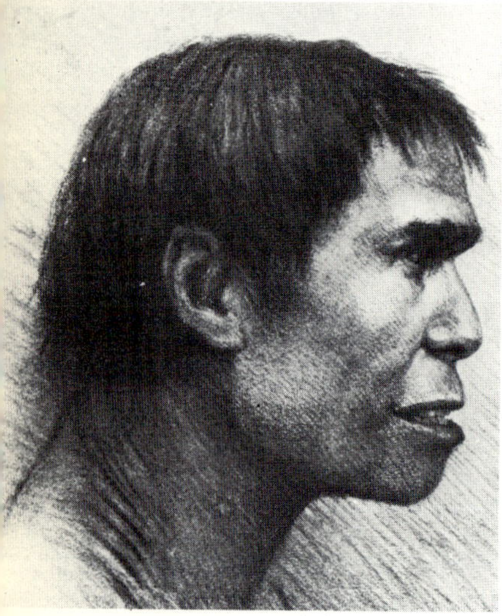

Ci-dessus : *reconstitution de l'« Homme de Piltdown », qui fut publiée dans* The Illustrated London News *en 1913. Le crâne de Piltdown fut accepté comme authentique par la science officielle car cela corroborait les conceptions de l'époque sur l'évolution humaine. On accentua l'importance du développement intellectuel et l'on considéra nos ancêtres comme ayant développé d'abord de grands cerveaux, puis, après seulement, les caractéristiques physiques de l'humain.*

parfaitement avec l'idée dominante d'un ancêtre humain à capacités intellectuelles très développées, mais présentant des caractères physiques simiesques. Les préhistoriens britanniques étaient également ravis de voir l'intérêt scientifique se déplacer de l'Europe vers le centre de l'Empire britannique : le premier homme était effectivement intelligent et... anglais !

Le crâne de Piltdown rendit sceptique un certain nombre de scientifiques dont mon père qui, en 1933, demanda l'autorisation d'étudier les pièces originales. Cette requête lui fut refusée (comme à un certain nombre d'autres personnes) et il ne put jeter qu'un bref regard sur la pièce qui fut replacée dans un coffre. Louis ne put examiner ensuite que des moulages. En 1955 seulement, on s'aperçut de la supercherie flagrante. Quelqu'un (qu'on ne connaît pas) avait associé un crâne humain à une mandibule d'orang-outan, pièces qui avaient été convenablement traitées pour leur donner la patine de l'âge. La science officielle se laissa prendre complètement à la farce, non parce que le crâne de Piltdown était archaïque et authentique, mais parce qu'il confortait des préjugés puissants concernant nos aïeux.

C'est contre ce courant de pensée qu'en 1925, Raymond Dart annonça sa découverte de l'enfant de Taung, un enfant « homme-singe », dans une

L'enfant de Taung, crâne d'un jeune australopithèque découvert par Raymond Dart en 1924. Il annonça la découverte l'année suivante, mais elle fut rejetée par la plupart des scientifiques sous prétexte qu'elle ne représentait qu'un type éteint de singe. D'autres trouvailles confirmèrent que ces créatures étaient, en fait, des hominidés, bien que n'étant pas nos ancêtres directs.

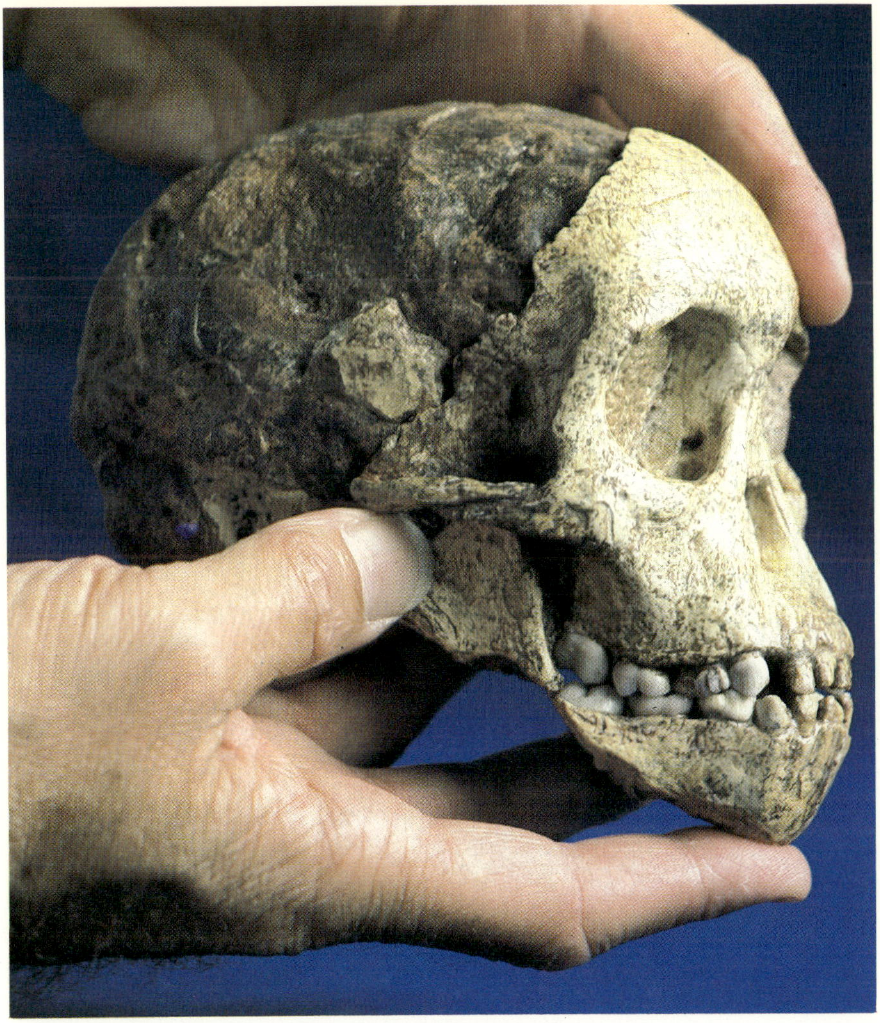

grotte calcaire du Transvaal en Afrique du Sud. Les préhistoriens britanniques rejetèrent immédiatement cette affirmation. Sir Arthur Keith écrivit même en termes cinglants que l'individu appartenait au « même groupe ou à la même sous-famille que le chimpanzé et le gorille... » et qu'il était « absurde de réclamer que le singe de Taung soit classé parmi nos ancêtres ».

Les fossiles des grottes sud-africaines

C'était cependant la science officielle qui était dans l'erreur, et non pas Dart. Sa suggestion dut attendre près de vingt ans avant de recevoir enfin un appui matériel : Robert Broom découvrit un homme-singe adulte dans une autre grotte calcaire, celle de Sterkfontein. Lentement, très lentement, l'ordre scientifique commença à changer : les découvertes de Robert Broom et Raymond Dart furent reconnues; elles ouvraient une nouvelle ère dans la recherche paléoanthropologique. Ces chercheurs avaient mis au jour *Australopithecus africanus*, hominidé qui vécut en Afrique entre 3 et 1 million d'années. Le terme *Australopithecus* signifie simplement « grand singe du Sud » et ainsi le nom latin de ce premier hominidé veut dire sans aucune controverse « grand singe du Sud africain ».

Page opposée : *cette série de diagrammes montre la théorie actuelle de Bob Brain sur la formation des dépôts de la grotte de Swartkrans.*
1. Initialement, l'eau de pluie a creusé la roche et s'est infiltrée dans le calcaire dolomitique.
2. Un bloc s'est détaché du toit de la grotte et est tombé sur le plancher de celle-ci.
3. Dépôts de travertins accumulés sur le toit de la grotte, sur le bloc basal et sur le plancher de la « grotte intérieure ».
4. Un puits vertical s'est ouvert au-dessus de la « grotte extérieure » dont les débris sont tombés dans la grotte. Au cours du temps, les débris se sont transformés en roche : la brèche du membre 1.
5. Le puits a été bouché avec les débris et les grottes intérieure et extérieure ne communiquent plus.
6. Un chenal s'est rouvert dans le puits et l'eau de pluie a pu s'infiltrer, érodant la brèche du membre 1.
7. Un nouveau puits s'est développé au-dessus de la « grotte extérieure » et le bloc de base s'est un peu affaissé, ouvrant un chemin vers la « grotte intérieure ». Les débris qui tombaient dans le nouveau puits remplirent les vides des deux grottes. Puis, ils se transformèrent en roche et formèrent la brèche du membre 2.
8. L'érosion de la colline a enlevé le toit de la « grotte extérieure », et la brèche affleure donc. L'eau de pluie a ouvert des chenaux temporaires dans la brèche qui ont été bouchés, par la suite, par des sédiments (non visibles ici). Ceux-ci, dans les remplissages de chenaux, varient considérablement en âge, ce qui complique le problème.

En juin 1938, un deuxième type d'homme-singe fit son apparition. Robert Broom reconnut qu'un certain nombre de dents et plusieurs fragments crâniens recueillis dans une autre grotte calcaire, à Kromdraai, appartenaient à une forme plus massive d'homme-singe que celle de Sterkfontein. Ce nouvel hominidé est connu sous le nom d'*Australopithecus robustus*, le « grand singe robuste du Sud africain », un nom qui rend compte des grandes dents jugales et des insertions osseuses puissantes des muscles de sa mâchoire.

Raymond Dart fit preuve d'une intuition vraiment exceptionnelle en reconnaissant les caractères très spéciaux du petit crâne de Taung, à un moment où il était sûr que l'opinion scientifique générale serait hostile. Et l'énergie énorme de Broom, son dynamisme et son enthousiasme à poursuivre ses recherches, coupèrent le souffle à ses assistants qui le respectaient et l'admiraient — il avait presque 70 ans quand il se lança dans la paléoanthropologie. Cependant, ces deux hommes furent vraiment des personnages de légende et tous ceux qui travaillent sur l'origine de l'homme ont une dette énorme envers eux.

Pendant plus d'un quart de siècle, l'Afrique du Sud a été le foyer des découvertes d'hommes-singes, les principales provenant des grottes de Sterkfontein, Kromdraai, Swartkrans et Makapansgat. Les trois premières sont rassemblées à mi-chemin entre Johannesburg et Pretoria, tandis que la dernière est située à 250 km au nord-est de Pretoria. Le Transvaal est largement recouvert de calcaires et les lessivages successifs qui ont agi sur de longues périodes ont creusé de nombreux réseaux de grottes qui s'ouvrent à la surface par des puits verticaux. Ces riches dépôts de calcaire attirèrent les carriers dans cette région. Toutes les grottes citées plus haut jouent, bien sûr, un double rôle : celui de carrière et celui de site archéologique. Elles sont des lieux importants pour les préhistoriens, car par endroits, les os sont entassés en grand nombre par certains phénomènes naturels : par exemple, à Makapansgat, Raymond Dart et ses collègues ont récolté 250 000 os d'animaux. De tels regards jetés sur le passé sont d'une grande importance pour les préhistoriens, mais ils posent de nombreux problèmes. Il est extrêmement difficile, d'une part, de récupérer les os et, d'autre part, d'expliquer comment et quand ils sont arrivés dans la grotte.

Chaque fois qu'il pleut sur le haut plateau, l'eau s'engouffre dans les grottes, charriant avec elle de la boue, des feuilles et tout ce qui se trouve sur son passage. Les cavernes souterraines sont remplies graduellement par les dépôts qui servent de pièges aux os qui s'y trouvent entre deux niveaux d'argile en cours de lente solidification. Si le processus de remplissage s'était déroulé exactement de cette façon, il y aurait déjà assez de problèmes pour le préhistorien et l'archéologue; mais ainsi que Bob Brain, directeur du Transvaal Museum, l'a appris à ses dépens, l'histoire est plus complexe.

Bob Brain fouille depuis quinze ans à Swartkrans, travaillant souvent dans les rocailles laissées par les carriers. On pense que les dépôts de la grotte sont âgés d'un peu moins de 2 millions d'années et qu'il y a eu au moins deux grandes phases de sédimentation. Jusqu'à une période récente, Bob Brain avait l'impression que la durée du remplissage avait été extrêmement longue, peut-être 1 million d'années; mais il pense maintenant que le temps de sédimentation a été plutôt court, s'étalant sur 10 000 ans ou peut-être un peu moins. Les deux niveaux différents des dépôts de la grotte semblent, cependant, donner des indications sur le passé, le plus âgé étant l'inférieur et le plus récent, le supérieur. Leur âge exact est difficile à évaluer, mais on peut l'estimer à partir des stades évolutifs des restes de faune dans les dépôts.

Outre le problème de datation, Bob Brain a récemment découvert, à son grand désarroi, une complication supplémentaire. Après que le premier

Dolomite, type de calcaire. Les cavernes souterraines sont un élément courant dans les régions calcaires car cette roche est dissoute par l'eau de pluie.

Travertin, forme de calcaire dur et compact. Quand l'eau de pluie est filtrée par la dolomite située au-dessus, le calcaire est dissous et se dépose plus tard sous forme de travertin lorsque l'eau tombe du toit de la grotte.

Brèche du membre 1. Elle est constituée d'éléments anguleux d'autres roches compactes à grain plus fin. Elle est formée par les débris du sol et de roches qui tombent dans la grotte et qui contiennent de nombreux os fossilisés.

Brèche du membre 2. Bien que formée de la même manière que celle du membre 1, cette brèche plus jeune est brune au lieu d'être rose. Certains éléments chimiques lui donnent sa couleur brune et, dans la brèche plus ancienne, ils ont été lessivés par l'eau de pluie.

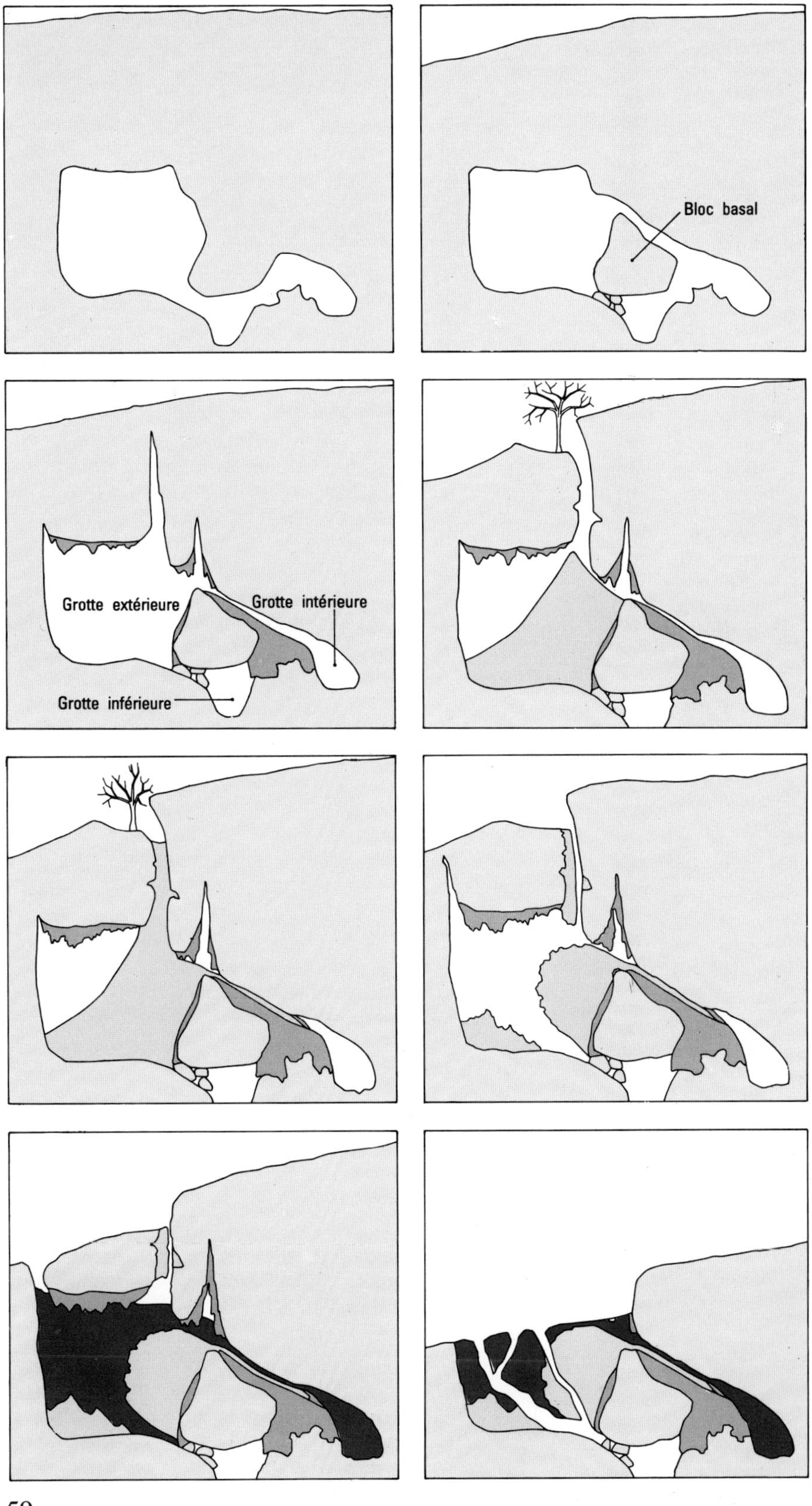

niveau se soit déposé et transformé en roche, des fluctuations du niveau de l'eau ont commencé à éroder les dépôts, lessivant certaines parties et abandonnant des alvéoles de dépôts solidifiés dans d'autres zones de la grotte. Quand la grotte fut découverte, peut-être un demi-million d'années plus tard, le nouveau matériau se déposa sur la surface érodée et remplit les alvéoles des dépôts anciens. Le niveau supérieur de la grotte de Swartkrans présente ainsi un mélange déconcertant de sédiments anciens et récents. Bob Brain considère que les phases intermittentes de remplissage et d'érosion, suivies d'un nouveau remplissage, sont communes à de nombreuses grottes du Transvaal. Et il avoue maintenant que pratiquement chaque idée qu'il se faisait du processus de formation des dépôts doit être modifiée au fur et à mesure que les nouvelles complications apparaissent.

La manière dont les os arrivaient dans les sédiments est une autre notion que Bob Brain a dû revoir ces dernières années. Il pensait auparavant que les léopards étaient les principaux responsables des accumulations d'os. Son idée était la suivante : à l'époque, il n'y avait pas d'arbres de grande taille sur le haut plateau du veld, sauf à l'entrée des grottes où les dépôts accumulés permettaient aux longues racines de puiser profondément leurs réserves nutritionnelles. Lorsqu'il a tué un animal, le léopard se réfugie fréquemment dans un arbre de grande taille pour se soustraire à l'attention des hyènes. Au fur et à mesure que la proie est dépecée, des lambeaux du corps tombent sur le sol et ont pu être entraînés dans la grotte, à l'occasion.

Mais quand Bob Brain examina plus minutieusement les fragments osseux, il réalisa que le pourcentage de primates — babouins, singes divers et australopithèques robustes — était anormalement élevé. Etait-ce parce que les primates se réfugiaient dans les grottes durant les froides nuits du printemps et de l'automne sur le haut veld, comme le font les babouins aujourd'hui ? Dans un style de recherche qui lui est propre, Bob Brain se rendit, à la nuit tombante, dans la grotte de Uitkomst, à 12 km de Swartkrans et il attendit là que les babouins arrivent. Une troupe de trente animaux à peu près pénétra dans la grotte lorsque la lumière devint plus blafarde, et commença à s'installer pour la nuit sur une plate-forme élevée. Bob Brain sortit alors de sa cachette et il raconte : « Bien qu'un désordre indescriptible s'ensuivit, les babouins étaient incapables de se décider à quitter la place dans l'obscurité ». Les dormeurs de la grotte, effrayés par le noir, doivent avoir été des proies relativement faciles pour un carnivore agile.

Elizabeth Vrba, sous-directrice du Transvaal Museum, a elle aussi étudié les dépôts osseux des grottes du Transvaal et ses conclusions semblent corroborer celles de Brain. Elle a imaginé une méthode permettant de dire si ces accumulations osseuses étaient le fait de prédateurs ou de nécrophages. En analysant des dépôts osseux modernes, elle a montré que lorsqu'un prédateur, comme le léopard, en était responsable, les os provenaient d'animaux de taille à peu près identique et qu'il y avait de nombreux individus jeunes. Par contre, le nécrophage rassemble des os d'animaux de tailles très variées.

Grâce à cette information, elle a pu comprendre la manière dont les os fossiles s'étaient accumulés et suggéra que les prédateurs étaient actifs à Sterkfontein, Kromdraai et Swartkrans. A Sterkfontein, où le successeur de Raymond Dart, Phillip Tobias, travaille maintenant avec Alun Hughes, on peut observer une intéressante transition dans une des dernières accumulations. Dans le niveau connu sous le nom de « membre 4 », où tous les *Australopithecus africanus* ont été découverts, le mode d'entassement des os ressemble de manière frappante à celui produit par les prédateurs et il est probable que les australopithèques trouvés là ont été la proie de certains carnivores. Dans le « membre 5 », niveau supérieur plus récent, ont été

Crâne d'un australopithèque robuste et crâne d'un léopard découverts à Swartkrans. Les marques sur le crâne d'hominidé correspondent exactement à celles laissées par les dents du léopard; voici une représentation de la manière dont l'australopithèque a rencontré la mort. On pense que la plupart des os recueillis dans les grottes sud-africaines résultent des repas des léopards ou d'autres carnivores.

découverts des outils de pierre et un fossile qui pourrait être apparenté à nos ancêtres directs. Là, les accumulations osseuses indiquent plus l'action d'un nécrophage que celle d'un simple prédateur. La présence d'outils montre que la grotte était un site d'habitat et il semble probable que ses utilisateurs étaient aussi des nécrophages qui vivaient dans les grottes et y rapportaient leurs proies.

Un des problèmes importants concernant les dépôts des grottes sud-africaines est celui de la datation précise. On dit couramment que Makapansgat est la grotte la plus vieille, peut-être âgée d'un peu plus de 3 millions d'années; puis vient Sterkfontein (environ 2 millions d'années); Kromdraai, Swartkrans et Taung pourraient être plus récentes, (700 000 à 900 000 ans). La richesse incontestée en fossiles de ces grottes sud-africaines prendra une importance encore plus grande quand des techniques de datation nouvelles et attendues impatiemment seront mises au point.

S'il est difficile d'effectuer des datations en grotte, le dégagement des os est souvent un véritable cauchemar. Pendant les centaines de milliers d'années au cours desquelles les os sont restés dans les sédiments, ils se sont transformés petit à petit en une roche composite qu'on appelle brèche. Cette dernière est souvent rose ou brune et s'appuie contre les murs gris de

Alun Hughes montre un os fossilisé dans la brèche rose de la grotte de Sterkfontein.

calcaire dolomitique. Au cours du temps, l'érosion a joué à la surface du sol dégageant souvent la plus grande partie du toit de la grotte, laissant la brèche exposée à l'air libre. Pour la plupart, ces grottes ne ressemblent pas du tout à des grottes, mais à des trous dans le sol remplis de roche rose et brune. La fouille en grotte est rarement un travail minutieux de brossage de la gangue enrobant les pièces; elle nécessite l'emploi d'un marteau-piqueur pour débiter des blocs de 25 cm sur 10 et les fouilleurs utilisent même à l'occasion de la dynamite pour faire sauter le roc.

Une fois en laboratoire, la masse compacte de roche et d'os subit des traitements par bains répétés à l'acide acétique et des lavages; ce procédé dure plus de huit semaines. Ironie du sort, l'os est souvent si fragile qu'au fur et à mesure de son dégagement à l'acide, il doit être consolidé pour le préserver d'une désintégration. Quand Elizabeth Vrba commença son travail sur les dépôts osseux des grottes, elle fut confrontée à ce qu'elle appelle « une montagne de brèches ». Elle réussit à en extraire plusieurs dizaines de milliers d'os fossilisés attribués à différentes espèces animales, et, grâce à son œil exercé, ces restes commencèrent à raconter l'histoire intéressante des grottes du Transvaal.

Classés sous le terme collectif de bovidés, le groupe des antilopes rassemble des formes très variées, des petits duikers, habitants des forêts, aux gnous et aux gazelles des plaines. Comme chaque type de bovidé vivant dans une région particulière est grandement déterminé par les habitats disponibles, ce sont de bons indicateurs des climats régnant dans le passé. Si on trouve des os de nombreux bovidés de plaine dans les dépôts de grotte, il y a toutes les chances pour que la zone proche de celle-ci ait été une prairie peu boisée.

En examinant les os de bovidés des grottes du Transvaal, Elizabeth Vrba a mis en évidence des données intéressantes. Un pourcentage relativement faible de bovidés de plaine figure dans le niveau inférieur de Sterkfontein qui a livré les restes d'*Australopithecus africanus*. Par contre, on trouve un nombre important d'antilopes de savane ouverte, comme les springboks, les bubales et les gnous, dans le niveau supérieur de Sterkfontein, de Swartkrans et de Kromdraai. Il semble que le climat ait été bien plus sec durant cette dernière période et la forêt a ainsi reculé pour laisser la place à une prairie ouverte. Cela est confirmé par les analyses polliniques qui montrent que la végétation était, à cette période, herbeuse. C'est à cette époque tardive et plus sèche qu'*Australopithecus robustus* vivait sur le veld.

Ce passage climatique à des conditions plus sèches aux alentours de 2 millions d'années semble être un phénomène répandu au moins sur un continent si ce n'est sur le globe tout entier. Ces changements dans l'environnement dominant peuvent déclencher la génération de nouvelles espèces grâce à la sélection naturelle : les animaux doivent s'adapter aux nouvelles conditions et les nouvelles espèces peuvent profiter des nouvelles opportunités offertes par le milieu. En effet, on peut noter dans les restes fossiles africains de cette époque un accroissement significatif du nombre d'animaux de plaine. Ce changement climatique peut très bien avoir eu un effet déterminant sur l'évolution ultérieure de la famille humaine.

Les preuves est-africaines

Bien que la recherche paléoanthropologique fût concentrée sur l'Afrique du Sud durant trente années après la découverte de l'enfant de Taung par Dart, l'accent a été mis depuis 1960 sur un certain nombre de sites extraordinairement productifs d'Afrique de l'Est. Plus que d'un simple changement géographique, il s'agit d'un tournant vers une forme totalement différente d'environnement fossile. En effet, en Afrique de l'Est, la plupart des os de nos ancêtres furent conservés soit en bordure d'anciens lacs, soit en bordure de fleuves ou de deltas de rivières.

Les différences entre les deux types de sites sont nombreuses. D'un côté, les dépôts de grotte fournissent des accumulations de fossiles concentrées : Sterkfontein et Swartkrans sont les gisements à *Australopithecus africanus* et *Australopithecus robustus* les plus riches du monde. De l'autre côté, comme à Koobi Fora, la recherche des fossiles s'effectue par prospections répétées de plus de 1 000 km^2 de dépôts. On n'entreprend une fouille que lorsqu'on trouve quelque chose d'intéressant. C'est exactement la même chose à Hadar en Ethiopie où Don Johanson, Maurice Taieb et leurs collègues ont fait des découvertes exceptionnelles ces dernières années. La prospection, bien que réalisée sur des zones réduites, est aussi couramment effectuée à la gorge d'Olduvai et dans le delta de l'Omo en Ethiopie où Yves Coppens et Clark Howell ont cherché dans les sédiments profonds de la rivière pendant plusieurs années.

Ce n'est pas un hasard si les principaux sites est-africains mentionnés plus haut sont étroitement associés à la grande vallée du Rift. Le fond de la vallée est-africaine est jalonné de nombreux lacs, points d'eau de nombreux animaux, dont nos ancêtres firent partie. Mais ce qui compte le plus pour le chasseur de fossiles, ce sont les fluctuations du niveau des rivières et leurs crues saisonnières, qui furent responsables de l'ensevelissement et de la préservation des animaux. Bien que ce mode d'ensevelissement ne donne pas une aussi bonne concentration de fossiles que les apports par prédateurs observés en Afrique du Sud, on trouve le plus souvent les os intacts. Quand les prédateurs ont fini leur repas, les os sont très souvent fragmentaires. Et les crânes qui ne sont pas brisés peuvent être écrasés plus tard, lors de l'effondrement du toit de la grotte ou par l'augmentation graduelle de la pression due à l'accumulation des sédiments au cours du temps. De nombreux crânes d'hominidés des grottes sud-africaines sont très déformés. Un exemple parfait de spécimen intact d'*Australopithecus africanus* de Sterkfontein est le crâne, plus familièrement appelé « Mme Ples », qui a pu nous parvenir en très bon état, car il avait roulé sous un surplomb rocheux qui l'a protégé.

Trahissant une faiblesse de la croûte terrestre, la vallée du Rift est ainsi ponctuée de volcans actifs, qui ont laissé aux préhistoriens un témoignage précieux. Comme je l'ai déjà dit au chapitre 2, les composants chimiques de la cendre volcanique agissent comme une « horloge atomique » qui indique le moment où l'éruption a eu lieu. Il est donc relativement aisé de dater les fossiles enterrés sous des niveaux de cendre.

La découverte de « Dear Boy »

L'histoire de la recherche paléoanthropologique en Afrique de l'Est prit une tournure exceptionnelle à la gorge d'Olduvai, le 17 juillet 1959. Mon père et ma mère s'y trouvaient alors pour leur campagne annuelle et poursuivaient une fouille sur un site qui avait livré, un an auparavant, une seule molaire. Cette simple dent laissait espérer que d'autres spécimens pouvaient être découverts.

Le 17 juillet, Louis, mon père, souffrant, décida de se reposer au camp toute la journée. Mary, désireuse de ne pas perdre un temps précieux, se rendit sur le site pour poursuivre les recherches qu'ils avaient patiemment

Tandis qu'en Afrique du Sud, les grottes livrent des accumulations osseuses, dans les sites est-africains de larges prospections sont nécessaires pour localiser les fossiles disséminés. Cette photo prise en 1966, montre Louis, Mary et Richard Leakey en train de prospecter avec Phillip Tobias (à gauche) près du lac Baringo au Kenya.

entrepris dans la gorge depuis le début des années trente. Ce matin-là donc, elle remarqua un fragment osseux intéressant. Elle se pencha et brossa la terre qui se trouvait sur le fragment. Elle mit ainsi au jour plusieurs dents appartenant de toute évidence à des hominidés. Celles-ci s'avérèrent appartenir à un maxillaire supérieur complet et, par la suite, les fouilles conduisirent à la découverte de centaines de fragments osseux. Ceux-ci furent soigneusement reconstruits et on obtint finalement un crâne remarquablement complet.

Mes parents étaient si heureux de cette étonnante découverte, qui récompensait de longues années de recherches, qu'ils surnommèrent le crâne « Dear Boy » (« Cher garçon »). Mais en raison de la grande taille de ses dents, caractéristique des australopithèques très robustes, la presse populaire le baptisa « Homme casse-noisette ». Bien qu'il soit nettement apparenté à l'espèce sud-africaine *Australopithecus robustus*, le spécimen est-africain est plus solidement bâti. Voilà pourquoi on lui assigna une nouvelle étiquette scientifique, *Australopithecus boisei*, en l'honneur de Charles Boise, homme d'affaires londonien qui avait généreusement contribué au travail de mes parents. Depuis 1959, de nombreux autres spécimens d'*Australopithecus boisei* ont été découverts dans différents sites est-africains.

Quand « Dear Boy » vivait à Olduvai, la végétation était un peu identique à celle qu'on trouve à l'heure actuelle, bien qu'un peu plus luxuriante peut-être. Il habitait probablement une savane à buissons épineux, avec des arbres et des buissons fructifères, proche de nombreux fleuves et rivières qui alimentaient un ancien lac. Bien qu'à l'ouest se fussent étendues des plaines assez plates, vers l'est, on pouvait voir les cônes volcaniques du Lemagrut, du Sadiman et du Ngorongoro. A en juger par les restes fossiles, la diversité de la vie animale, et en particulier de l'avifaune, était riche comparée à celle d'aujourd'hui.

La découverte d'*Australopithecus boisei* à la gorge d'Olduvai causa une vive agitation dans le monde de la préhistoire. Mary explique : « J'étais très excitée par cette découverte, en partie parce que c'était le premier *Australopithecus* à être bien daté, il a environ 1,75 million d'années. C'était bien plus vieux que ce qu'on avait imaginé. Cependant, Louis était un peu déçu, car il espérait que nous avions trouvé un *Homo* primitif; bien que *boisei* fût important et daté avec confiance, ce n'était pas réellement un *Homo* ».

Au cours des deux années qui suivirent l'apparition de l'*Australopithecus boisei*, Louis (ou plus exactement Jonathan, mon frère aîné) trouva ce qu'il cherchait. Ce deuxième type d'hominidé que la famille appela « l'enfant de Johnny » était plus grêle qu'*Australopithecus boisei*, mais il était également différent des australopithèques du type gracile d'Afrique du Sud (*Australopithecus africanus*). Le cerveau de cet hominidé nouveau était un peu plus grand que celui des deux types d'australopithèques : près de 800 cm^3 contre 450 à 550 cm^3. Mon père décida qu'on avait enfin trouvé l'artisan des outils; le spécimen fut, par la suite, nommé *Homo habilis*. Le nom *Homo* indique que cet hominidé est situé sur la lignée qui mène aux hommes modernes, tandis qu'*habilis* signifie « habile », en rapport avec sa faculté de fabriquer des outils. *Homo habilis* vivait près du lac, il y a presque 2 millions d'années.

Les années manquantes : Hadar et Laetoli

Dans un chapitre précédent, David Pilbeam a présenté ses preuves et ses idées sur l'aïeul possible des premiers hominidés : une créature simiesque nommée *Ramapithecus*. En raison du manque de sédiments adéquats d'âge correct, les derniers de ces animaux connus datent d'environ 8 millions d'années. Les découvertes sud et est-africaines prouvent qu'il y a 2 millions

Mary Leakey et le crâne qu'elle et Louis surnommèrent « Dear Boy », tandis que la presse populaire le baptisait Homme Casse-Noisette. *Il se rapportait clairement aux australopithèques robustes d'Afrique du Sud, mais à la différence de ces derniers, il pouvait être daté avec fiabilité grâce aux niveaux de cendres volcaniques que l'on trouve à la gorge d'Olduvai. Un crâne du même type d'hominidé, découvert par Richad Leakey près de Koobi Fora est présenté p. 16.*

d'années, trois types d'hominidés au moins vivaient sur le continent : des australopithèques graciles, des australopithèques robustes et *Homo habilis*. Le problème est le suivant : que s'est-il passé entre *Ramapithecus* et ces hominidés ultérieurs ?

Jusqu'à une époque récente, la seule preuve de l'odyssée humaine comprise entre 8 millions d'années et un peu plus de 2 millions d'années était fournie par Lothagam et Kanapoi au sud-ouest du lac Turkana, où l'on trouva un fragment de mandibule et un fragment d'humérus, datés respectivement de 5,5 et 4 millions d'années. Ces spécimens d'hominidés sont trop fragmentaires pour permettre des conclusions utiles et il est peut-être plus sage de les laisser de côté pour le moment, jusqu'à ce que l'on trouve d'autres spécimens du même âge. Par chance, deux des sites les plus remarquables prospectés récemment — Laetoli en Tanzanie et Hadar en Ethiopie — ont livré des spécimens exceptionnels qui s'échelonnent sur une période comprise entre 4 et 2 millions d'années.

En plus de ces empreintes de pas fascinantes décrites précédemment, ma mère et ses collègues ont aussi mis au jour 23 fragments d'hominidés qui ont 3,5 millions d'années. Plus on recule dans le temps, plus il est difficile de distinguer les différentes espèces d'hominidés. Plus l'espèce est proche du stock ancestral, plus les espèces séparées se ressemblent. Les fossiles de Laetoli sont un bon exemple d'un tel problème : sont-ils des *Australopithecus*, sont-ils des *Homo*, ou bien sont-ils quelque chose de tout à fait différent ? « Ils ont de nombreux caractères communs à ceux d'*Australopithecus* » dit Mary, « mais je considère qu'ils sont les seuls candidats possibles pour une forme ancestrale du genre *Homo* à cette date. » Mary pense donc qu'ils appartiennent à une espèce primitive du genre *Homo*, ancêtre possible d'*Homo habilis*. Tous les préhistoriens ne sont pas d'accord avec cette conception, mais je pense qu'on peut malgré tout la prendre en considération.

Lucy *était une petite femelle australopithèque qui vivait il y a 3 millions d'années près d'un lac dans un pays qui s'appelle aujourd'hui l'Ethiopie. Avec 40 % de son squelette, c'est le spécimen le plus complet d'hominidé primitif jamais trouvé. La forme du bassin prouve que c'était une femelle, et les os des jambes montrent qu'elle marchait debout. Ses dents laissent penser qu'elle avait à peu près vingt ans quand elle est décédée.*

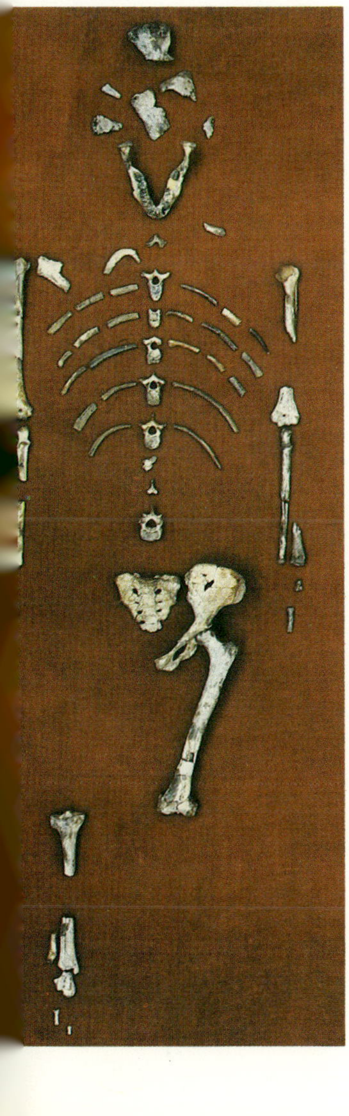

Depuis 1972, Don Johanson, Maurice Taieb, Yves Coppens et leurs collègues ont prospecté, dans des conditions difficiles, Hadar dans le triangle de l'Afar, en Ethiopie. Comme à Koobi Fora, les sédiments y furent déposés le long des bords d'un lac dont le niveau d'eau variait. A la différence du lac Turkana, le lac Afar a disparu depuis longtemps, mais heureusement pour les chercheurs, la rivière Aouache constitue une source d'eau qui permet de cuisiner, boire et se baigner. Hadar, qui signifie « rivière sèche », s'est révélé être une des sources les plus abondantes de fossiles en Afrique pour la période comprise entre 2,5 et 3,5 millions d'années.

En novembre 1975, Don Johanson et ses collègues firent une découverte renversante, même dans le contexte de Hadar : ils découvrirent une concentration de plusieurs centaines d'os qui représentaient au moins treize individus, si ce n'est plus. Cette découverte posait de nombreux problèmes et en particulier celui de savoir comment les os de tant d'individus s'étaient fossilisés au même endroit, au même moment. « Il me semble qu'il y a eu une catrastrophe » raconte Don Johanson; « il n'y a aucun indice de dépôt provisoire des os aux alentours qui auraient formé une sorte d'accumulation au cours d'une longue période. Ils ont dû se trouver déplacés probablement dans un fleuve; ce qui expliquerait l'état fragmentaire d'un grand nombre d'entre eux. Mais il me semble que tous ces individus sont morts au même moment ou dans un intervalle de temps assez court ». Sur les treize individus du groupe, on reconnaît quatre enfants âgés de moins de 5 ans, (comme le prouve l'examen dentaire) et les autres sont probablement des adultes et des adolescents.

La découverte de la « famille », comme on l'a souvent appelée, eut lieu un an après la surprise paléontologique du siècle. Alors qu'ils essayaient de relocaliser un site géologique intéressant qu'ils avaient repéré la saison précédente, Don Johanson et son collègue Tom Gray trouvèrent les premiers fragments de ce qui s'avéra plus tard représenter 40 % d'un seul squelette d'un petit hominidé. Ce dernier devint célèbre sous le nom de *Lucy*, ainsi appelé d'après la chanson des Beatles *Lucy in the sky with diamonds* dont quelqu'un avait passé la bande, un soir, peu de temps après la découverte du squelette.

L'équipe de Hadar, qui malheureusement dut abandonner les recherches pour quelques années en raison de la guerre en Erythrée, a collecté dans ces dépôts lacustres trente-cinq individus au moins et soixante-cinq au plus. Mais la question est de savoir à quelle espèce ils appartiennent. Au début, Don Johanson, Maurice Taieb et Yves Coppens publièrent un article suggèrant que certains de ces hominidés fossiles étaient probablement des *Homo*, alors que les autres étaient des *Australopithecus*. « Mais maintenant, après étude minutieuse des fossiles pendant longtemps, j'ai changé d'opinion », dit Don Johanson. « Au lieu d'avoir deux espèces différentes à Hadar, je crois qu'il n'y en a qu'une ». Don publia un nouvel article avec Yves Coppens et Tim White, un de ses collègues de l'Université de Californie, dans lequel ils émirent l'hypothèse de l'appartenance à une seule espèce qu'ils nommèrent *Australopithecus afarensis* (d'après le triangle de l'Afar). Ils affirmèrent également que les fossiles de Laetoli appartenaient à cette espèce. Mais leur idée la plus significative est qu'*Australopithecus afarensis* est l'ancêtre de tous les autres hominidés, c'est-à-dire des australopithèques aussi bien que des espèces du genre *Homo*.

Il ne fait pas de doute que les hominidés d'Hadar sont fascinants. Owen

A gauche *: le camp où vit l'équipe de Hadar près de la rivière Aouache. Depuis qu'ils ont commencé leur travail dans ce site en 1972, les chercheurs ont mis au jour les restes de 35 à 65 hominidés.*

A droite *: un an seulement après la découverte de* Lucy, le groupe familial *fut trouvé : il s'agit de toute une série d'os qui représentent au moins treize individus, si ce n'est plus. Au fur et à mesure que l'importance de la trouvaille se fait sentir, on voit, ici, Don Johanson brandissant encore un autre os pour que ses collègues qui travaillent près de lui le voient. Il semble que la famille soit morte en une seule fois, peut-être lors d'une crue engendrée par les orages sur le plateau.*

Lovejoy a étudié les os en détail et commente : « Ils semblent incroyablement primitifs au-dessus du cou et modernes au-dessous. Le genou ressemble beaucoup à une articulation humaine moderne; le bassin est très bien adapté pour la marche redressée; le pied, bien que présentant un mélange curieux de caractères anciens et modernes, est construit de manière adéquate pour la marche bipède. Quelques os du pied sont légèrement incurvés et ressemblent assez aux os qu'on s'attend à rencontrer chez son ancêtre qui grimpait aux arbres. Mais je pense que la courbure des os du pied d'*afarensis* est bien adaptée à la marche sur un terrain mou et sablonneux; il a probablement hérité ses pieds incurvés de ses ancêtres grimpeurs, mais cette forme a été utilisée de manière différente. »

Don Johanson est également frappé par le mélange de caractères archaïques et modernes : « Ces choses ont manifestement été à l'origine d'un important mouvement de l'évolution : ils marchaient debout. Mais les dents et les mâchoires sont très semblables à celles du *Ramapithecus* pakistanais. Ils avaient également de très petits cerveaux, d'une capacité inférieure à 400 cm^3. Il est stupéfiant de trouver quelque chose de si primitif à une date finalement si récente. Nous croyons que l'espèce *afarensis* est l'ancêtre des hominidés ultérieurs car elle est fondamentalement primitive, mais elle présente déjà quelques caractères modernes. »

Le développement ancien de la marche redressée est une des facettes de l'évolution humaine que les découvertes réalisées à Laetoli et Hadar ont mis en évidence. Don Johanson l'explique en ces termes : « D'après l'étude de ces fossiles, il apparaît que la marche bipède est apparue bien avant l'expansion du cerveau. Les cerveaux d'hominidés ne présentent aucun signe d'accroissement particulièrement important jusqu'à il y a 2,5 millions d'années; et cependant, ces créatures étaient bipèdes au moins 1 million d'années auparavant. »

Les déclarations faites par Don Johanson et Tim White, en ce qui concerne les trouvailles de Hadar et Laetoli, ont provoqué des réactions très diverses. Certains acceptent que les fossiles récoltés sur deux sites très éloignés représentent réellement une seule espèce, *Australopithecus afarensis*, et que celle-ci était l'ancêtre des hominidés qui vécurent il y a 2 millions d'années environ. D'autres, dont moi-même, interprètent les données différemment. Les arguments avancés sont plutôt ésotériques et se concentrent sur des protubérances et des courbures subtiles des os fossiles; mais exprimé plus simplement, je crois que la collection de Hadar se compose de deux espèces : l'une est plus grande que l'autre et il existe aussi des différences anatomiques fines, mais importantes, entre elles.

Selon Don Johanson et Tim White, les individus les plus grands du groupe représentent les mâles *afarensis*, tandis que les plus petits sont les femelles de la même espèce. Owen Lovejoy dit que les mâles *afarensis* sont 60 à 70 % plus gros que les femelles de cette espèce, ce qui est un peu inférieur à la différence observée entre les mâles et les femelles gorilles, mais comme ces hominidés fossiles sont extrêmement petits (leur poids aurait probablement varié entre 25 et 55 kg), la disparité avancée entre les sexes est assez importante. Je crois, par conséquent, qu'il est improbable que les hominidés de Hadar appartiennent tous à une même espèce.

Il me semble plutôt que deux espèces d'hominidés vivaient à Hadar il y a juste 3 millions d'années : les êtres les plus gros étaient des membres d'une espèce primitive du genre *Homo*, tandis que les plus petits appartenaient à une espèce d'*Australopithecus* inconnue auparavant. La lignée du genre *Homo* a dû émerger à un certain point, mais je soupçonne que ce moment se situe plus loin dans le temps que les dépôts de Hadar et de Laetoli. Quand on considère les *Homo habilis* bien développés d'il y a 2 millions d'années à peu près et la diversité des hominidés d'il y a 3 à 3,5 millions d'années, il semble logique d'estimer l'émergence de la lignée *Homo* à une date aussi lointaine que 5 millions d'années. A cette époque, il a pu y avoir un stock commun d'hominidés — peut-être *Ramapithecus* ou un de ses dérivés — à partir duquel les espèces d'*Homo* et d'*Australopithecus* ont pu émerger. La question ne sera, fatalement, pas résolue jusqu'à ce qu'on trouve plus de données concernant cette période.

En attendant, il est probablement sage de garder l'esprit ouvert en ce qui concerne les parentés entre les différents hominidés, et spécialement pendant cette période ancienne. En préhistoire, il y a une longue tradition selon laquelle on considère l'évolution comme un phénomène se déroulant presque en ligne droite. En effet, on estimait autrefois (et certains le pensent encore aujourd'hui) que tous les hominidés étaient membres d'une même lignée, chacun étant affecté à un des barreaux d'une échelle qui atteint en son sommet le niveau de l'*Homo sapiens*. Les processus de l'évolution sont, en fait, beaucoup plus complexes que cette notion ne le laisse prévoir.

L'évolution humaine ne fut certainement pas un simple mouvement continu sur le chemin du perfectionnement graduel; tout comme l'histoire de la préhistoire humaine ne fut probablement pas peuplée des seules espèces d'hominidés connues actuellement. Le temps qui passa à partir de 8 millions d'années vit presque certainement beaucoup d'espèces géographiquement séparées dont la plupart ont eu un bref succès, mais qui, à long terme, n'ont laissé aucun descendant. Certains eurent, cependant, plus de succès et représentent les lignées de la descendance hominidée que les préhistoriens essaient de retracer. Stephen Jay Gould compare en ces termes la vieille vue simpliste de l'évolution humaine avec la vue moderne et biologiquement réaliste : « *Homo sapiens* n'est pas le produit destiné à être le sommet d'une échelle qui monte vers notre position élevée à partir du commencement. Nous sommes, plutôt, les représentants d'une branche survivante d'un buisson qui fut autrefois luxuriant ».

La coexistence des hominidés anciens

Laissant de côté le problème du lieu précis de l'émergence des hominidés il y a 2 millions d'années, il nous faut évoquer maintenant une autre question importante : que faisaient ces hominidés ? Comment les australopithèques et leurs cousins, les *Homo*, se débrouillaient-ils pour survivre ? Quelles furent leurs relations écologiques ?

La plus grande partie de ce qu'on peut dire sur le comportement des hominidés anciens n'est forcément que simple conjecture. On peut, cependant, commencer par présenter des faits solides. Nous pouvons, par exemple, affirmer maintenant que les australopithèques marchaient debout, alors que cela n'était que pure spéculation il y a plusieurs années. Owen Lovejoy, qui a réalisé une étude particulière du mode de locomotion des hominidés, conclut qu'ils se déplaçaient sur deux jambes avec autant de facilité que nous le faisons aujourd'hui, bien que, dans le détail, l'anatomie des australopithèques montre quelques différences avec celle de l'homme moderne.

L'acquisition de la locomotion érigée, combinée à une analyse des environnements où sont trouvés les os fossiles, implique que nos ancêtres vivaient il y a deux millions d'années dans un milieu plus ouvert que celui de leurs prédécesseurs. Non pas qu'ils aient quitté définitivement leurs habitats arboricoles : ils étaient probablement capables de grimper aux arbres en cas de danger, d'y dormir le cas échéant, comme le font les babouins dans les régions où ils n'ont pas de grottes pour s'abriter.

Pour leur plus grande part, les primates sont des créatures hautement sociales, qui vivent en troupes et qui ont des relations personnelles très poussées. Les hommes modernes ne font pas exception à cette règle, ni les hominidés qui vécurent il y a 2 millions d'années. La structure sociale de leur groupe a probablement été largement déterminée par la manière d'assurer leur survie, les éléments qu'ils mangeaient, et par la manière dont ces ressources alimentaires étaient réparties dans l'environnement. Mais il est très difficile de dire quoi que ce soit avec certitude sur la nourriture qu'absorbaient nos ancêtres.

Les dents, qui constituent une grande partie des découvertes de fossiles, peuvent certainement apporter quelques révélations sur leur régime alimentaire. Si on considère les australopithèques robustes avec leurs mâchoires massivement construites, leurs énormes molaires ressemblant à de véritables meules et leurs toutes petites dents antérieures, on peut se demander ce que ces caractéristiques impliquent. Malgré son surnom d'« Homme casse-noisette », des calculs biomécaniques montrent que la pression qu'*Australopithecus boisei* pouvait appliquer entre ses dents était exactement la même que celle exercée par des hommes modernes avec des dents d'un quart plus petites. La même chose est, bien évidemment, vraie pour *Australopithecus robustus*. Ce n'était peut-être pas pour écraser des aliments particulièrement durs ou coriaces que ces hominidés possédaient des appareils dentaires si massifs, mais peut-être pour mastiquer une grande quantité de nourriture, ce qui implique que celle-ci était de mauvaise qualité.

Il y a quelques années, le principal collègue de Robert Broom, John Robinson, proposa un schéma alimentaire pour les hominidés. Il suggéra que l'espèce robuste était une espèce principalement végétarienne, se nourrissant de graminées, de racines, de pousses et de baies. On pense

Les australopithèques robustes (dans le fond à gauche), les graciles (à gauche) et les Homo habilis *(à droite) peuplaient tous des régions de l'Afrique, il y a 2 millions d'années. Il est presque impossible de prouver qu'ils aient vécu exactement aux mêmes endroits, au même moment, mais cela semble bien avoir été le cas. Si c'est vrai, comment ont-ils coexisté sans rentrer en compétition directe les uns avec les autres ? Une réponse possible est qu'ils utilisaient des sources différentes de nourriture, les représentants du genre* Homo *incluant plus de viande dans leur menu. Par la suite, les australopithèques se sont éteints, laissant seulement les* Homo, *nos ancêtres directs.*

qu'*Australopithecus africanus*, l'australopithèque gracile, avait une alimentation plus diversifiée, ajoutant à son régime des lézards, des œufs et de petits animaux, alors qu'*Homo* s'est éloigné encore plus du régime végétarien typique des primates et est devenu omnivore.

Ce schéma alimentaire mérite d'être retenu, car il permet un essai de séparation écologique entre les différents hominidés. Les espèces similaires qui vivaient de la même manière ne pouvaient habiter le même milieu sans se trouver confrontées à une inacceptable compétition. Autant qu'on puisse en juger à partir de restes fossiles, ces espèces d'hominidés étaient en fait très proches. Il est par conséquent nécessaire d'envisager une certaine sorte de séparation et le spectre alimentaire proposé par John Robinson est tout à fait plausible. Mais la différenciation n'est pas forcément basée sur les régimes. Si, comme on le dit, *Australopithecus robustus* passait la plupart de son temps dans des zones moins boisées, tandis que son parent gracile vivait principalement à l'orée des forêts, cela aurait aussi influé sur une séparation écologique, bien qu'ils eussent habité la même région.

Des données recueillies sur les grottes sud-africaines en ce qui concerne les changements climatiques, on peut déduire que la séparation écologique des australopithèques aurait pu être encore plus complète. On suppose que les australopithèques graciles occupèrent des zones où le climat était assez humide pour supporter une couverture de buissons et d'arbres assez substantielle, tandis que les australopithèques robustes préféraient un terrain plus sec. Une seule zone géographique pouvait varier d'un type de végétation à un autre sur plusieurs centaines d'années provoquant des fluctuations climatiques mineures. Et la supposition selon laquelle les deux hominidés vivaient dans le même lieu au même moment serait alors incorrecte. De tels changements si précis et si subtils seront évidemment difficiles à étayer.

Heureusement, la forme et la taille des dents ne sont pas les seuls indices dont nous disposons pour reconstituer les régimes alimentaires passés. Le professeur Alan Walker, de l'Université Johns Hopkins de Baltimore, étudie à l'aide d'un microscope électronique les striations sur l'émail dentaire et la dentine dues à la nourriture lors de la mastication. Il constitue une véritable « bibliothèque » des modèles-types pour les herbivores, les frugivores, les carnivores charognards et non-charognards et les omnivores terrestres. Il espère, après analyse d'un échantillon de dents d'hominidés fossiles, pouvoir placer les hominidés dans l'une ou l'autre catégorie. Mais il est probable que la réponse sera incertaine, car la plupart des animaux ont tendance à manger des choses très différentes; la classification en catégories si simplifiées semble donc impossible.

Ce travail prometteur en est encore à ses débuts, mais il y a déjà quelques résultats très surprenants. Par exemple, Alan a analysé un certain nombre de dents d'*Australopithecus robustus*; celles-ci tombent dans la catégorie des frugivores. Plus précisément, leurs modèles dentaires ressemblent à ceux des chimpanzés. Ainsi, bien que les chimpanzés se nourrissent largement de fruits (non pas les succulents végétaux colorés que nous achetons, mais des fruits coriaces, sauvages, à peau fine), ils mangent aussi une foule d'autres choses incluant des fourmis, des termites, de la sève, des larves, des œufs d'oiseaux et des petits animaux. Dire, donc, qu'*Australopithecus* avait un modèle d'usure dentaire identique à celui du chimpanzé ne définit pas très précisément son régime. Il exclut cependant de l'alimentation les graminées, les charognes, et les racines qui auraient laissé des striations et des dépressions distinctes sur l'émail.

Ce résultat concernant *Australopithecus robustus* est assez surprenant, mais les quelques exemples de dents de *Ramapithecus* le sont encore plus, car à l'examen microscopique elles présentent exactement le même modèle.

Les dents d'*Homo habilis* montrent également l'émail lisse typique d'un régime identique à celui des chimpanzés. Alan dit : « Je tends à croire ces résultats, simplement parce qu'ils ne sont pas ceux que j'attendais ». Puis, lorsqu'il eût étudié quelques dents d'*Homo erectus*, il s'aperçut que le modèle avait changé : « Elles ne ressemblent à aucun autre des hominidés que j'avais vus, mais sont tout à fait identiques à celles des potamochères ». Ces cochons sont des omnivores qui mangent plus ou moins tout ce qu'ils trouvent : des racines, des bulbes, de l'herbe, des écorces, des baies, des fruits, des graines, des champignons, des œufs, des insectes, des reptiles, des charognes et, à l'occasion, de jeunes oiseaux. Ils fouillent la terre avec leur groin à la recherche de la nourriture, ce qui signifie qu'ils ramassent avec leurs aliments beaucoup de sable qui laisse d'importantes striations sur l'émail : « Cela ressemble à un niveau de béton que quelqu'un attaquerait avec un marteau de forgeron » raconte schématiquement Alan.

Homo erectus a pu ramasser du sable sur les racines qu'il déterrait : la découverte des racines et des tubercules a dû être une percée économique importante et, dans les régions arides, il y a parfois plus de nourriture sous le sol qu'à la surface. Le sable a pu également adhérer à la viande qui était restée sur le sol, mais il n'y a aucune trace sur les dents d'une quelconque activité de charognard; il est donc difficile de donner des précisions sur l'alimentation carnée à partir de ces données.

Le travail d'Alan Walker sur les dents est extrêmement prometteur, bien que les histoires gravées dans l'émail dentaire puissent être simplement trop confuses pour différencier clairement les styles de vie des trois hominidés. Mais si on considère leurs cerveaux, on peut voir ce qui a pu être le facteur différenciant *Homo* et *Australopithecus* : l'intellect. Comme le suggèrent les crânes fossiles d'australopithèques, il y a eu peu ou pas de changement dans la taille ou la forme de leurs cerveaux pendant plus d'un million d'années. D'un autre côté, l'accroissement en taille du cerveau constitue une des caractéristiques les plus saillantes de l'espèce ancienne du genre *Homo*. D'une intelligence plus éveillée, *Homo* a bien pu imaginer des méthodes pour trouver des nourritures nouvelles, élargissant ainsi sa base économique, et il a pu développer un système social pour supporter ce nouveau type d'économie : ces questions seront évoquées dans le prochain chapitre.

5 Les vestiges du passé

Les hommes ont toujours laissé derrière eux des vestiges. Nous en avons la preuve dans les rues et les décharges de nos cités. Nos musées exposent des objets du passé préservés de la destruction : pièces de monnaie romaines, poteries égyptiennes, porcelaine Ming, textiles incas. La liste est sans fin et chaque pièce nous raconte la même histoire : les humains fabriquent des objets, les utilisent, puis ensuite, soit ils les jettent (ce sont des détritus), soit parfois ils s'en séparent au cours de cérémonies, telles les funérailles d'un personnage important.

Les vestiges du passé sont la base de l'archéologie. Les pièces de monnaie, la poterie, les textiles, les monuments des époques passées nous offrent des indices sur le comportement de nos prédécesseurs, sur la façon de diriger leur économie, sur leurs croyances, sur ce qui était important pour eux. Ce que les archéologues retirent de leurs fouilles, ce sont des images d'existences passées, mais ces images ne sortent pas toutes faites du sol : elles sont rassemblées pièce par pièce, lentement et laborieusement, à partir de l'information contenue dans les objets découverts. L'archéologie est une sorte d'histoire policière dans laquelle les principaux acteurs sont absents; seuls quelques fragments brisés d'objets leur ayant appartenu sont conservés. Cependant, il a été possible dans de nombreux cas de reconstituer les détails de l'histoire. Nous connaissons, par exemple, la façon dont les Incas menaient leur économie, hautement structurée, à la fois protectrice et féodale, et nous savons comment les Romains organisèrent leur vaste Empire.

Malgré la difficulté du travail de détective qu'implique la reconstitution de telles civilisations, ceux d'entre nous qui travaillent sur les périodes les plus anciennes de l'évolution humaine, jettent un regard envieux sur les témoignages abondants laissés par ces périodes récentes. Un des traits marquants de l'histoire humaine est l'accroissement régulier de la production d'objets, tels que les outils, les vêtements ou les abris artificiels. Plus nous remontons dans le temps à la recherche de nos origines, plus les restes archéologiques que nous découvrons se font rares. Entre deux et trois millions d'années, les productions humaines disparaissent entièrement des restes fossiles. C'est pourquoi la reconstitution des activités quotidiennes de nos ancêtres est une tâche qui devient de plus en plus difficile, au fur et à mesure que nous remontons dans le passé.

Fouille du site 50, à proximité du lac Turkana, site qui servit probablement de lieu de campement à un groupe d'hominidés primitifs. Les précieux vestiges qu'ils laissèrent derrière eux permettent une reconstitution partielle de leur mode de vie.

A la recherche du comportement de nos ancêtres

Si les préhistoriens devaient se limiter à l'étude des os fossiles, ils pourraient décrire l'aspect de ces créatures, préciser les liens évolutifs les reliant les uns aux autres, mais ils ne découvriraient que peu de choses sur leur comportement. Alan Walker disait un jour, lors d'un débat sur les origines de l'homme : « Si tout ce que nous devions apprendre de la préhistoire était

une liste d'espèces situées dans le temps et dans l'espace, alors nous devrions renoncer. Ce serait chose oiseuse. Nous voulons savoir comment nos ancêtres vivaient, comme ils survivaient ensemble, quelle était leur vie sexuelle; nous voulons savoir comment ils se comportaient ». En d'autres termes, nous voulons tout simplement savoir ce qui, en fin de compte, faisait leur humanité.

Glynn Isaac, un ami proche et collègue de l'Université de Californie, a travaillé sur le comportement des anciens hominidés du lac Turkana pendant ces dix dernières années. Glynn décrit un changement important qui s'introduit dans la méthode de travail sur les sites anciens : « Autrefois, les sites prisés étaient ceux qui dispensaient des masses de matériel — masses d'outils de pierre et d'os — qui fourniraient de bonnes collections aux musées. De tels sites attiraient les archéologues comme le fer est attiré vers l'aimant. Mais aujourd'hui, nous nous intéressons aux outils non pas comme objets en eux-mêmes, mais comme éléments d'un contexte social. Nous voulons être capables d'utiliser ce que nous trouvons sur les sites archéologiques pour tester les hypothèses que nous émettons quant aux activités des protohumains qui vivaient il y a 1,5 million d'années ».

Partout où les paléontologues ont recherché des fossiles appartenant à nos ancêtres, ils ont également recherché des outils. Jusqu'ici, il est clair que les hominidés fossiles apparaissent *beaucoup* plus tôt que leurs outils : antériorité d'au moins 1 million d'années et peut-être de 2 millions d'années. Parmi les plus anciens restes africains, qui sont des hominidés de façon indiscutable, on trouve des fossiles datés de près de 3,75 millions d'années, provenant du site de Laetoli, en Tanzanie, exploité par ma mère, Mary Leakey. Et comme je l'ai suggéré dans le chapitre précédent, les premières créatures situées dans l'ascendance d'*Homo sapiens* ont probablement évolué bien plus tôt.

Au contraire, les outils de pierre les plus anciens connus aujourd'hui apparaissent dans les restes archéologiques il y a deux millions d'années. Ces petits éclats de quartz proviennent de fouilles effectuées dans la vallée de l'Omo. Cependant, un gisement rival revendique également les plus anciens outils : c'est le gisement de Hadar en Ethiopie, où l'archéologue française Hélène Roche a découvert des éclats de pierre grossiers, qui avaient été indubitablement faits par des hominidés. Leur âge est un peu incertain, mais on pense qu'ils pourraient avoir 2,5 millions d'années. A des époques plus récentes, il existe des sites beaucoup plus nombreux, où furent trouvés des outils de pierre, et la quantité des outils dans chaque site s'accroît également. Un point plus intéressant et plus significatif pour celui qui étudie l'évolution humaine réside dans le fait que les outils sont souvent associés à des restes animaux.

Il existe un petit couloir d'érosion à 25 km environ du camp de Koobi Fora, vers l'intérieur des terres, où, en 1969, j'ai découvert des fragments érodés d'hippopotames fossiles, provenant d'une couche de cendres volcaniques. Jack Harris, John Onyango-Abuje et Glynn Isaac dirigèrent la fouille ultérieure du site, qui finalement mit au jour plus d'une centaine d'outils de pierre. Ces outils étaient un mélange d'éclats aux arêtes aiguës, de pierres plus grosses dont on avait retiré des éclats, et un galet de rivière arrondi qui semblait avoir été utilisé comme percuteur pour enlever des éclats sur les noyaux de pierre. Ces restes sont vieux de presque 2 millions d'années.

Une interprétation possible de ce site est que les fabricants de ces outils auraient tué puis dépecé un hippopotame. Il est cependant plus logique de penser qu'un groupe d'hominidés tomba par hasard sur cet animal récemment mort et, tirant avantage de cette heureuse découverte, y découpa des morceaux de viande. Mais, comme Glynn le répète toujours, on

Rivière saisonnière actuelle, à proximité de Koobi-Fora. Le chenal sablonneux d'une rivière similaire constituait probablement, pour nos ancêtres, un lieu de repos ombragé et confortable et une source d'eau fraîche appréciable.

ne peut éliminer complètement la possibilité que les os et les outils n'aient eu absolument aucun rapport les uns avec les autres. Il est possible qu'un groupe d'hominidés ait choisi de s'asseoir dans le sable confortable du delta d'une rivière asséchée : là, ils frappèrent des pierres dans un but inconnu puis partirent, laissant les débris de leur ouvrage derrière eux. Puis un vieil hippopotame vint à passer et mourut par hasard parmi les débris de pierre laissés par les hominidés. Il n'y a pas moyen de décider entre cette dernière séquence d'événements et les deux premières interprétations.

Les impressions personnelles sont assurément importantes lorsque l'on cherche à adapter les unes aux autres les pièces de cet ancien puzzle, mais même des impressions éduquées sont d'une utilité limitée. Rien ne peut remplacer une analyse rigoureuse, et c'est le travail que Glynn Isaac et ses collègues sont en train de réaliser sur un autre site, près de Koobi Fora.

Le site 50

Un parcours de deux heures en voiture, dans la chaleur et la poussière, vers le nord-est de Koobi Fora, amène à l'escarpement de Karari, crête basse s'étendant dans une direction nord-ouest-sud-est. Une rivière, asséchée pendant la plus grande partie de l'année, serpente sur vingt kilomètres jusqu'au lac Turkana. La présence d'*Acacia tortilis* et d'autres arbres, rend le site extrêmement beau. Une courte promenade vous éloigne de la relative fraîcheur de la végétation riveraine et vous achemine vers un paysage plus aride, doucement ondulé, semé d'acacias très élargis à leur sommet, et de conifères dont les branches argentées sont traitreusement piquantes. Quelques plantes, petites et grandes, vivent de façon précaire dans cette savane de buissons épineux, paysage typique de l'Est africain. Dans cette contrée aride, sur le flanc d'une colline, se trouve le site 50 qui est fouillé intensivement. Il y a 1,5 million d'années, la scène était très différente. Une plaine d'inondation, relativement luxuriante, s'étendait sur 15 à 20 km vers les collines à l'est, et sur la même distance vers le lac à l'ouest. Une des nombreuses rivières serpentant dans la plaine d'inondation coulait à proximité du site 50. Elle était probablement à sec pendant une partie de l'année, comme la rivière qui coule aujourd'hui à Karari; mais lorsqu'un groupe d'hominidés visita le lieu il y a 1,5 million d'années, de l'eau y coulait peut-être ou au moins stagnait dans les mares, car un morceau de crâne appartenant à un poisson-chat a été découvert parmi les restes non recouverts du site.

Les individus qui occupèrent cet endroit, sur la rive intérieure d'un méandre de cette rivière, laissèrent derrière eux plus de mille cinq cents fragments de pierre. Ces fragments se présentent en deux concentrations principales. Environ deux mille fragments d'os fossiles ont été également trouvés sur ce site, de nouveau concentrés en deux zones. Quelque temps après la désertion du site, probablement peu de temps, la rivière inonda doucement les rives, couvrant les os et les pierres d'un fin limon. A quelques distance, un volcan entra en éruption et ses cendres grises et blanchâtres se déposèrent en couches sur les bords de la rivière, au-dessus du campement abandonné. Année après année, millénaire après millénaire, des alluvions s'accumulèrent, de plus en plus abondantes. Ensuite l'action de l'érosion relaya l'action des dépôts. Finalement, une partie de la surface sur laquelle le campement avait été établi fut de nouveau à découvert, car elle fut entaillée par un petit ravin d'érosion et c'est ainsi que le site fut mis au jour.

Il existe très peu de sites déjà fouillés appartenant à une époque aussi lointaine de la préhistoire humaine, car leur ensevelissement initial a dû être un processus très précaire et les chances qu'ils soient ensuite remis à découvert et trouvés par les chercheurs sont très faibles. Un des sites les mieux conservés de ce type dans l'Est africain se trouve dans la gorge d'Olduvai. Le site du « Zinj », comme on l'a appelé, a livré des milliers de fragments osseux et d'outils de pierre. La richesse du matériel y est très grande mais, paradoxalement, elle est trop importante pour pouvoir en tirer des informations. Glynn explique : « Pour commencer à comprendre clairement le passé de nos ancêtres, en particulier leur comportement économique, nous pensions que la meilleure chance était d'analyser un site relativement simple. Le site du « Zinj » offre des masses de matériel; des hominidés occupèrent le lieu, probablement au rythme des saisons, de nombreuses fois; il n'est pas facile de faire le tri dans ce matériel. Le site 50, à l'opposé, semblait plus prometteur. En fait, il se révéla plus riche que nous l'avions espéré : il fut probablement occupé pendant une période assez courte et il fut enterré rapidement mais doucement, de sorte qu'il ne fut perturbé que de façon minime ».

Ainsi, en 1977, le travail commença. L'équipe de chercheurs de Glynn se

Le paysage, à l'est du lac Turkana, est un paysage de collines et de petits ravins, tacheté çà et là par la couleur délicate des roses des sables. Les couloirs d'érosion, taillés par les rivières dans les roches sédimentaires, ont permis de découvrir d'anciens lieux de campement, tel le site 50.

Le premier travail réalisé sur le site 50, fut de retirer soigneusement les dépôts qui recouvraient le site de campement. Ce travail fut effectué par un groupe de fouilleurs kenyans expérimentés.

mit en route pour déterminer exactement le type d'environnement qui existait il y a 1,5 million d'années et pour déchiffrer les messages cachés derrière ces pierres et ces ossements. La première étape, bien sûr, fut d'enlever les dépôts qui couvraient l'ancien sol. Ce travail mit à découvert l'ancien rivage de la rivière sur lequel étaient éparpillés les débris que nos ancêtres avaient laissés derrière eux. Mais comment peut-on être certain que « ce fatras peu prometteur d'os et de pierres », pour utiliser l'expression de Glynn, est réellement le résultat d'une activité humaine ? Comment sait-on que ces pierres n'éclatèrent pas sous la chaleur du soleil ou ne se brisèrent pas sous les sabots de quelques animaux passant par là ? Et ces ossements ne pourraient-ils être les restes du repas d'une hyène ? Questions très pertinentes auxquelles Glynn et ses collègues s'attaquent maintenant.

Un regard plus attentif sur les ossements et les pierres

La technologie est, pour une grande part, déterminée par le matériel brut dont on peut disposer. Ici, sur l'escarpement de Karari, la lave solidifiée des volcans proches était la roche la plus communément utilisée pour réaliser de simples outils de pierre. Lorsque de gros morceaux de lave sont roulés dans le lit des rivières, pendant les crues, ils se polissent graduellement, donnant des galets d'une dimension convenable pour en retirer des éclats. Le silex noir et l'igninbrite (lave refroidie dans l'eau), qui sont aussi des roches volcaniques, étaient d'un usage moins répandu. Bien que ces roches soient plus prisées que les laves, car elles procurent des éclats aux arêtes plus vives, elles ne se présentent habituellement que sous la forme de galets de petites dimensions.

Deux étudiants de Glynn, Ellen Kroll et Nick Toth, s'adonnent principalement à l'interprétation de la dispersion des fragments de pierre sur le site 50. Pour mieux interpréter ces fragments, Nick Toth a appris lui-même à tailler la pierre, et il confirme actuellement son hypothèse intuitive par une analyse systématique des éclats sur ordinateur. Ces résultats introduisent de nouvelles perspectives pour imaginer les intentions de nos ancêtres lorsqu'ils fabriquaient des outils, il y a 1,5 million d'années environ.

Pendant de nombreuses années, le travail traditionnel sur les outils de pierre de ce site s'est concentré sur la classification des objets suivant des types variés : galets taillés en bout, galets taillés latéralement, discoïdes, protobifaces etc... Généralement, la classification dépend de la forme de l'outil, mais quelquefois, une fonction est impliquée dans la classification. Il en va ainsi pour le « grattoir ». Pendant la réalisation de tous ces outils, une série de petits éclats sont produits qui sont souvent décrits comme « des produits de débitage », ou des « productions perdues ». Nick Toth et d'autres chercheurs remettent maintenant en question cette façon de voir. L'expérience acquise pendant ces dernières années, à la fois dans le domaine de la fabrication des outils et de leur utilisation, a entraîné un respect beaucoup plus grand pour ces humbles éclats. En vérité, Nick va jusqu'à suggérer que l'éclat était le but premier de la taille de la pierre dans les toutes premières étapes de la fabrication des outils.

Pour acquérir une meilleure connaissance des fragments de pierre découverts sur le site 50, Nick Toth apprit lui-même à tailler des outils de pierre. En trois ans, il avait fabriqué environ mille outils et les avait utilisés, à titre expérimental, pour découper de la viande. Ses expériences sont très précieuses pour l'interprétation des découvertes lithiques faites dans les fouilles.

« Lorsque je prends un galet et essaie d'obtenir le plus grand nombre d'éclats possible, et que je jette ensuite le nucléus devenu trop petit ou trop inconfortable à tenir, j'obtiens précisément toute la série des outils sur galets qui ont été trouvés à ce jour dans la variation des outils de la zone de Koobi Fora. » Toutes les formes d'outils qui ont été découvertes sur les sites variés de Koobi Fora, Nick les connaît fort bien et admet que, peut-être inconsciemment, il tendrait à reproduire ces formes lorsqu'il retire lui-même des éclats. Cela invaliderait, bien sûr, sa conception de l'éclat, premier but du fabricant. Mais il a quelques éléments pour étayer sa suggestion : « Lorsque je demande à Loriano, notre assistant Dassanetch, de produire un grand nombre d'éclats (c'était pour un autre projet), lui aussi obtenait finalement des « galets taillés en bout », des « galets taillés latéralement », des « discoïdes » etc... comme sous-produits de son travail principal. Cela ne prouve rien quant à la technologie primitive, mais, constate Nick, c'est très suggestif ».

Si pour le moment nous acceptons que les premiers hominidés incluaient de la viande dans leur menu à cette époque, alors l'application de la technologie de l'outil de pierre pourrait être très significative. « Les chimpanzés et les babouins consomment de la viande fraîche aussi souvent qu'ils peuvent s'en procurer » explique Nick. « Mais les proies sont toujours de petits animaux : pour les babouins, ce seront peut-être des lièvres ou de jeunes gazelles de Thomson; les chimpanzés, animaux plus gros, sont plus ambitieux, ajoutant à leur menu des bébés babouins et des colobes. Ni les chimpanzés, ni les babouins n'utilisent d'outils lorsqu'ils attrapent leurs victimes, ou lorsqu'ils les dépècent : tout est fait à l'aide de leurs mains et de leurs dents. Je suis convaincu que les petits éclats de pierre constituèrent une percée technologique majeure pour nos ancêtres, il y a environ 2 millions d'années ou plus ».

Si vous examinez un éclat de pierre du type auquel Nick se réfère, ce n'est pas très impressionnant : la longueur de l'outil est 2 ou 3 cm, un seul bord aigu et rien de plus à mentionner. « Mais, insiste Nick, vous pouvez effectuer toutes les étapes du travail de dépeçage avec ces outils sur éclats : vous pouvez démembrer un animal de la taille d'une vache. Il vous faut, certes, un grand nombre d'éclats, il vous faut de la patience et vos mains s'abîment, mais c'est réalisable. Je le sais, car je l'ai fait ». De simples éclats de lave peuvent même pénétrer la hanche d'un éléphant, dont l'épaisseur est presque de 2 à 5 cm. C'est pourquoi ces outils de pierre pourraient avoir permis à nos ancêtres de se nourrir de la chair de gros animaux, ce qui constitue une alimentation de grande valeur, qui leur était interdite auparavant. L'acquisition de cette capacité pourrait avoir marqué le départ d'un nouvel ordre économique qui devait séparer nos ancêtres de leurs cousins non humains. L'utilisation du terme de « percée » par Nick Toth ne constitue en aucune façon une exagération.

Les outils plus tardifs, datant de 1,5 million d'années environ, sont d'une dimension très supérieure : ce sont les hachereaux et les bifaces. Cette technologie est généralement connue sous le nom d'Acheuléen. Ces hachereaux et bifaces peuvent être considérés, globalement, comme des éclats extrêmement grands : ils ont une forme plus déterminée, particulièrement les bifaces amygdaloïdes, mais leur principal avantage est de présenter un tranchant beaucoup plus développé. « Je peux travailler beaucoup plus rapidement avec un hachereau ou un biface que je ne peux le faire avec un petit éclat, dit Nick Toth. Je peux donner de plus grands coups, je peux entailler la viande plus profondément, et mes doigts ne se fatiguent pas autant ». Le progrès requis pour fabriquer ces hachereaux et bifaces repose sur l'habileté et la prévision nécessaires pour retirer un gros éclat d'un gros nucléus. Un hachereau présente un tranchant perpendiculaire à l'axe de l'outil, long de 8 à 10 cm et demande un très faible travail de retouche. Un biface, au contraire, peut exiger un travail d'artiste et implique une retouche minutieuse pour obtenir deux bords tranchants.

Les mille cinq cents fragments de pierre trouvés sur le site 50 illustrent la technologie de l'éclat simple; il n'existe ni hachereau, ni biface. Nick Toth a examiné le matériel et a identifié environ soixante nucléus. « Cela représente un travail d'une heure environ pour un tailleur de pierre expérimenté », suggère-t-il. Une étude précise des nucléus révèle qu'ils sont tous le résultat d'un même procédé stéréotypé : quiconque retirait des éclats à partir des nucléus le faisait ainsi, en tenant le galet cible dans la main. De plus, on retirait des éclats d'un seul côté du nucléus.

Lorsque l'on fabrique des outils de pierre, en position assise ou accroupie, les fragments sont projetés dans de nombreuses directions. Il existe des schémas particuliers, résultant d'une telle activité de taille : ainsi les éclats et les esquilles retombent toujours en face du corps du tailleur et non derrière lui, tel est le schéma le plus évident. C'est à la recherche de tels schémas qu'Ellen Kroll et d'autres membres de l'équipe se sont engagés, en travaillant sur l'éparpillement apparemment hasardeux des outils du site 50. Ce travail a entraîné la recherche des fragments qui furent détachés du même galet ou, en d'autres termes, la recherche d'une « association » de fragments.

Ellen explique le défi que représente cette tentative de reconstitution de l'assemblage originel des fragments : « C'est comme un jeu de patience, mais il n'y a pas de modèle, les bords du puzzle présentent toutes sortes de formes et de nombreux morceaux font défaut ». Pour ajouter à la difficulté, deux pierres qui sont adaptées l'une à l'autre de façon évidente peuvent parfois être de couleurs totalement différentes, simplement parce qu'elles ont reposé dans des sols voisins aux propriétés chimiques légèrement diffé-

Les babouins, comme les chimpanzés, se nourrissent de viande fraîche, chaque fois qu'ils peuvent tuer une proie. Les premiers hominidés, dépourvus des longues canines pointues présentes chez ces primates, auraient eu des difficultés à dépecer même de petits animaux. En utilisant de simples éclats de pierre, cependant capables d'entamer la peau d'un éléphant, ils ont pu ainsi accéder à une nourriture carnée en tuant petit et gros gibier.

rentes. Malgré ces problèmes, Ellen et son équipe ont réussi à associer ensemble plus de cent cinquante pièces du puzzle : quelquefois ce ne sont que deux fragments en association, quelquefois plus. Dans une des concentrations du site, tous les éclats provenant d'un même « galet aménagé unifacial » ont été découverts : le nucléus initial manque cependant, mais il est possible qu'il soit enterré dans une partie du site qui n'a pas encore été fouillée. Le jeu de patience a également livré un nucléus avec deux éclats associés et un second ensemble d'éclats dont le nucléus d'origine manque encore. Les problèmes impliqués par ce type de travail sont énormes; le fait que certaines pièces du puzzle aient été certainement dispersées et certaines autres pièces perdues, à la fois lors de l'occupation du site et dans la période antérieure à son recouvrement, ne constitue pas un problème mineur; dans ces conditions, ces résultats peuvent être considérés comme très bons.

Heureusement pour les archéologues, le site semble avoir été relativement peu bouleversé au cours du processus de recouvrement. Le degré de perturbation peut être estimé, dans une certaine mesure. Ce travail est réalisé par Kathy Schick, un autre membre de l'équipe de Karari. Kathy choisit des ensembles d'outils comprenant habituellement deux cents pièces chacun, nucléus, éclats et galets de plus grande taille et les dispose en localisations variées, tel qu'ils ont pu être laissés par les hominidés préhistoriques. Ensuite elle les laisse et attend afin d'observer comment les différents outils composant un assemblage sont affectés par les éléments qui dominent dans les divers sites choisis.

Elle a ainsi disposé deux assemblages près de la rive du lac actuel, site où l'on attendrait un fort remaniement dû aux vagues incessantes; d'autres sites sont plus calmes, tels ceux situés à proximité de lagunes ou sur les rives d'une rivière. Elle a ainsi établi plus de « vingt sites de campements » et elle compte obtenir des informations sur les modifications qui apparaissent dans des ensembles d'outils, déposés dans des environnements particuliers, pendant un certain nombre d'années. Les résultats de ce travail seront extrêmement utiles aux archéologues qui cherchent à reconstituer des sites.

Os brisés : hyènes ou hominidés ?
Les leçons de la taille actuelle de la pierre et les preuves que l'on peut tirer de l'assemblage minutieux des fragments découverts devraient convaincre même le plus sceptique des observateurs que le « fatras peu prometteur de pierres » trouvé sur la rive d'un ancien cours d'eau, au site 50, est vraiment l'œuvre d'hominidés préhistoriques très anciens. Mais que dire de la possibilité que les fragments d'ossements aient été l'œuvre de hyènes, ou de quelque autre carnivore, plutôt que d'anciens hominidés ? Henry Burn, qui dirige une grande partie du travail de la fouille sur le site, a examiné les os fossiles pendant plusieurs années et, comme Nick Toth, il a effectué des expériences sur du matériel moderne pour répondre à cette question.

Sur les deux mille pièces fossiles qui ont été découvertes sur le site, mille pièces restent sans identification : elles sont pour la plupart de très petite taille. Les pièces identifiées permettent d'établir que les animaux suivants furent ensevelis sur ce site : un hippopotame de grande taille, un hippopotame nain, un animal proche du zèbre, une girafe, un porc, une antilope de très grande taille et un poisson-chat. Comment être certain que ces os furent brisés par nos ancêtres ? La réponse est la suivante : un os brisé par des hyènes ou par des forces naturelles ne ressemble pas exactement à un os brisé par des mains d'homme.

Prenons par exemple l'humérus d'une antilope, trouvé sur le site : il se trouve brisé en dix pièces au moins. Les fragments présentent tous les signes distinctifs montrant qu'ils ont été produits alors que l'os entier avait été placé sur une enclume de pierre et frappé de nombreuses fois sur toute sa longueur. Une telle action laisse des traces de percussion caractéristiques et c'est ce qui donna à Henry Burn une indication précieuse. « Je réalisai que l'humérus avait été cassé de cette façon afin de l'ouvrir lorsque je rassemblai les preuves issues de mes propres expériences de bris d'os et l'expérience acquise avec les San dans le Botswana. Les San brisent les os de cette façon afin d'en extraire le moëlle. On peut penser que les traces que nous observons sur l'humérus d'antilope et sur de nombreux autres os indiquent que c'était la moëlle que les hominidés recherchaient alors. »

Cet humérus brisé livre encore d'autres indices révélant un travail de dépeçage. Sous une lumière forte, de petites marques d'entailles apparaissent clairement. Ces marques furent laissées par le bord aiguisé d'un éclat, utilisé pour retirer la viande de l'os. Pour montrer qu'un outil aussi rudimentaire qu'un éclat peut laisser une marque significative sur un os, Henry utilisa un tel éclat pour dépecer une vache. « Je constatai que je laissai des entailles sur l'humérus tout à fait semblables à celles que porte l'os fossile du site 50. Un os frais présente une surface très lisse, spécialement aux extrémités. »

Les investigations d'Henry Burn et les efforts du reste de l'équipe ont démontré que ces ossements furent ramassés sur le site de la rivière, appelé site 50, par la main des hominidés. S'il était possible de revenir au moment où les hominidés quittèrent leur habitat temporaire, des preuves plus nombreuses que celles qui ont été livrées par la fouille apparaîtraient presque certainement pour attester la consommation de viande. Nombre de ces indices furent probablement détruits peu de temps après par des animaux charognards. Si vous laissez un os frais ou même une dépouille désséchée dehors pendant une nuit en Afrique, dès le lendemain matin ils sont emportés et dévorés par un charognard.

Le site 50, tel qu'il apparaît aujourd'hui, donne probablement une image très édulcorée de ce qu'était autrefois un site de campement, riche de nombreux vestiges osseux. Juste après le départ des hominidés, il devait y avoir de nombreux vestiges indiquant une alimentation à base de végétaux, tels que baies, pousses, tubercules, racines. Comme on le verra dans le

L'utilisation d'outils de pierres pour retirer la viande d'un os laisse des entailles caractéristiques, comme on le voit sur cet os d'antilope, trouvé dans la gorge d'Olduvai. De telles marques permettent de distinguer les os qui constituent les restes d'un repas pris par des hominidés et les os qui ont été broyés par des hyènes ou d'autres carnivores.

chapitre suivant, les populations des régions tropicales qui vivent de chasse et de cueillette, se nourrissent beaucoup plus de végétaux que de viande; et cela était presque sûrement le cas pour nos ancêtres.

L'absence d'élément végétal dans les documents fossiles a certainement conduit à une surestimation de la consommation de viande chez les premiers hominidés. Des preuves réellement satisfaisantes concernant le rôle joué par les plantes dans le menu de nos ancêtres n'apparaissent qu'aux alentours de 40 000 ans. Alors, quelles sont les chances de trouver de telles preuves 1,5 million d'années plus tôt ? Peut-être peut-on malgré tout en trouver dans ces temps anciens grâce au travail minutieux mené par Larry Keeley à l'Université d'Illinois.

Pendant plusieurs années, Larry Keeley a observé au microscope les tranchants d'anciens outils, outils de silex pour la plupart provenant d'Angleterre et de Belgique. Il souhaitait savoir s'il était possible de dire sur quel type de matériau un outil préhistorique a été utilisé. Ce n'était pas une tâche aisée. Nombre de chercheurs avaient essayé auparavant, mais avec un succès limité. Néanmoins, Larry Keeley mit au point des techniques pour nettoyer les outils de silex et les observer sous un microscope optique grossissant deux cents fois. Il remarqua ce que personne n'avait observé avant : différents types de « polissage » sur la surface de silex des outils, suivant qu'ils avaient été utilisés sur de la chair animale, sur de l'os, sur de la peau, sur du bois de cervidés, sur du bois ou sur du matériel végétal doux.

Larry a maintenant examiné une série d'outils de silex, datés environ de 250 000 ans, provenant de trois sites en Angleterre. Il a discerné, sur certains d'entre eux, des marques particulières correspondant au découpage de la viande, au travail du bois et au travail de la peau. Chose intéressante, il a découvert que seule une faible proportion des outils semblait avoir été destinée à un usage indifférent.

La plupart des outils des sites de l'Est africain sont fabriqués à partir d'une lave, roche physiquement très différente du silex, qui présente une structure de surface lisse et presque cristalline. La surface d'une lave est comparativement plus rugeuse. Ainsi, le « polissage » produit par les matériaux travaillés est certainement différent sur un outil de silex et sur un outil fabriqué à partir d'une lave. Il est possible qu'aucun « polissage » significatif n'apparaisse sur une lave. Cela reste à étudier. Larry Keeley a commencé à examiner quelques outils du site 50, fabriqués à partir de silex noir (chaille), matériau dont le grain est plus fin que celui d'une lave. Malgré les problèmes de nettoyage des outils, il a des preuves solides pour affirmer que certains petits éclats ont été utilisés à des fins de dépeçage. Le travail à venir montrera si le matériel végétal a laissé des marques distinctives sur les éclats. La rareté des éléments végétaux dans les documents archéologiques est accrue par le fait que la cueillette des végétaux ne demande presque aucune technologie et que les quelques outils probablement utilisés sont fabriqués à partir de matières périssables. Il est possible de ramasser une grande quantité de plantes comestibles avec rien de plus qu'un plateau en écorce. C'est seulement lorsque l'on recherche, au-dessous du niveau du sol, des racines ou des tubercules, qu'un outil spécial est nécessaire, le bâton fouisseur; celui-ci n'apparaît d'ailleurs pas dans les vestiges archéologiques, si ce n'est indirectement par les traces laissées sur les éclats de pierre utilisés pour aiguiser ces bâtons. Au contraire, pour entamer la viande animale, les hominidés, avec leurs modestes dents, avaient besoin de recourir à des outils aux bords extrêmement coupants. La présence d'outils dans les restes archéologiques apporte une lumière précieuse aux témoignages souvent obscurs laissés par le passé. Mais cette lumière peut égarer les archéologues insouciants dans des déductions mal fondées. Glynn Isaac et ses collègues savent cela et acceptent l'idée que les vestiges archéologiques peuvent toujours présenter une image déformée du passé.

Lorsqu'on lui demande ce qui a été réalisé aprés neuf mois de fouilles sur le site 50, Glynn Isaac répond que le site a fourni des preuves particulièrement claires sur certaines activités auxquelles se livraient les anciens hominidés : ils apportaient, de façon répétitive, des pierres à certains endroits privilégiés, et en tiraient de simples outils aux bords tranchants. A ces mêmes endroits, ils semblent avoir ramené des dépouilles animales. Une fois sur le lieu, ils consommaient probablement la viande et ils brisaient certainement les os pour en retirer la moelle. Lorsque l'on me demande pourquoi les hominidés ne mangeaient pas la viande là où ils l'avaient obtenue, j'avance plusieurs raisons : venaient-ils peut-être simplement manger à l'ombre ? Il semble plus probable qu'ils amenaient la nourriture à des emplacements spéciaux, tel le site 50, pour des raisons sociales, plus particulièrement afin de nourrir les plus jeunes ou même pour nourrir leurs compagnons et leurs parents. De tels comportements de collecte alimentaire devinrent certainement un trait universel de l'être humain à une certaine étape de notre évolution et de nombreux archéologues inclinent à penser que ce processus aurait commencé à l'époque où le site 50 se formait. Mais cela ne signifie pas que les hominidés qui vinrent sur ce site vivaient exactement comme des humains; nous savons seulement qu'ils se rassemblaient là pendant le jour et dormaient effectivement dans les arbres. Nous ne savons pas encore s'ils obtenaient leur viande par la chasse ou s'ils étaient charognards; nous ignorons quels végétaux ils mangeaient et si ceux-ci

Pages suivantes : *reconstitution de la scène sur le site 50, lorsqu'un groupe d'hominidés campa sur les lieux, il y a 1,5 million d'années. On n'a pas trouvé de restes des hominidés eux-mêmes, qui permettraient de les identifier, mais leurs outils de pierre sont du type généralement attribué à* Homo erectus.

étaient également ramenés sur le site. Seule une fouille patiente de toute une série de sites aussi bien préservés que celui-ci pourra répondre à ces questions.

Le partage alimentaire, un élément du mode de vie

Il est donc hautement vraisemblable que les hominidés du site 50 partageaient la nourriture qu'ils avaient amassée avec d'autres membres de leur groupe. Pour un anthropologue, ceci correspond à un modèle de comportement très familier : c'est précisément ce que font, chaque jour, les populations de chasseurs-cueilleurs qui existent encore aujourd'hui. Mais pour un primate non humain, c'est une façon de faire tout à fait inhabituelle.

Les chimpanzés et les babouins sont fortement socialisés; ce sont des omnivores très opportuns. Chaque espèce se nourrit de façon très variée, mais les chimpanzés ont une préférence pour les fruits alors que les babouins se dirigent davantage vers les graines, les herbes et les petites racines. Ces différences sont le reflet du type de terrain sur lequel ils vivent, les chimpanzés occupant les terres boisées et les babouins la savane. La viande est un élément occasionnel de leurs repas, mais ne représente pas plus de 5 % de leur menu.

Bien qu'ils puissent être extrêmement sociaux à d'autres égards, ni les chimpanzés, ni les babouins ne partagent leur nourriture à la façon des humains. Plusieurs chimpanzés peuvent se nourrir sur le même arbre fruitier, mais il n'y aura pas de partage. Ceci est vrai également des babouins, qui vivent de collecte. Le partage est une activité totalement

Chimpanzé se nourrissant de fourmis fileuses. Les chimpanzés, bien que très sociaux à d'autres égards, ne partagent jamais leur nourriture, sauf en de rares occasions, lors de la capture d'un animal. Ce partage de la victime lui-même ressemble d'ailleurs davantage à un « chapardage toléré ». Nos ancêtres les plus lointains se nourrissaient probablement de cette façon. Un changement significatif du style de vie apparut sans doute lorsque notre ancêtre se mit à pratiquer la collecte coopérative et le partage collectif de la nourriture.

inconnue des babouins, et les chimpanzés ne s'y engageront qu'à contre-cœur et seulement lorsqu'un des leurs aura capturé un jeune babouin ou quelqu'autre proie. Glynn Isaac préfère appeler ce partage de viande « un chapardage toléré », car les autres chimpanzés doivent mendier de façon répétée leur part de butin.

Le changement qui consiste à passer d'une alimentation individuelle, pratique, qui était sans doute celle de nos très lointains ancêtres, à une collecte et un partage collectifs de la nourriture en un lieu fixe, représenta une modification profonde du mode de vie. Qu'est-ce qui a motivé une révolution aussi importante ? Certains défendent « l'hypothèse de la chasse », d'autres ont proposé comme alternative « l'hypothèse de la cueillette ». Je préfère, quant à moi, « l'hypothèse du partage alimentaire », proposée par Glynn Issac. L'hypothèse de la chasse a son fondement dans la notion « d'homme chasseur », que l'anthropologue Sherwood Washburn contribua largement à développer. Lors d'un symposium à Princeton en 1956, il déclarait : « La chasse non seulement nécessite de nouvelles activités et de nouveaux modes de coopération, mais aussi transforme le rôle du mâle adulte dans le groupe. Chez les primates végétariens, les adultes mâles ne partagent pas la nourriture. Ils prennent la meilleure part pour se nourrir et retirent même la nourriture aux animaux moins dominants qu'eux. Cependant, puisque le partage de la victime est un comportement courant chez de nombreux carnivores, on peut penser que la responsabilité économique des mâles adultes et le partage de la nourriture au sein du groupe apparurent probablement lorsque l'homme se fit carnivore. Le même processus, qui entraîna la crainte des autres animaux à l'égard de l'homme, entraîna également la pratique du partage alimentaire, une coopération plus intense et une interdépendance économique plus étroite. »

L'argument semble persuasif lorsque l'on considère l'exemple de carnivores coopératifs et sociaux, tels que les chiens de chasse, mais seuls quelques carnivores pratiquent ainsi le partage de leur victime. En réalité, de nombreux carnivores sont solitaires, excepté pendant la saison d'élevage des jeunes. En 1968, dix ans plus tard, Sherwood Washburn et C.S. Lancaster, avancèrent encore plus fermement cette hypothèse. Ils écrivirent : « Soutenir l'unité biologique de l'humanité, c'est affirmer l'importance du mode de vie chasseur. C'est proclamer que, malgré les fortes variations locales des conditions et des coutumes, les pressions sélectives majeures qui forgèrent l'espèce humaine furent les mêmes. Notre biologie, notre psychologie et nos coutumes propres, qui nous séparèrent des grands singes, tous ces attributs, nous les devons aux premiers chasseurs des temps passés. » En 1976, Robert Ardrey résuma l'hypothèse de la chasse, dans un livre portant le même nom, à l'aide d'une formule saisissante : « L'homme est homme et non chimpanzé, parce que pendant des millions d'années, il tua pour survivre ».

L'anthropologue Sally Slocum rejette l'hypothèse fondée sur la chasse. « Elle conduit à la conclusion que l'adaptation humaine fondamentale résida dans le désir des mâles de chasser et de tuer. Non seulement cette hypothèse donne trop d'importance à l'agression, qui n'est après tout qu'un élément de la psychologie humaine, mais encore c'est ici le fait de tuer qui conditionne la culture… Une trop grande attention a été prêtée aux aptitudes nécessaires à la chasse et une attention trop faible aux aptitudes nécessaires à la cueillette et à l'éducation des jeunes ».

Sally Slocum souligne le fait que, chez la plupart des chasseurs-cueilleurs actuels, la nourriture végétale ramassée par les femmes fournit la plus grande partie du repas journalier. Elle suggère que l'impulsion qui orienta les hominidés dans cette nouvelle direction fut l'allongement incessant de la période de dépendance du jeune : « Les mères auraient commencé à intensifier leurs activités de cueillette afin de fournir de la nourriture à leurs jeunes encore dépendants. » Adrienne Zihlman et Nancy Tanner ont dévelopé davantage l'hypothèse fondée sur la cueillette. Le partage de la nourriture commença entre la mère et son enfant et ces liens sociaux et économiques persistèrent à l'intérieur de ce qu'elles appellent « le groupe de parents ». Les mâles pouvaient être impliqués s'ils étaient parents, ou, lorsque le système évolua, s'ils étaient eux-mêmes aussi des pourvoyeurs de nourriture; le rôle du mâle fut, cependant, secondaire en quelque sorte. Adrienne Zihlman a écrit récemment : « Parmi les éléments nouveaux et fondamentaux de la vie humaine, il faut compter le partage alimentaire en tant que moyen de survie, partage régulier entre la mère et l'enfant, élargissement de ce partage qui inclura des femelles adultes donnant à des mâles adultes... ces derniers partagent à leur tour avec leurs petits mâles. Plus tard, ces comportements auraient permis la généralisation du partage avec des adultes extérieurs au groupe de parents immédiats ».

L'activité de chasse, incertaine économiquement, est considérée, dans cette hypothèse, comme un passe-temps sans importance, que l'on pouvait tolérer. « Ainsi, malgré des activités exigeant beaucoup de temps, qui souvent ne rapportaient pas de nourriture, telles que la chasse ou la recherche de matériaux bruts en des lieux éloignés, les individus engagés dans de telles activités, probablement surtout des mâles, pouvaient poursuivre ces recherches parce qu'ils étaient assurés de partager la nourriture récoltée par les femmes dont ils étaient proches ».

Nancy Tanner et Adrienne Zihlman associèrent à l'hypothèse de la cueillette l'émergence de la technologie. « Les outils n'étaient pas utilisés pour chasser de gros animaux, rapides et dangereux, mais pour ramasser plantes, œufs, miel, termites, fourmis et probablement petits animaux

Femmes G/wi du centre du désert du Kalahari, cuisant des tubercules qu'elles ont ramassés. Chez la plupart des peuples vivant encore de chasse et de cueillette, ce sont les plantes comestibles ramassées par les femmes qui fournissent l'essentiel de l'alimentation. La chasse est une activité beaucoup plus incertaine, les hommes en reviennent souvent les mains vides, de sorte que le groupe dépend avant tout de la collecte végétale pour assurer sa subsistance.

vivant dans des terriers. Les outils comptaient des bâtons pour creuser ou frapper le sol, des cailloux pour ouvrir les noix ou les fruits à peau dure et différents types de récipients. Les galets aux arêtes tranchantes étaient peut-être utilisés aussi pour couper quelques nouveaux végétaux de savane, spécialement racines et tubercules, dures et fibreuses, mais assez grosses pour être coupées. C'est un élément d'un changement d'ensemble : les mains et les outils assurent désormais les fonctions des dents. » Les deux hypothèses présentent chacune leurs avantages, bien que l'hypothèse de la cueillette soit beaucoup plus solide que celle de la chasse. Il est hautement probable que les plantes constituaient la majeure partie de l'économie des premiers hominidés; des preuves sûres de la pratique de la chasse et non d'une activité de charognard, n'apparaissent que tardivement dans les documents fossiles, probablement vers un demi-million d'années avant notre époque.

Le problème sous-jacent à ces deux propositions est qu'elles privilégient, chacune, une activité et une source de nourriture à l'exclusion de l'autre. L'hypothèse du partage alimentaire, proposée par Glynn Isaac, est attirante parce qu'elle suggère une économie basée à la fois sur la viande et les végétaux, le bénéfice immédiat étant que les hominidés pratiquant ce mode de vie auraient élargi le champ des ressources dont ils dépendaient pour leur survie. Le succès évolutif réside principalement dans le maintien et l'accroissement des sources de nourriture : si vous élargissez le champ de vos ressources alimentaires, vous obtenez immédiatement un avantage sur vos voisins dont la nourriture est plus limitée.

Comme il a été dit plus haut, la technologie nécessaire à la cueillette — élément de cette économie mixte — est très simple : quelques récipients et probablement un bâton pour creuser. L'anthropologue Richard Lee est allé jusqu'à suggérer que l'invention d'une certaine forme de récipient constitua l'innovation technologique qui conduisit finalement à l'homme moderne. Sachant frapper les pierres de façon à obtenir des arêtes tranchantes, les premiers hominidés, engagés dans la cueillette, ont pu également tirer parti des animaux morts qu'ils trouvaient. D'abord occasionnellement charognards, ils ont dû être amenés progressivement à rechercher de la viande plus activement. Ils ont pu alors utiliser comme indicateurs les vautours tournoyant dans le ciel. En effet, il y a toujours, dans la savane, des cadavres disponibles pour les charognards; cette nourriture carnée a dû être un supplément utile, sinon toujours prévisible, au menu des hominidés. Un avantage indubitable de la nourriture carnée sur la nourriture végétale est qu'elle contient une forte quantité de protéines et de graisses. La découverte d'un cadavre pouvait représenter une nourriture providentielle, laissant ainsi davantage de temps disponible pour d'autres tâches : comparons le temps consacré à se nourrir d'une part chez l'éléphant herbivore, soit 75 % de sa journée, d'autre part chez le lion carnivore, soit 15 % de sa journée.

Les hominidés ayant adopté cette économie mixte, basée sur la viande et les végétaux, ont certes perdu une partie de leur indépendance, mais au profit d'une plus grande sécurité alimentaire. Les individus à la fois contribuaient aux efforts collectifs du groupe et en tiraient bénéfice, chacun réussissant beaucoup mieux collectivement qu'individuellement dans sa quête de nourriture. L'activité de charognard, associée à la cueillette de végétaux comestibles, constitue en effet un mode de vie tout à fait viable.

Le nouvel ordre économique mis au point par les premiers hominidés les sépara de leurs cousins, les grands singes, non tant par la composition de leur menu, que par la façon dont ils se nourrissaient. Assurément, les hominidés consommaient davantage de viande, mais cette différence était seulement une question de degré. La coupure significative se situe dans la stratégie de la collecte alimentaire, faite en vue d'une consommation ultérieure et dans le mode de consommation, réalisé à l'intérieur d'un cadre social. La conséquence immédiate d'un tel comportement fut que la coopération sociale, déjà bien développée parmi les primates supérieurs, connut une incitation encore plus forte.

La division du travail entre mâles et femelles constitue un élément essentiel de l'hypothèse du partage alimentaire, telle que Glynn Isaac l'envisage. La recherche d'une nourriture carnée, surtout lorsqu'elle implique une chasse intensive, entraîne les individus beaucoup plus loin dans l'espace que ne le fait le ramassage des plantes végétales. La quête de viande implique également le risque d'un danger physique. Ainsi, il semble raisonnable de penser que les femelles, chargées des jeunes enfants, se sont dirigées vers la collecte végétale, laissant la recherche de la nourriture carnée aux mâles. Le contrat de cette économie mixte de subsistance reposait ainsi essentiellement sur une entente entre les mâles et les femelles à l'intérieur du groupe social. Cette division du travail entre les sexes, est observable dans la plupart des communautés de chasseurs-cueilleurs actuelles.

Je crois que l'hypothèse du partage alimentaire est une proposition très solide pour expliquer ce qui dirigea les premiers hominidés sur la voie de l'homme moderne. Tous les hominidés ne survécurent pas jusqu'à nos jours, bien sûr et, une fois encore, il faudrait souligner que le processus évolutif est « aveugle » : il n'implique pas un objectif, un but spécifique assigné au dévelopement d'une partie de l'espèce en évolution. Il advint que nos ancêtres du genre *Homo* s'adaptèrent à une riche niche écologique particulière parce qu'ils étaient doués des facultés mentales appropriées. Les niches écologiques occupées par *Australopithecus africanus* et *Australopithecus robustus* étaient, sans aucun doute, différentes l'une de l'autre et différentes de celle du genre *Homo*. Il ne faudrait pas considérer les australopithèques comme des échecs au sein d'une vaste lignée en évolution vers l'homme moderne. Ce furent des espèces très florissantes, pratiquant chacune un mode de vie très stable pendant des millions d'années. Les particularités de leur existence seront difficiles à dégager de la confusion des témoignages que l'on peut avoir sur les activités des hominidés entre quatre et un million d'années avant notre ère. Mais il faut considérer les australopithèques comme des créatures qui, dans les temps passés, furent bien adaptées à leur environnement.

Cependant les australopithèques s'éteignirent effectivement. La raison exacte de cette extinction, nous l'ignorerons probablement toujours. Leur façon de vivre, bien que différente de celle du genre *Homo*, était sans doute suffisamment similaire pour donner lieu à une compétition, qui s'intensifia avec le succès toujours plus grand d'*Homo*. Il se peut cependant que la compétition soit venue d'ailleurs : des babouins. La fin des australopithèques coïncide avec l'expansion des babouins de savane, animaux qui recherchaient presque certainement une niche écologique similaire. La concurrence pour la nourriture et l'espace aura été inévitable. La compétition a pu venir à la fois d'*Homo* et des babouins.

Quelle que fut la raison de leur fin, l'extinction des australopithèques signifiait qu'il ne restait plus sur terre qu'un seul hominidé : *Homo*.

6 La vie du chasseur-cueilleur

Pendant au moins deux millions d'années, nos ancêtres pratiquèrent un mode de vie extrêmement efficace, ne nécessitant qu'une technologie très simple. Ils associèrent d'abord l'activité de charognard et la collecte organisée de végétaux comestibles, puis adoptèrent progressivement un mode de vie de chasseurs-cueilleurs. La transition se situe probablement entre environ un million et un demi-million d'années avant notre ère. C'est à une époque relativement récente, entre 20 000 ans et 10 000 ans avant notre ère, que ce mode de vie fut relayé peu à peu par un mode de vie de type pastoral et agricole, impliquant une production systématique de nourriture. Si ce changement survint tardivement dans notre histoire, il se développa cependant avec une rapidité étonnante et a aujourd'hui touché presque toutes les populations du globe. Seule une poignée d'hommes, habitant des contrées isolées du globe, vivent encore de chasse et de cueillette à la façon de nos ancêtres.

La chasse et la cueillette constituèrent un trait permanent et stable de notre évolution biologique pendant toute la période où vécurent *Homo erectus* puis les premiers *Homo sapiens* et finalement l'homme moderne. Etant donné l'importance de la chasse et de la cueillette pendant des milliers de générations chez nos prédécesseurs, il se peut fort bien que ce mode de vie représente une part indélébile de ce qui fait notre humanité. Des préhistoriens, tel Glynn Isaac, s'efforcent de rassembler les témoignages fragiles et épars laissés par les fossiles pour reconstituer le comportement des premiers hominidés, comme cela a été décrit dans le chapitre précédent. Ce type de travail a apporté des révélations appréciables, mais il se trouve limité lorsqu'il s'agit de retrouver des comportements sociaux complexes. Nous savons que jusqu'à l'apparition de l'agriculture, l'homme se nourrissait de végétaux comestibles, de gibier chassé ou de cadavres abandonnés qu'il dépeçait; ces activités étaient centrées autour d'une sorte de camp de base. Nous pouvons en déduire l'existence d'une certaine organisation sociale, mais les témoignages fossiles restent muets quant à la vie que pouvaient mener ces premiers chasseurs-cueilleurs. Les vestiges archéologiques n'apportent aucune indication sur les valeurs que partageaient les individus du groupe, sur les codes moraux auxquels ils adhéraient; ils suggèrent seulement les aptitudes qui étaient nécessaires à leur survie. On ne connaîtra jamais, de façon sûre, les réponses à ces questions. Cependant, une étude minutieuse de la vie des chasseurs-cueilleurs actuels peut nous apporter une certaine lumière.

Femme !Kung devant sa hutte, sur la frange septentrionale du désert du Kalahari. De nombreux !Kung se sont sédentarisés et ont construit des huttes permanentes comme celle-ci. Certains, cependant, vivent encore de chasse et de cueillette, mode de vie très proche de celui que pratiquaient nos ancêtres.

L'image des sociétés de chasseurs-cueilleurs

Les anthropologues du XIXe siècle considéraient les populations de chasseurs-cueilleurs comme des sociétés fossiles, des sauvages primitifs, qui s'étaient immiscés dans le monde moderne sans y prêter intérêt et sans qu'on s'intéresse à eux. Cette vision est bien sûr un non-sens. Les chasseurs-

Les !Kung constituent un groupe isolé parmi les populations San, (précédemment appelées Bochimans), qui vivent dans le désert du Kalahari et à sa périphérie. Le style de vie des groupes San varie selon le type particulier d'environnement qu'ils occupent.

cueilleurs étaient aussi modernes biologiquement que les explorateurs qui les « découvrirent »; il se trouvait seulement qu'ils pratiquaient un mode de vie presque disparu aujourd'hui. Des opinions erronées concernant les peuples dépourvus d'agriculture étaient largement répandues, souvent inspirées par la notion de vie à l'état de nature, émise par Thomas Hobbes au XVIIe siècle : « Absence d'art, de lettres, de société; perpétuel sentiment de peur, risque permanent de mort violente; solitude, pauvreté, répugnance, brutalité et brièveté de la vie de ces hommes. »

Durant les deux dernières décennies, et particulièrement durant les dix dernières années, l'image des sociétés de chasseurs-cueilleurs s'est grandement modifiée. Dans son livre devenu classique, *Stone Age Economics* (*L'Économie à l'âge de la pierre*), l'anthropologue Marshall Sahlins fait remarquer que, dans leurs études des populations de chasseurs-cueilleurs, les anthropologues occidentaux ne doivent pas imposer un point de vue matérialiste ni une éthique de type occidental. Cela va plus loin que le simple dépassement de la répulsion des explorateurs du XIXe siècle devant certaines nourritures (la consommation de grosses larves juteuses d'insectes, par exemple, était souvent interprétée comme le geste désespéré de gens mourant de faim, alors que les chasseurs-cueilleurs apprécient ce met et le considèrent comme très délicat). Marshall Sahlins fait intervenir les buts différents poursuivis par les différentes sociétés : la recherche de la richesse, de la propriété, du prestige caractérisant certaines sociétés, et des buts totalement opposés en intéressant d'autres. Il va même jusqu'à suggérer que le mode de vie du chasseur-cueilleur correspond à « une société originelle d'opulence... dans laquelle tous les désirs des individus sont aisément satisfaits ». L'économie des chasseurs-cueilleurs n'est pas une quête perpétuelle de nourriture, mais un système qui permet de consacrer aux loisirs un temps beaucoup plus long que ne peuvent le faire toutes les sociétés agricoles ou industrielles.

Les conclusions de Marshall Sahlins reposent sur une importante étude faite sur les !Kung San (précédemment appelés Bochimans, terme péjoratif adopté par les colons hollandais en Afrique du Sud) qui vivent sur la frontière du Botswana et de la Namibie, sur la frange septentrionale du désert du Kalahari. Depuis 1963, de nombreux chercheurs, surtout de l'université de Harvard ont analysé les différents aspects du mode de vie des chasseurs-cueilleurs !Kung. Depuis que cette étude a commencé, la marche inévitable du « progrès » ayant touché cette région, il ne reste plus qu'un petit nombre de personnes qui pratiquent encore véritablement la chasse et la cueillette; en effet, on a persuadé les autres de s'installer comme agriculteurs. Quelques !Kung ont été même recrutés par le gouvernement sud-africain dans l'armée anti-terroriste installée sur la frontière Botswana-Namibie. L'observation du passage d'une existence nomade à une existence sédentaire a été très instructive et a permis de saisir les composantes sociales de chaque mode de vie, comme nous le verrons au chapitre 13.

Richard Lee, un des principaux chercheurs de l'équipe, rappelle les raisons de son étude : « Je refusais les conceptions erronées qui avaient cours, concernant les populations de chasseurs-cueilleurs. Je voulais trouver quels étaient les éléments importants de leur mode de vie, sans les caricaturer à la façon de Hobbes et sans les mettre sur un piédestal. » Richard Lee sait que son travail est un moyen indirect d'obtenir des éclaircissements sur la vie de nos ancêtres. « Les !Kung sont un bon modèle, dit-il, car, comparés aux chasseurs-cueilleurs préhistoriques, ils vivent dans un environnement très marginal. Les chasseurs de la préhistoire eurent sans doute le choix entre différentes ressources, et ils menèrent peut-être une existence plus facile que les San d'aujourd'hui. » Les conclusions tirées de l'étude des !Kung sont largement corroborées par d'autres observations —

les unes anecdotiques, les autres scientifiques — faites sur d'autres populations de chasseurs-cueilleurs. L'analyse de ces peuples permet de se faire une idée appréciable des implications sociales et techniques de la vie de chasse et de cueillette. Il ne faut pas voir ici une réplique exacte de la vie de nos ancêtres, mais ces considérations permettent de saisir, dans une certaine mesure, les principes qui gouvernèrent leur vie.

La vie aux limites du désert du Kalahari

Pour de nombreuses personnes, le nom de Kalahari évoque l'image d'un désert d'une aridité implacable. Pour les !Kung, cependant, ce désert a constitué leur habitat depuis au moins 10 000 ans. C'est une région où ils mènent une existence tout à fait normale; leur mode de vie, jusqu'à une époque récente, n'a pas changé pendant des millénaires. Richard Lee décrit la région de la façon suivante : « La première impression du voyageur qui parcourt cette région est celle d'une immense étendue plate, où le ciel domine le paysage. Les collines Aha s'élèvent à une centaine de mètres au-dessus de la plaine environnante et, de leurs sommets, on aperçoit des perspectives infinies de broussailles et de savane qui s'étendent à perte de vue dans toutes les directions. De temps en temps, des rivières asséchées entaillent la plaine sableuse. Elles sont rarement en eau, peut-être deux fois par décennie, mais quand elles le sont, la crue peut être considérable...

« Les vents du désert ont sculpté les sables en de longues dunes basses, rougies en leur sommet, et qui s'étendent d'est en ouest. Des plantations de mongongo couvrent la crête de nombreuses dunes, représentant dans ce désert du Kalahari, pour les !Kung, une ressource vitale qui à la fois les nourrit et les désaltère. Des baobabs gigantesques s'élèvent çà et là, surgissant au milieu des broussailles. »

Richard Lee choisit d'étudier un groupe isolé de !Kung, dans la région de Dobe, pourvue de neuf trous d'eau et habitée par quatre cent cinquante personnes environ. Il affronta et releva l'immense défi que constitue l'apprentissage du langage !Kung : « Les mots !Kung peuvent être décrits comme une explosion sonore accompagnée d'une voyelle. Le nombre de « klicks », de fricatives et de jeux glottaux qui marquent le début de la plupart des mots, rend l'apprentissage de la langue !Kung très difficile, lorsque l'on est seul à parler. » (L'utilisation des !,/, et autres signes dans l'écriture !Kung représente les différents « klicks » et les sons explosifs.)

Dès son installation, Richard Lee fut inévitablement soumis à la mobilité des chasseurs-cueilleurs !Kung. Pendant la saison d'été humide, d'octobre à mai, les petits groupes de cueilleurs dressent de modestes campements temporaires dans les plantations, se déplaçant vers de nouveaux camps au bout de quelques semaines. Le groupe est itinérant, non parce qu'il recherche sans cesse et désespérément de la nourriture, mais parce que, plus le séjour est long dans un même endroit, plus les habitants doivent s'éloigner chaque jour pour recueillir leur nourriture. Cette errance est une question de convenance et n'est pas consécutive à une situation de famine.

Les groupes de cueilleurs, à cette époque de l'année, sont de petite taille, comprenant environ six familles. Un certain nombre d'entre elles doivent être liées les unes aux autres, soit par le sang, soit par le mariage. De toute façon, les !Kung créent un large réseau d'affiliations informelles avec les groupes voisins. L'offrande et la réception de cadeaux (qui ne correspondent pas à un commerce) sont des gestes essentiels qui créent le tissu social de la vie des !Kung; les relations à l'intérieur et entre les groupes sont étroites et complexes.

Le chiffre de trente personnes qui composent un tel groupe correspond à un « nombre magique » de la vie des chasseurs-cueilleurs. A travers le monde, les populations de chasseurs-cueilleurs se divisent toujours en

Pendant la saison sèche, les !Kung se rassemblent autour de points d'eau permanents en groupes d'une centaine de personnes ou plus. Ces rassemblements sont l'occasion d'une vie sociale intense : récitation de contes, nombreuses danses en état de transe... Les danses font partie d'une cérémonie de réconciliation qui se poursuit pendant toute la durée de la nuit : au lever du soleil, les danses reprennent avec une vigueur renouvelée.

groupes approximativement de cette taille, qui constituent le noyau de leur vie sociale et économique. Ce nombre semble être la combinaison optimale d'adultes et d'enfants permettant l'exploitation des végétaux et des animaux alentour dont se nourrissent les chasseurs-cueilleurs : un effectif plus restreint entraîne l'affaiblissement de la structure sociale; un effectif supérieur nécessite un effort plus intensif pour amasser suffisamment de nourriture pour chacun.

Lorsque viennent les mois secs d'hiver, les !Kung se rassemblent autour de points d'eau, en concentrations d'une centaine de personnes ou plus. Cette phase publique de leur vie est très importante. C'est un temps de socialisation intense, pendant lequel se pratiquent toutes sortes d'activités : danses de possession, soins, cérémonies d'initiation, récitation de contes, échanges de présents et conclusions de mariages. Si l'on considère les camps dispersés d'été comme étant reliés les uns aux autres par un réseau invisible de parenté, d'amitié et d'obligations matérielles, l'hiver est le temps pendant lequel ce réseau se resserre, des liens sont renforcés et de nouvelles alliances sont contractées.

Cependant, cette phase publique de la vie des !Kung, hautement valorisée, comporte des inconvénients. La concentration inhabituelle de personnes signifie inévitablement un surplus de travail : ils doivent se déplacer plus loin pour cueillir les végétaux comestibles et trouver du gibier. Et souvent la forte densité entraîne des conflits de personnes. Aussitôt que les pluies commencent à tomber, les gens, de nouveau, se dispersent en petits groupes vers les plantations de mongongo. Mais la composition des groupes n'est pas nécessairement la même que celle de l'été précédent : la phase publique permet aux personnes de se joindre à d'autres personnes, avec lesquelles elles ont plus d'affinité et permet aux conflits et aux tensions de se résoudre par l'éclatement de certains groupes.

Durant la saison humide, les !Kung vivent en petits groupes et se déplacent, toutes les deux semaines environ, vers un nouveau camp de base. De cette façon, ils évitent l'épuisement des ressources alimentaires aux alentours du camp de base.

L'alternance de phases publiques, de périodes de dispersion puis de fusion des groupes est un phénomène habituel chez les populations de chasseurs-cueilleurs. Ainsi, les G/wi San, de la région beaucoup plus aride du centre du Kalahari, vivent en petits groupes pendant trois cents jours dans l'année, sans aucune source d'eau, se nourrissant du liquide juteux qu'ils obtiennent des melons et des tubercules. Pendant les pluies d'été, ils se rassemblent autour de quelques points d'eau maigres et éphémères. La raison objective de ce rassemblement est de tirer profit des sources d'eau qui sont disponibles pendant peu de temps. Mais l'opportunité d'une socialisation intense n'est pas absente des esprits, et la perspective d'une vaste rencontre est encore plus attendue, sans doute, que la possibilité de se désaltérer à un point d'eau.

Les populations G/wi se nourrissent presque exclusivement de melons et de tubercules juteux durant la saison sèche. Seule la saison humide leur permet de boire l'eau recueillie en quelques rares trous d'eau.

Les populations de chasseurs-cueilleurs donnent souvent des raisons élaborées pour expliquer les phases de rassemblement et de dispersion successives, mais le motif réel semble être un fort besoin de socialisation formelle et informelle avec un nombre de parents, d'amis et d'affiliés. Alors que les primates non humains vivent souvent dans des groupes sociaux d'une trentaine d'individus, ils ne se rassemblent pas habituellement en groupes plus larges; ceci est un trait propre au mode de vie des chasseurs-cueilleurs.

L'opinion de Hobbes, soutenant que les populations non agricoles sont « dépourvues de société » et sont solitaires, ne pourrait être plus erronée. Etre chasseur-cueilleur consiste à mener une vie qui est intensément sociale. Quant à « l'absence d'art et de littérature », il est vrai que les peuples chasseurs possèdent fort peu de choses en matière de culture; mais c'est simplement une conséquence des nécessités de leur mobilité. Lorsque les !Kung se déplacent d'un camp à l'autre, comme les autres chasseurs-cueilleurs, ils transportent tous leurs biens avec eux : soit habituellement un total d'une douzaine de kilogrammes, juste un peu plus de la moitié du bagage normal autorisé sur la plupart des lignes aériennes. Il existe un hiatus inévitable entre la mobilité et le volume des œuvres d'art. Aussi, les !Kung transportent-ils leur culture dans leur tête, et non sur leur dos ! Leurs chants, leurs danses et leurs contes forment une culture aussi riche que celle de toute autre population.

Malgré l'aspect apparemment inhospitalier du nord du Kalahari, il héberge, en fait, un grand nombre d'animaux sauvages. Richard Lee explique : « Pour avoir une idée de cette abondance, on peut, chaque jour de l'année, observer des traces fraîches de phacochères, de steinbocks et de

Un jeune garçon G/wi avec sa harpe. La mobilité des chasseurs-cueilleurs ne leur permet pas d'accumuler des biens matériels; chants, danses et histoires constituent la base de leur culture. Ils possèdent donc très peu d'objets, si ce n'est des instruments de musique et des colliers faits à partir de coquilles d'œufs d'autruche.

duikers. On a observé des buffles seulement une douzaine de fois en dix ans, des zèbres peut-être trois fois, et des impalas seulement une fois pendant la même période. Le déploiement naturel des plantes comestibles est également impressionnant. Les !Kung sont des botanistes et des naturalistes merveilleux, qui ont une connaissance intime de leur environnement, dit Richard Lee. Ils connaissent et peuvent identifier plus de deux cents espèces de plantes et ils considèrent comme comestibles un très grand nombre d'entre elles. »

Le rôle des femmes

En 1966, lors d'un symposium, Richard Lee fit une communication intitulée *Activités de subsistance des populations de chasseurs-cueilleurs*, communication qui se référait spécialement aux !Kung. Il révélait que, contrairement à l'opinion courante, la viande ne constitue que 30 % à 40 % de leur menu. L'étude d'autres populations de chasseurs-cueilleurs, sous des latitudes semblables, montre que le même schéma réapparaît toujours. La conclusion était inévitable : les plantes comestibles constituent le produit de base de l'alimentation des chasseurs-cueilleurs. C'est seulement sous des latitudes plus septentrionales, lorsque l'alternance des saisons entraîne la précarité des ressources végétales, que les chasseurs-cueilleurs se reportent sur la viande et le poisson, qui constituent alors l'essentiel de leur repas.

Chez presque tous les peuples de chasseurs-cueilleurs, comme chez les !Kung, ce sont les femmes qui assurent l'essentiel de la cueillette des plantes comestibles, tandis que les hommes assurent l'essentiel des travaux de chasse. Il y a des exceptions bien sûr, comme chez les Agta des îles Philippines, où les femmes partagent les activités de chasse avec les hommes. Mais, dans la grande majorité des cas, prévaut une division sexuelle du travail. La raison la plus évidente de cet arrangement réside dans l'incompatibilité entre les exigences de la chasse — parcours de longues distances pour traquer la proie, approche silencieuse et furtive, au moment de l'affût final — et les problèmes impliqués par le port d'enfants lourds et bruyants.

Les femmes !Kung ont un enfant tous les trois ou quatre ans. Cet intervalle d'environ quatre ans entre deux naissances est un phénomène largement répandu dans le monde des chasseurs-cueilleurs, et semble être une réponse biologique aux exigences physiques de la mobilité. Les très jeunes enfants doivent être portés pendant les activités de cueillette et les déplacements d'un camp vers un autre camp. Cumuler le transport de deux enfants et les activités de cueillette serait extrêmement difficile. Richard Lee a estimé la charge de travail consécutive au transport des enfants et de la nourriture, si les intervalles de naissance étaient de un an, deux ans, trois ans et ainsi de suite. Pour les intervalles les plus courts, la charge de travail est énorme, elle décroît rapidement quand l'intervalle se situe autour de quatre ans, mais cette charge ne diminue pas significativement lorsque l'intervalle dépasse quatre ans. Ainsi les différentes populations de chasseurs-cueilleurs semblent avoir atteint l'espacement optimal entre les naissances, de façon tout à fait indépendante les unes des autres. Seule l'existence sédentaire, caractéristique des économies de type agricole, permet aux femmes de rapprocher les naissances, sans leur imposer les lourdes charges, liées au déplacement des enfants.

L'absence de tout système de crèche chez les populations de cueilleurs est difficile à comprendre. La raison en est peut-être la nécessité de la présence de la mère pour allaiter l'enfant, allaitement qui se prolonge, chez les !Kung, pendant trois ou quatre ans. Cet allaitement prolongé constitue peut-être un mécanisme physiologique permettant d'éviter une ovulation et de réduire ainsi les chances d'une nouvelle grossesse. En revanche, l'existence d'un

Les enfants !Kung têtent le sein de leur mère jusqu'à l'âge de trois ou quatre ans. Cela contribuerait à éviter une nouvelle grossesse de la mère pendant cette période. En général, la mère a un second enfant lorsque l'aîné est suffisamment grand pour marcher seul pendant les temps de cueillette et lors des déplacements du groupe.

Deux hommes Nharo San à la chasse.

système de crèche supprimerait la nécessité d'un fort espacement entre les naissances et éliminerait l'obligation d'un allaitement prolongé.

La division sexuelle du travail et le fort espacement des naissances font que la collecte de la nourriture végétale est une activité très socialisée, puisqu'elle regroupe plusieurs mères, accompagnées de leurs jeunes enfants, alors que la chasse est une activité beaucoup plus solitaire, généralement assurée par deux hommes, éventuellement accompagnés par un adolescent « apprenti ». Les différences économiques entre la chasse et la cueillette sont elles aussi profondes : une femme peut ramasser, en une seule journée, de quoi nourrir sa famille pendant trois jours, et elle y parvient presque toujours. Un homme peut ramener un gros gibier qui nourrira le groupe pendant plusieurs semaines, mais il peut aussi ne ramener qu'un petit lièvre ! Souvent, il revient même les mains vides !

Selon les estimations de Lee, les hommes !Kung travaillent un peu plus de vingt et une heures par semaine pour ramener du gibier au camp, tandis que les femmes passent à peine plus de douze heures par semaine pour ramasser

des plantes comestibles, qui constituent environ 70 % du menu. Quand toutes les activités — incluant la fabrication des outils, le travail à la maison, mais excluant le soin des enfants — sont ajoutées les unes aux autres, la semaine d'un homme atteint quarante-quatre heures et celle d'une femme quarante heures. Mais comme les femmes assurent la plus grande partie des soins demandés par les enfants, leur charge de travail totale est plus lourde que celle des hommes. Richard Lee considère que les femmes ne se sentent pas exploitées : elles jouissent d'un prestige économique et d'un pouvoir politique qui leur sont souvent refusés dans le monde dit « civilisé ».

L'éthique des populations de chasseurs-cueilleurs

Celui qui se rend dans un campement !Kung et recherche une quelconque réserve de nourriture est fort surpris : les chasseurs-cueilleurs ne constituent pas de stock alimentaire. Une attitude aussi « extraordinaire » provoqua les commentaires des anthropologues du XIXeme siècle : « Les chasseurs-cueilleurs n'ont pas la moindre préoccupation, ni le moindre souci de ce que sera le lendemain. » En 1954, Rodney Needham écrivait : « Ces populations font toute confiance d'une part aux ressources de leur environnement et d'autre part à leurs propres aptitudes pour en tirer leur subsistance. »

Le stockage alimentaire irait à l'opposé de l'habitude des !Kung de partager leur nourriture, en particulier le gibier. Peut-être parce que c'est une denrée relativement rare, la viande est très prisée par les !Kung, comme chez la plupart des peuples chasseurs-cueilleurs. Quand un animal meurt, le chasseur (ou plutôt le propriétaire de la flèche qui a frappé la proie, et ce n'est pas toujours la même personne que celle qui a tiré la flèche) entame un processus élaboré de partage et de répartition de la dépouille de l'animal. Le partage se réalise conformément à des réseaux complexes d'amitié, d'alliance et d'obligations. Lorna Marshall, une pionnière qui a étudié les !Kung, assista aux différentes étapes du dépeçage d'un *eland*, la plus grande des antilopes africaines. Elle dénombra, pendant le temps très bref du partage initial, jusqu'à soixante gestes de distribution et de partage de la viande. Le réseau de partage et d'obligation est très important chez les !Kung. Richard Lee souligne ce point avec insistance : « Cette attitude de partage pénètre très profondément le comportement et les valeurs des !Kung, à l'intérieur de la famille et entre les familles, et s'étend à la totalité de l'univers social. De même que le principe de profit et de rationalité est le centre de l'éthique capitaliste, de même l'attitude de partage est au centre de la vie sociale dans les sociétés de chasseurs-cueilleurs ».

Cette éthique n'est pas limitée aux !Kung : c'est un trait général des populations de chasseurs-cueilleurs. Un tel comportement n'est pas cependant automatique; comme la plupart des comportements humains, il doit être appris dès l'enfance. « Tout enfant naît doué de la double capacité de partager ou de garder pour soi », dit Richard Lee. Les talents qui sont nourris et développés sont toujours ceux auxquels la société attache le plus de prix.

Cette éthique de partage s'accompagne d'un sens étonnant de l'égalité, qui prévaut chez les !Kung. Les !Kung n'ont ni chef, ni leader. Les problèmes, dans leur société, sont le plus souvent résolus avant qu'ils ne se développent suffisamment pour perturber l'harmonie sociale. Bien que les !Kung soient extrêmement dispersés sur l'ensemble de leur territoire — occupant en moyenne 4 km^2 par personne — leurs campements, au contraire, présentent une très forte densité d'habitants. Les conversations sont partagées par tous et les disputes sont rapidement estompées par les railleries collectives. Personne ne reçoit ou ne donne d'ordres. Richard Lee demanda un jour à /Twi !gum si les !Kung avaient des chefs. « Bien sûr, nous avons des chefs », répondit-il à la grande surprise de Richard Lee. « En fait, nous sommes tous des chefs. Chacun de nous est un chef à l'égard de lui-même ! »

L'accent qui est mis sur l'égalitarisme exige que certains rituels soient scrupuleusement observés lorsqu'un chasseur chanceux retourne au camp en ramenant du gibier. Le but de ces rituels est de minimiser l'événement afin de décourager toute arrogance et toute vanité de la part du chasseur. « La conduite correcte à tenir pour le chasseur couronné de succès est avant tout dictée par la modestie et le sens de l'humilité », explique Richard Lee. Un homme !Kung, /Gaugo, fait cette description : « Si un homme revient de la chasse, il ne doit pas rentrer chez lui en annonçant comme un fanfaron : "J'ai tué un gros gibier dans le bush !" Il doit tout d'abord s'asseoir en silence jusqu'à ce que moi-même ou quelque autre vienne devant son foyer et lui demande : « Qu'as-tu vu aujourd'hui ? » Il répond doucement : « Ah, je ne suis pas un bon chasseur. Je n'ai rien vu du tout... peut-être tout juste un petit gibier ». Alors je souris intérieurement, car je sais maintenant qu'il a tué une grosse pièce. » Plus la victime est considérable, plus le succès en est minimisé.

Cette attitude de modestie continue à s'appliquer lorsque la victime n'est depecée et rapportée que le lendemain, explique Richard Lee. Les hommes qui prêtent leur aide plaisantent et se plaignent que sûrement le chasseur n'avait pas besoin d'autant de bras pour ramener une proie aussi chétive ! Et le chasseur approuve ces paroles et ajoute qu'ils ont juste découpé le foie et vont rechercher une proie plus substantielle. Non seulement les !Kung mais de nombreuses populations de chasseurs pratiquent strictement ces jeux de plaisanterie et ce rituel d'humilité. Il s'ensuit que la supériorité indubitable de certains chasseurs ne leur confère aucun prestige ou privilège particuliers dans la société.

Les moyens techniques utilisés pour la chasse et pour toutes les activités des !Kung frappent non par leur complexité ou leur sophistication, mais davantage par leur simplicité. Un gourdin, un arc et des flèches — dont la pointe est enduite de poison extrait de larves d'insectes — constituent l'équipement de base du chasseur; il utilise également des crochets pour retirer les lièvres de leurs terriers, des pièges pour entraver les petits animaux, et des sacs tressés à partir de tendons d'animaux pour transporter divers objets. Le ramassage des plantes se limite à des moyens techniques encore plus modestes : un bâton pour creuser et quelques récipients. Les femmes utilisent un *kaross*, fabriqué à partir de peau d'antilope, dans lequel elles peuvent transporter noix, fruits, racines, baies ainsi que leurs enfants. Pour casser et ouvrir la précieuse noix de mongongo, des pierres brutes sont les seuls outils nécessaires. Un simple mortier et un simple pilon en bois permettent de concasser la chair contenue dans la noix, ce qui la rend plus digeste pour les enfants et les personnes âgées; ainsi broyée, elle peut être mélangée à d'autres aliments. Enfin, pour conserver l'eau, si précieuse et si rare à la fois, les !Kung utilisent des récipients tels que coquilles d'œufs d'autruche ou sacs faits à partir d'estomacs d'animaux.

Si l'équipement utilisé pour la chasse et la cueillette est extrêmement simple, en revanche l'habileté exigée est prodigieuse. Les chasseurs doivent être capables d'identifier un animal à partir de ses traces, de deviner son âge, depuis combien de temps il est passé par là, s'il courait ou s'il flânait, s'il est atteint de maladie ou en bonne santé. Situé à une distance étonnante de la proie, le chasseur doit faire preuve d'une adresse considérable pour l'approcher suffisamment de sorte que les flèches les plus courtes atteignent leur but. Un tel trait ne peut abattre que les plus petites antilopes, et il faut traquer la plupart des proies pendant des heures et même des jours quelquefois pour que le poison produise son effet.

Les !Kung vivent en une harmonie parfaite avec leur environnement, le déchiffrant de façon très précise et mieux que ne pourrait le faire tout homme n'appartenant pas à une société de chasseurs-cueilleurs. Deux ethnologues, Nicholas Burton-Jones et Melvin Konner, discutèrent avec des chasseurs !Kung pour évaluer leur connaissance du monde animal. Ils furent étonnés du degré de leurs connaissances : « Certaines observations faites par les !Kungs, auxquelles nous refusions de croire, furent ensuite authentifiées par des ethnologues qui avaient travaillé en Afrique. »

La cueillette exige également beaucoup d'habileté. Patricia Draper, qui a spécialement étudié les femmes de la société !Kung, explique : « Comparée à d'autres économies plus diversifiées impliquant une plus grande spécialisation du travail, l'économie des !Kung paraît simple, mais pour chaque personne prise individuellement, les activités de subsistance sont très complexes. Par exemple, s'il est simple de ramasser des noix ou des melons quand on est sur le lieu de cueillette, cela demande une très grande résistance pour parcourir 16 km ou plus par jour, en portant la récolte d'une journée entière et éventuellement un enfant. Une femme doit connaître les lieux où poussent les différentes plantes comestibles et la saison où elles sont comestibles; elle doit savoir parfaitement s'orienter dans le bush. Les femmes !Kung, comme les hommes, prêtent une grande attention aux traces laissées par les animaux; et à leur retour, elles renseignent les hommes sur les déplacements récents du gibier. »

Il ressort de l'observation d'un grand nombre de sociétés de chasseurs-cueilleurs que des ressemblances significatives existent dans la façon d'organiser leur vie. Ces ressemblances semblent imposées par leur mode de vie et c'est la raison de leur importance, car elles donnent une impression d'ensemble sur ce qu'était la vie de nos ancêtres. Nous pouvons résumer de la façon suivante les points principaux de la vie des chasseurs-cueilleurs : le centre de leur vie économique et sociale est le camp de base, occupé par six familles environ. La recherche d'une nourriture animale d'une part et végétale d'autre part entraîne, dans ces sociétés, une division sexuelle du travail, les hommes assurant les travaux de chasse et les femmes les travaux de cueillette. La quête du gibier n'est pas toujours couronnée de succès et, bien que les plantes soient trop saisonnières pour constituer la production exclusive, elles fournissent cependant la plus grande partie de la nourriture. Le partage, entre tous les membres du groupe, des plantes et du gibier rapportés au camp, nécessite un sens très développé de la coopération et de l'égalité. Le système laisse également beaucoup de temps aux loisirs, que les gens utilisent pour rendre visite à leurs parents et amis des groupes proches ou pour accueillir les visiteurs venus à leur propre camp. Le degré de socialisation est très élevé et atteint son maximum lorsque, pour une courte période, les petits groupes se rassemblent en plus grandes unités. Enfin, point essentiel, les peuples de chasseurs-cueilleurs disposent, pour exploiter leur environnement, d'une habileté considérable et d'une technologie minimale.

Richard Lee conclut : « Nous ne devons pas estimer que ces images représentent la façon exacte dont nos ancêtres vivaient. Mais je crois que ce que nous observons chez les !Kung et les autres populations de chasseurs-cueilleurs révèle des modèles de comportements qui furent cruciaux dans les premiers développements de l'humanité ». Parmi les différents types d'hominidés qui vivaient il y a deux ou trois millions d'années, l'un d'eux — la lignée qui mena finalement à nous — vint à élargir le fondement de son économie en adoptant la pratique du partage alimentaire au sein de la collectivité et en ajoutant davantage de viande à son alimentation. Le développement d'une économie de chasse et de cueillette joua un rôle déterminant dans le processus qui engendra notre humanité. »

7 Nouveaux horizons

Du mois de juin au mois de décembre, toutes les deux semaines, j'effectue le vol de Nairobi à Koobi Fora, qui dure deux heures quarante. Kamoya Kimeu et moi-même profitons de ces visites pour discuter des progrès de la recherche des fossiles et pour examiner de façon plus précise les fossiles les plus prometteurs qui ont été découverts. Habituellement, ces visites sont assez routinières, l'équipe de Kamoya enrichissant toujours davantage notre belle collection de fossiles provenant des anciens dépôts du bord du lac. Cependant, au début du mois de septembre 1978, la situation s'avérait très exceptionnelle : nous venions en effet de découvrir par chance un magnifique crâne ayant appartenu à un de nos ancêtres.

Kamoya et moi-même marchions à pied, cherchant à localiser un site fossile que ses hommes avaient découvert une semaine plus tôt à Ileret, à quelque 70 km du camp principal. Alors que nous avancions, je m'entretenais avec Maundu, un des assistants de Kamoya, et il me rapportait les nouvelles des deux dernières semaines de travail. Comme de coutume, tout en marchant, nous portions un regard attentif à tous les éléments susceptibles de signaler des fossiles intéressants. Tout à coup, mes yeux furent attirés par un petit amas de fragments osseux, dépassant d'à peine deux centimètres du sable gris. Maundu avait également remarqué ces fragments et tous les deux nous nous arrêtâmes et nous agenouillâmes précautionneusement pour les examiner de plus près. Rapidement, nous fûmes d'accord pour reconnaître certains petits os de la partie inférieure d'un crâne d'hominidé. De telles découvertes sont très enthousiasmantes et, immédiatement, nous nous mîmes à spéculer sur les chances de trouver là un crâne complet et intact, enterré juste au-dessous de la surface du sol. La réponse dut cependant attendre au lendemain, afin que nous puissions effectuer une fouille convenable.

Nous regagnâmes donc le site le lendemain à l'aube et, bientôt, apparut un problème que j'avais redouté : l'os était extrêmement fragile et, au fur et à mesure que Meave et moi-même dégagions le crâne, nous devions appliquer une solution plastique pour le consolider. En fin de journée, nous pûmes recueillir le crâne fragile mais intact d'un hominidé qui avait vécu et était mort près de la rive du lac, il y a presque 1,5 million d'années. Enregistré sous le numéro KNM-ER 3883, ce fossile est un beau specimen d'*Homo erectus*, l'hominidé qui a immédiatement précédé *Homo sapiens*.

La découverte d'autres fossiles rattachés à cette espèce permet de dire que le squelette d'*Homo erectus* est essentiellement moderne, un peu plus trapu que la moyenne actuelle, mais pas différent. Le crâne et la face, cependant, sont encore « primitifs » : le front est fuyant vers l'arrière, surmonté d'un fort torus susorbitaire; le cerveau, bien que plus développé que celui d'*Homo habilis*, n'atteint que 70 % du volume de celui d'*Homo sapiens*. La face est moins saillante que chez *Homo habilis*, mais elle n'est pas aussi plate, aussi « rentrée » que chez *Homo sapiens*. Le menton,

Homo erectus *vécut entre 1,5 million d'années et 300 000 ans avant notre ère. Ces hommes étaient solidement bâtis et avaient un physique très proche de celui des hommes modernes. Leurs traits faciaux étaient très caractéristiques. Trois* Homo erectus *sont représentés ici par des hommes modernes portant des masques façonnés sur la base de mesures scientifiques faites sur des crânes d'*Homo erectus.

caractéristique de l'homme moderne, est présent, mais se trouve en l'occurrence faiblement développé.

Les paléontologues considèrent les caractères anatomiques d'*Homo erectus* suffisamment distinctifs pour y reconnaître un nouveau stade de l'évolution humaine, plus progressif que celui d'*Homo habilis*. Ce qui fait cependant l'originalité d'*Homo erectus* n'est pas tant le développement de nouveaux traits anatomiques que les modifications survenues dans le comportement de ces hominidés. Le développement du mode de vie de chasseur-cueilleur et de la pratique du partage alimentaire, associé à une intelligence accrue, permirent à *Homo erectus* de pénétrer des territoires qu'aucun hominidé n'avait atteint précédemment. Il y a environ un million d'années ou plus, quelques groupes pénétrèrent ainsi en Europe et en Asie. A la suite de cette migration, nos ancêtres abandonnèrent leur existence exclusivement tropicale et apprirent à vivre dans les régions tempérées.

Homo erectus apparaît à partir de 1,5 million d'années environ et poursuit sa destinée jusqu'à 300 000 ans environ, époque de l'émergence d'*Homo sapiens*. *Homo erectus* occupa les continents d'Afrique, d'Asie et d'Europe, sans atteindre cependant l'extrémité septentrionale, plus froide, de l'Eurasie, ni l'Amérique, ni l'Australie. Durant cette période, la chasse et la cueillette s'établirent solidement, la chasse active supplantant la quête opportuniste et non indispensable. Nous observons également les premiers signes de l'usage systématique et contrôlé du feu, ainsi que des indications de pratiques rituelles suivies par ces hominidés. La fabrication d'outils de pierre devint contrôlée et se fit suivant des modèles prédéterminés. Ces hominidés, qui eurent à faire face à de nouveaux défis et les surmontèrent, développèrent ainsi de nouveaux styles de vie. L'époque pendant laquelle vécut *Homo erectus*, qui constitue une phase importante de l'évolution humaine, fait l'objet de ce chapitre.

A la recherche du « chaînon manquant »

Homo erectus fit son apparition sur la scène paléoanthropologique grâce à la détermination d'un chercheur hollandais, Eugène Dubois. Né en 1858, Dubois était anatomiste et enseignait à l'université d'Amsterdam. Il développa un très vif intérêt pour la connaissance des ancêtres de l'homme et fut fortement influencé par les écrits de Alfred Russel Wallace, l'initiateur, avec Darwin, de la théorie de l'évolution par la sélection naturelle. Wallace, qui avait habité pendant quelques années dans l'archipel de Malaisie, avait acquis la conviction que c'était là qu'avaient peut-être vécu les ancêtres de l'homme : c'était, après tout, la patrie de l'orang-outan, « l'homme des forêts ». Animé par la conviction profonde que c'était la région du monde qu'il fallait explorer, Eugène Dubois décida de se rendre en Asie du Sud-Est pour y découvrir le « chaînon manquant », la créature qui relierait directement l'homme aux grands singes.

En 1887, accompagné de sa femme et leur jeune enfant, Dubois s'embarqua pour Sumatra (partie de l'actuelle Indonésie) dans une aventure considérée par tous comme une complète folie. L'intérêt du monde paléoanthropologique se portait alors sur l'Europe et, selon les écoles dominantes de l'époque, il n'y avait aucune raison d'opérer des recherches ailleurs. Dubois voulait leur donner tort et il y parvint. Sur place, il ne tarda pas à localiser un site intéressant : un remblai de 15 m de haut, le long de la rivière Solo, près du village de Trinil. Des dépôts fluviatiles, des débris volcaniques et des grès s'étaient déposés pour constituer ce remblai. La promesse d'une riche moisson fossile dans cette localité semblait crédible. L'équipe de Dubois commença à fouiller en août 1891 et, au bout d'un mois, découvrit une curieuse dent, d'une morphologie proche de celle d'un grand singe. Ensuite vint la découverte que le Hollandais attendait depuis

*Sites principaux où des restes d'*Homo erectus *ont été découverts. Cet hominidé fut le premier à migrer hors d'Afrique et à vivre sous des climats septentrionaux plus froids.*

toujours : celle d'une calotte crânienne ayant appartenu à un ancêtre de l'homme. Plus épaisse que celle d'un homme moderne, elle portait un torus susorbitaire proéminent, trait que Dubois interpréta comme caractéristique de cette créature appelée « chaînon manquant ». Il s'agissait en fait du crâne d'un spécimen d'*Homo erectus*.

Les crues de la rivière Solo, provoquées par les pluies saisonnières, retardèrent les fouilles jusqu'à l'année suivante. Quand l'équipe put continuer son travail, elle mit au jour un grand nombre de pièces appartenant à des suidés fossiles, des éléphants, des rhinocéros, des tigres, des hyènes, des cerfs primitifs et beaucoup d'autres espèces. Et dix mois après la calotte crânienne, un fémur fossile appartenant à un *Homo erectus* fut découvert. Ces deux importants fossiles d'hominidés se trouvaient à 15 m environ des dépôts. Dubois était au comble de la joie.

La morphologie de ce fossile lui permit d'affirmer que le « chaînon manquant » était une créature qui marchait en position redressée, et il l'appela *Pithecanthropus erectus*, « l'homme-singe qui marche en position érigée ». (Le terme de *Pithecanthropus* avait été proposé quelques années plus tôt par le scientifique allemand Ernst Haeckel, qui avait suggéré et défini un prédécesseur hypothétique à l'homme moderne, qu'il appelait *Pithecanthropus alalus*. Le terme *alalus* faisait allusion à l'absence supposée de langage parlé chez cet « ancêtre ». Nommer de cette façon une espèce à découvrir était assez risqué et la découverte de Dubois aida Haeckel à se tirer d'une situation embarrassante.) En 1950, le nom de *Pithecanthropus erectus* fut transformé en *Homo erectus*, à la suite de la révision systématique qu'opéra Ernst Mayr.

Eugène Dubois consacra le reste de sa vie à essayer de convaincre le monde scientifique qu'il avait fait une découverte capitale, mais il se heurta à un scepticisme considérable et mourut dans l'amertume. Pendant ce temps, quatre importantes localités fossiles avaient été découvertes sur l'île de Java, qui furent fouillées en 1930, puis de 1960 à nos jours. Elles ont livré de nouveaux crânes fossiles très intéressants, ainsi que des mandibules fragmentaires. Ces découvertes authentifiaient la conviction d'Eugène Dubois qu'une forme humaine primitive avait vécu en Asie du Sud-Est. Cependant, un problème capital se pose au sujet des fossiles indonésiens : celui de leur âge.

Les conditions dans lesquelles les pièces furent fossilisées, ont rendu impossible jusqu'à présent, une évaluation sûre de leur ancienneté. Les dates proposées pour les sites fossiles indonésiens varient de deux millions d'années à 700 000 ans. S'il s'avérait que l'*Homo erectus* indonésien eût vécu pendant la période la plus reculée de cette variation, cela entraînerait d'importantes implications concernant le départ des premiers hominidés d'Afrique. Une date très précoce conforterait également l'opinion de ceux qui considèrent qu'*Homo erectus* a évolué en Asie et non pas en Afrique. Je crois cette dernière idée improbable dans la mesure où aucun hominidé pré-*Homo erectus* n'a été identifié en dehors d'Afrique. On n'a aucune connaissance en Asie d'un stade ancestral, tel qu'*Homo habilis*, à partir duquel *Homo erectus* aurait pu évoluer à l'intérieur de ce continent.

La migration d'Afrique

Depuis le travail de pionniers d'Eugène Dubois à la fin du siècle dernier, des spécimens d'*Homo erectus* ont été découverts dans de nombreuses régions d'Europe, d'Asie et d'Afrique. La migration d'Afrique fut un pas capital et a dû entraîner des changements radicaux du style de vie de nos ancêtres. Les tropiques offrent une sécurité alimentaire considérable, prodiguant des fruits mûrs pendant toute l'année et du gibier à profusion. Il n'en est pas de même dans les régions tempérées, où l'alternance des saisons permet de ramasser de jeunes pousses succulentes au printemps, de nombreuses plantes mûres pendant l'été, des noix et des fruits en automne, mais presque rien pendant les mois stériles d'hiver. L'homme dut donc s'adapter à ce changement écologique fondamental, imposé par la vie en milieu tempéré : il fallait passer d'une subsistance reposant sur des végétaux et du gibier disponibles en permanence, à une stratégie exigeant la consommation de produits différents selon les périodes de l'année. De façon évidente, *Homo erectus* fut capable de surmonter ces difficultés, qui avaient constitué précédemment une barrière écologique à la migration des hominidés.

Les prédécesseurs d'*Homo erectus* devaient être des créatures raisonnablement intelligentes, car leur cerveau était presque deux fois plus développé que celui des australopithèques. Ils pouvaient fabriquer des outils simples, et ils ajoutaient probablement à leur alimentation plus de viande qu'aucun autre primate ne l'avait fait auparavant. Leur économie, fondée sur le partage alimentaire au sein de la collectivité, devait exiger une concertation sociale beaucoup plus complexe que celle qui avait existé antérieurement dans tous les groupes de primates. Leurs capacités intellectuelles et la coopération sociale mise en œuvre pour le ramassage de la nourriture constituèrent les facteurs clés de leur réussite. Avec le temps, ces hominidés se transformèrent peu à peu en *Homo erectus*. Le cerveau de ce dernier, beaucoup plus développé, lui permit de pratiquer cette économie basée sur le partage alimentaire avec plus de succès encore et de lui donner une extension plus considérable.

Homo erectus était capable d'exploiter les ressources de son environnement mieux qu'aucune créature ne l'avait fait avant lui. Alan Walker a étudié l'usure des dents de ces hominidés et a montré qu'un progrès alimentaire important fut réalisé grâce à la découverte et à la consommation des racines, bulbes et tubercules cachés dans le sol. Ces plantes souterraines constituaient un supplément alimentaire appréciable lorsque la région n'offrait qu'un terrain stérile par ailleurs, et pouvaient également fournir un peu d'eau, comme le savent bien les G/wi San du désert du Kalahari. Avec un simple bâton et grâce à la connaissance des lieux de germination, une créature intelligente pouvait immédiatement voir s'ouvrir de nouvelles possibilités.

Une capacité d'organisation plus forte jointe à un sens de l'observation plus aigu pour connaître les habitudes du gibier, suscita sans doute de nouvelles aptitudes utiles au développement de la chasse. Ne se limitant plus à la découverte d'une dépouille animale récente, *Homo erectus* rechercha sans doute délibérément, dans les troupeaux, les jeunes animaux, plus faibles et plus vulnérables, pour les tuer à la dérobée et par ruse. L'aptitude extraordinaire de l'homme moderne à projeter des objets avec une impulsion et une précision étonnantes, même sur des cibles mobiles, est intéressante dans ce contexte. Les mécanismes cérébraux qui sont en jeu ici, ont peut-être leur origine évolutive dans les activités de chasse d'*Homo erectus*.

La consommation croissante de gibier présentait cependant des risques. Un spécimen fossile très instructif, découvert il y a deux ans à Koobi Fora, en témoigne. Plusieurs centaines de pièces appartenant à un *Homo erectus*, vieux de 1,5 million d'années, furent découvertes — fragments du crâne, mandibule, quelques vertèbres, côtes, os de la jambe et bassin — constituant le squelette hominidé le plus complet mis au jour dans cette période très ancienne. Les os de la jambe présentaient des marques curieuses indiquant une maladie particulière : les diaphyses paraissaient fragmentées et incrustées d'os régénéré.

Le mystère fut levé lorsqu'un pathologiste observa cette anomalie osseuse sous microscope et identifia immédiatement une « hypervitaminose A », c'est-à-dire une ingestion d'une dose toxique de vitamine A. Cette maladie rare est habituellement contractée à la suite d'une surconsommation de foie cru, lequel est spécialement riche en vitamine A. Alors que nos ancêtres ne faisaient que commencer à consommer de la viande, des erreurs de la sorte

*Alan Walker aux côtés du puissant microscope électronique qu'il a utilisé pour étudier les différents modèles d'usure des dents. L'écran de télévision supérieur montre le modèle d'usure dentaire observé sur un zèbre, animal qui se nourrit d'herbe. L'écran inférieur montre le modèle observé sur une girafe, qui se nourrit de feuilles d'arbres. L'herbe étant une matière végétale beaucoup plus dure, les dents du zèbre sont donc beaucoup plus abrasées que celles de la girafe. Lorsque Alan Walker étudia les dents des hominidés, il découvrit que tous les premiers hominidés présentaient des modèles d'usure semblables à ceux des chimpanzés, qui se nourrissent de fruits, d'insectes, feuilles, bourgeons et occasionnellement de viande. Les dents d'*Homo erectus*, *cependant, apparaissent très différentes. De grandes rayures sur l'émail des dents suggèrent une alimentation à base de racines et de tubercules : le sable contenu dans ces végétaux aurait été responsable de ce modèle d'usure particulier.*

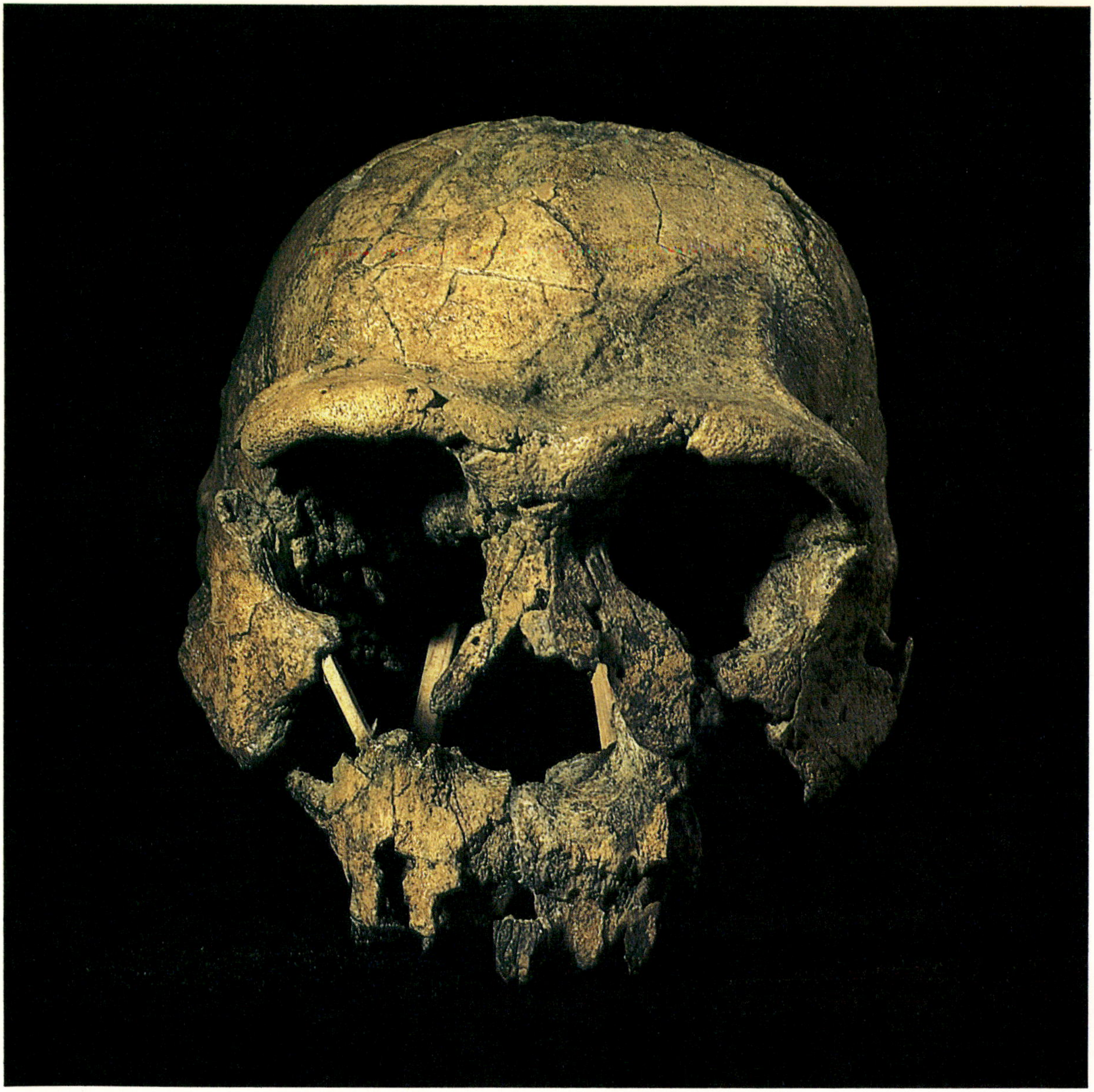

*Crâne d'*Homo erectus *découvert à Koobi Fora en 1975.*

ont dû se produire occasionnellement jusqu'à ce qu'ils aient acquis l'expérience de ce qui était bon à consommer et de ce qu'il fallait éviter.

Si l'on pouvait rassembler tous les spécimens crâniens, appartenant à *Homo erectus*, qui ont été découverts à ce jour, leurs similarités anatomiques seraient évidentes à première vue : un grand cerveau, un fort torus susorbitaire, une conformation particulière de la face et une forte épaisseur des os du crâne. Des différences apparaîtraient également dans la forme du crâne, le degré de protrusion de la face, la robustesse du torus… Ces différences ne sont probablement pas plus marquées que celles que l'on observe entre les différentes races géographiques qui séparent les hommes modernes. De telles variations biologiques apparaissent lorsque des populations sont séparées géographiquement pendant de très longues périodes.

Un trait biologique certain existait chez ces groupes d'*Homo erectus*, qui quittèrent les tropiques pour les régions tempérées : leur peau était de couleur sombre. En effet, la pigmentation brune des populations qui vivent près de l'équateur constitue essentiellement une protection contre la nocivité des rayons ultraviolets du soleil. Nos ancêtres plus lointains devaient avoir une épaisse couverture de poils sur tout le corps, comme les gorilles et les chimpanzés. Pourquoi se réduisit-elle à un revêtement pileux très court et très fin ? C'est une question non résolue. Cette réduction s'opéra peut-être parallèlement au développement de nos glandes sudoripares et résulta probablement d'une adaptation liée à la pratique de la chasse en terrain ouvert : la nécessité de maintenir une température corporelle fraîche devenait alors un problème fondamental.

Lorsque cette couverture pileuse eut disparu, une coloration sombre de la peau devint une nécessité biologique. Mais, si un fort rayonnement ultraviolet est nocif en pays équatorial, un certain rayonnement solaire est, cependant, absolument nécessaire à la synthèse de la vitamine D, qui s'opère dans la peau. On sait que les individus à peau sombre, qui vivent dans des régions de faible ensoleillement, souffrent d'une carence de cette vitamine. Il est raisonnable de penser que lorsque *Homo erectus* migra vers le nord, la couleur de sa peau s'éclaircit, en réponse au plus faible ensoleillement de ces nouvelles régions.

Deux points méritent d'être soulignés, concernant la migration des hominidés vers l'Europe et l'Asie. Tout d'abord, *Homo erectus* n'était pas conduit par un impératif migratoire pressant, le poussant à gagner de nouvelles terres inoccupées. Ces hommes étaient nomades. Un simple déplacement involontaire de 20 km par génération, aurait suffi à couvrir la distance de 14 000 km qui sépare Nairobi de Pékin, en 20 000 ans. A l'échelle du temps que l'on considère, c'est un événement relativement rapide. Enfin, si la colonisation de nouveaux continents constitue un fait très significatif, prouvant les capacités nouvelles acquises par *Homo erectus*, il faut penser cependant que la majorité de nos ancêtres restèrent probablement en Afrique. Jusqu'à 100 000 ans avant notre ère, les habitants d'Afrique étaient peut-être dix fois plus nombreux que ceux d'Eurasie et, pendant les périodes glaciaires du dernier million d'années, cette proportion était probablement double en faveur de l'Afrique.

Perfectionnement de l'outillage et organisation de la chasse

La principale caractéristique culturelle d'*Homo erectus* est l'industrie acheuléenne, dont le nom dérive du site de Saint-Acheul près d'Amiens, où elle a été reconnue pour la première fois. La panoplie acheuléenne est un assortiment d'outils simples mais à fonctions multiples (trancher, couper, percer, écraser), probablement utilisés pour découper la viande et préparer les aliments végétaux. En Afrique, les outils les plus remarquables sont le biface en amande et le hachereau à long tranchant, engins extrêmement utiles pour dépecer les carcasses, mais qui peuvent bien aussi avoir été employés pour des plantes.

Un des aspects étonnants de l'industrie d'*Homo erectus* est sa stabilité pendant de longues périodes. Il y a 1,5 million d'années apparurent les premiers éléments de l'outillage, dont l'allure générale demeura inchangée jusqu'a il y a environ 200 000 ans en Afrique, où il fut remplacé par l'industrie du *Middle Stone Age* (âge de la pierre moyen), plus complexe. En Europe de l'Ouest, l'Acheuléen survécut même plus longtemps, constituant le principal faciès des outils de pierre jusqu'à il y a 100 000 ans, au moment où *Homo erectus* évoluait en *Homo sapiens*. Tout au long du million d'années que traversa la technologie acheuléenne, on n'observe aucune amélioration sensible. Certains exemples tardifs de l'industrie semblent même plus simples et moins élaborés que d'autres plus anciens. Les industries diffèrent bien d'un endroit à l'autre, reflétant peut-être des traditions locales, mais les variations ne sont pas considérables. Par exemple, la différence entre l'Acheuléen d'Afrique de l'Est et celui de France, il y a un demi-million d'années, est moindre que celle entre deux styles d'industries dans deux vallées voisines en Europe il y a 10 000 ans. Une telle pauvreté dans l'expression des formes aussi bien dans le temps que dans l'espace implique peut-être une habileté et une imagination moindres chez *Homo erectus* comparées à celles d'*Homo sapiens*.

En dépit de la rareté de spécimens pour tirer des conclusions formelles, il semble bien qu'apparaisse un faible mais significatif accroissement de volume cérébral dans les dernières populations d'*Homo erectus*. De 900 cm^3 environ chez les premiers *Homo erectus*, celui-ci passe à environ 1 100 cm^3. Cette augmentation de la taille du cerveau suit peut-être celle du corps, mais peut-être aussi la puissance cérébrale s'est-elle accrue ? Un indice d'une plus grande capacité mentale vient de la preuve de l'existence, avec les derniers *Homo erectus*, de chasses spécialisées. Le site d'Olorgesailie au Kenya, ainsi que deux sites en Espagne, Torralba et Ambrona, ont livré des preuves de ces chasses spécialisées.

Gisement préhistorique remarquable, Olorgesailie est situé au fond de la vallée du Rift, à 50 km au sud-ouest de Nairobi. L'endroit est aujourd'hui chaud et sec, couvert d'herbes et d'épineux, mais il y a un demi-million d'années, un lac miroitait au soleil, attirant la faune de la vallée. Les sédiments lacustres ont conservé les traces d'une chasse inhabituelle; grâce surtout au travail de Glynn et Barbara Isaac, un total de plus de soixante babouins géants d'une espèce éteinte ont été dégagés d'une surface d'environ 20 m sur 12. Plus de 10 000 bifaces magnifiques étaient éparpillés au milieu des ossements, ce qui permet d'exclure toute possibilité de mort naturelle de ces animaux. L'ensemble témoigne clairement d'une chasse extraordinaire, ou plutôt d'une série de chasses menées par nos ancêtres il y a 500 000 ans.

Les hominidés d'Olorgesailie devaient avoir une bonne raison pour concentrer leur chasse sur ces babouins géants. Il ne s'agissait pas d'un gibier facile car les babouins atteignaient la taille d'un gorille femelle et ils étaient pourvus de puissantes canines. Pat Shipman, de l'Université Johns Hopkins à Baltimore, suggère que la chasse régulière de ces animaux constituait peut-être une part importante de quelque rituel. Quoi qu'il en soit, les pierres et os d'Olorgesailie indiquent la capacité d'organiser une chasse spécialisée qui n'apparaît pas parmi les vestiges archéologiques plus anciens.

Des signes de chasse organisée à grande échelle proviennent aussi de deux gisements un peu plus récents dans la Sierra de Guadarrama, dans le centre de l'Espagne. Les collines de Torralba et Ambrona sont situées de part et d'autre d'une petite rivière qui constitue la seule voie de passage sur des kilomètres de montagnes. Le fond de la vallée était jadis marécageux et là, il y a plus de 300 000 ans, *Homo erectus* dépeçait les carcasses des grands mammifères qui s'étaient enlisés dans le marais. A Torralba, par exemple, on a découvert les restes d'au moins trente éléphants, six rhinocéros, vingt-cinq cerfs, vingt-cinq chevaux et dix aurochs. Le décompte est semblable à Ambrona. Ce qui est intéressant, c'est qu'il semble qu'*Homo erectus* n'ait pas simplement attendu que ces animaux s'aventurent dans le marais, mais qu'il ait pris une part active dans l'opération et mené les animaux à la mort.

Les deux gisements conservent les traces de l'action coordonnée de groupes intelligents. Et on trouve aussi des marques d'intérêt pour les animaux qui dépassent les simples besoins vitaux. A Ambrona, par exemple, des os d'éléphants étaient alignés en deux files perpendiculaires, de façon à

Ci-dessus : *le site d'Orlorgesailie fut recouvert par un lac qui occupa le fond de la vallée du Rift; les sédiments du lac ont préservé les restes osseux de plus de soixante babouins géants. Ces créatures, aujourd'hui éteintes, atteignaient la taille d'un gorille femelle et étaient armées de puissantes canines.* Homo erectus *les chassait et les tuait systématiquement.*

A droite : *plus de 10 000 bifaces, très soigneusement taillés, furent découverts à Olorgessailie, associés aux ossements de babouins géants. Cette photographie montre deux os de membres appartenant à ces babouins et trois bifaces « amygdaloïdes », qui constituaient les éléments principaux de l'outillage de* Homo erectus.

obtenir la forme d'un T. Autre mystère : le sort des crânes de ces éléphants. En effet, sur les nombreux animaux dépecés sur le site, un crâne seulement a été associé au T à Ambrona. Tout ceci suggère qu'une certaine forme de rituel était en train de naître, en liaison avec la chasse à grande échelle pratiquée par l'*Homo erectus*.

L'Homme de Pékin

Les indices d'un ancien rituel apparaissent aussi dans l'un des gisements à *Homo erectus* les plus célèbres du monde : la grotte de l'Homme de Pékin en Chine du Nord. La petite ville industrielle de Zhoukoudian, à une heure de route au sud-ouest de Pékin, est située au pied de deux collines calcaires qui dominent une rivière. De la ville, la colline orientale apparaît profondément creusée : c'est le résultat d'abord de l'exploitation du calcaire, puis de l'extraction d'un demi-million de tonnes de dépôts archéologiques d'une ancienne grotte. On a dénombré dans ce remplissage les restes d'environ quarante *Homo erectus* sous forme de calottes crâniennes, fragments de crânes et de mâchoires, morceaux d'os longs... On y a aussi découvert 20 000 outils de pierre fabriqués il y a un demi-million d'années par les habitants de la grotte.

L'histoire commence au début des années vingt. A cette époque, Davidson Black, qui dirigeait le département d'anatomie du Union Medical College de Pékin, était fermement convaincu qu'on trouverait un jour un homme primitif en Chine, et il était tout aussi persuadé qu'il serait l'auteur de cette découverte. Les Chinois étaient eux aussi intéressés par les fossiles, mais pour des raisons plus médicales que scientifiques. Ils pensaient en effet que, mélangés à d'autres ingrédients, les fossiles, ou « os de dragons » comme ils les appelaient, avaient de puissantes vertus curatives. La Colline des Os de Dragon était bien connue dans la région pour avoir fourni une grande quantité de fossiles et c'est ce qui attira d'abord Davidson Black.

Les premières découvertes de fossiles humains dans la grotte furent maigres, mais l'enthousiasme de Davidson Black ne faiblit pas pour autant. Deux dents isolées seulement lui suffirent pour annoncer en 1927 au monde scientifique la découverte d'une nouvelle espèce d'homme primitif, *Sinanthropus pekinensis*, « l'Homme chinois de Pékin ». Heureusement, de nouveaux fossiles furent mis au jour et le 2 décembre 1929, Pei Weng-Chung, directeur de l'Institut de paléontologie des vertébrés et de paléoanthropologie de Pékin, découvrit la première calotte crânienne.

Un participant aux recherches relate l'événement ainsi : « Tout s'est passé après 4 heures de l'après-midi. Nous étions descendus à une profondeur de 30 m, et il n'y avait plus de place au fond que pour trois personnes. C'est là qu'on aperçut la calotte, la moitié dans la terre meuble, l'autre moitié dans une argile dure. Un petit morceau d'os cassa lors de l'extraction, mais l'accident n'était pas grave et la restauration fut facile. Il fallut sécher la pièce pour la rendre assez solide en vue du transport au laboratoire de Pékin. La solution retenue comme la meilleure fut de la sécher sur un feu de charbon de bois, procédé qui prit un jour et deux nuits entières. » Cette calotte fut la première d'une série d'une demi-douzaine, découvertes par la suite dans le remplissage de la grotte.

La caverne creusée dans la colline avait été à l'origine très vaste, puisqu'elle mesurait 140 m d'est en ouest, 40 m du nord au sud et 40 m de hauteur. Comme les grottes calcaires du Transvaal en Afrique du Sud, celle de Zhoukoudian fournit des aperçus épisodiques de la vie passée, aux moments où elle s'ouvrait, par intermittence, sur l'extérieur. On a ainsi dénombré treize périodes dans les diverses couches de la grotte, éclairant des phases de la vie vieilles de 500 000 ans pour les couches les plus profondes, jusqu'à 200 000 ans pour les plus élevées. On retrouve les restes

Archéologues chinois procédant au « séchage » de la première calotte crânienne de l'Homme de Pékin, quelques heures après sa découverte en 1929. Le crâne très fragile fut maintenu au-dessus d'un brûleur à charbon de bois pendant trente-six heures, afin de le solidifier suffisamment pour qu'il résiste au voyage jusqu'à Pékin.

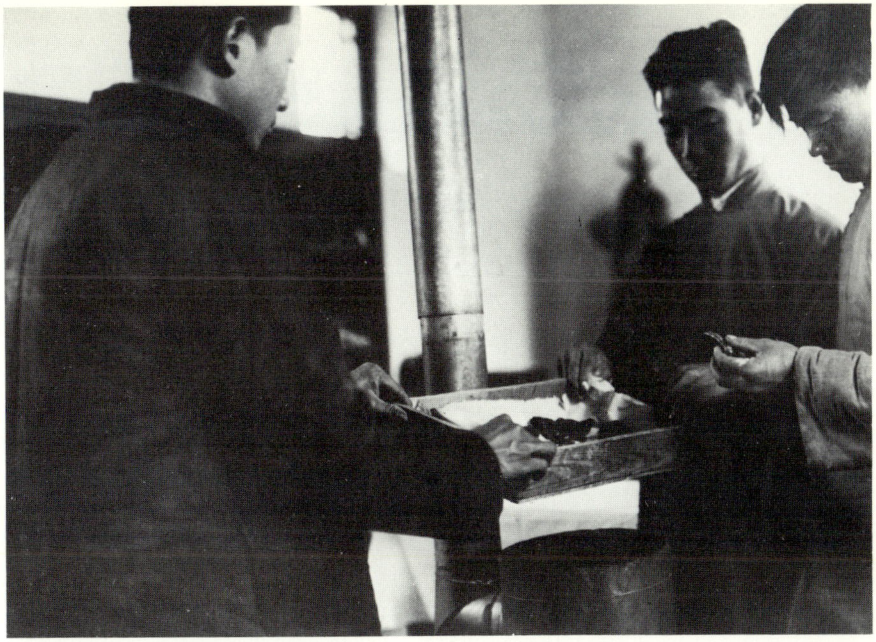

de l'Homme de Pékin dans de nombreuses couches de cette séquence. Tout en haut de la grotte, dans ce qu'on appelle la Grotte supérieure, ont été enterrés les hommes modernes, il n'y a que 15 000 ans.

Pendant les milliers d'années durant lesquelles *Homo erectus* vécut dans les environs de Zhoukoudian, le climat était semblable à ce qu'il est aujourd'hui (très chaud en été, très froid en hiver), ou un peu plus chaud. La région était couverte d'une mosaïque de monts boisés, de prairies, de rivières et de lacs. Les bisons, tigres à dents de sabre, léopards, ours bruns et noirs, dholes et loups étaient les hôtes de la forêt de pins, cèdres, ormes, micocouliers... Dans les plaines du sud-est proliféraient les ansérines, lis, sauge et pyrole qui abritaient les troupeaux de chevaux, cerfs, sika, éléphants, rhinocéros laineux, hyènes rayées et guépards. C'était un milieu riche, quoique parfois un peu frais, et propice à une économie de chasseurs-cueilleurs.

L'une des plus importantes découvertes faite dans la grotte de l'Homme de Pékin fut celle de la plus ancienne preuve incontestable de l'utilisation du feu par les hominidés, qui apparaît dès le début de l'occupation du site. On a trouvé dans plusieurs endroits de la grotte d'épaisses couches de cendres, d'os brûlés et carbonisés, toujours restreintes à des foyers bien reconnaissables. Il est clair que l'Homme de Pékin se réfugiait pendant les mois d'hiver à l'abri dans la grotte, où les flammes du foyer le réchauffaient et tenaient les animaux en respect. La caverne était certainement assez grande pour un groupe d'une vingtaine d'individus, qui semblent avoir occupé la grotte chaque année. L'une des couches de cendres a 6 m d'épaisseur, ce qui indique une très longue succession d'occupations saisonnières. Les habitants de la grotte ont peut-être aussi pris l'habitude de cuire leur viande avant de la manger, ce qui aurait certainement facilité le travail de mastication de la nourriture.

Curieusement, tous les crânes d'hominidés trouvés à Zhoukoudian semblent avoir subi le même traitement : la partie inférieure du crâne à travers laquelle passe la moelle épinière manque. Pour certains, ceci signifie que l'Homme de Pékin était un cannibale qui mangeait le cerveau de ses

*Woo-Ju-Kang, directeur de l'Institut de paléontologie de Pékin, dans la grotte près de Zhoukoudian, où vécut autrefois l'Homme de Pékin. Ses fouilles ont mis au jour, dans cette grotte, de nouveaux spécimens d'*Homo erectus.

frères. Mais si l'Homme de Pékin consommait vraiment à l'occasion des cerveaux humains, il n'y était manifestement pas poussé par une faim dévorante, vu qu'il est beaucoup plus facile pour atteindre la cervelle de faire simplement éclater le crâne. Les cassures sur les calottes crâniennes de Zhoukoudian donnent l'impression d'ouvertures volontaires et soigneuses de la cavité cérébrale, peut-être un acte rituel ?

De petits groupes d'*Homo erectus* s'asseyaient-ils il y a un demi-million d'années, autour d'un foyer rougeoyant, pour manger respectueusement la cervelle d'un être cher afin d'assurer la survie de son esprit ? Woo Ju-Kang, qui dirige maintenant l'Institut de paléontologie de Pékin, est prudent sur ce point : « Il est évidemment possible que les crânes aient été ouverts dans le but de cannibalisme rituel. Mais il est possible qu'ils aient été abîmés au moment de leur enfouissement dans le remplissage de la grotte. La partie inférieure d'un crâne est fragile et se casse facilement. On ne peut résoudre avec certitude ce problème, mais je pense que la cassure accidentelle est la plus probable. »

Malheureusement, Davidson Black ne vécut pas assez longtemps pour admirer la riche quantité de fossiles extraits de la grotte. Mais sa mort, en mars 1933, lui épargna aussi d'apprendre la disparition catastrophique de toute la collection de l'Homme de Pékin.

L'anatomiste allemand Franz Weidenreich succéda à Davidson Black et, entre 1935 et 1937, quelques découvertes remarquables furent faites sous sa direction. Les travaux sur le site durent cesser en 1937 à cause des hostilités avec le Japon et, les trois années suivantes, Franz Weidenreich passa la plus grande partie de son temps à étudier les fossiles et, par chance, à en faire d'excellents moulages. On pensait qu'en cas de guerre avec le Japon, les précieux fossiles de l'Homme de Pékin seraient en danger. On projeta alors de les expédier dans un endroit où ils seraient plus en sécurité, tâche qui fut confiée aux *marines* américains. Malheureusement, au cours d'un voyage en train entre Pékin et le port de Chinwangtao, où le vapeur *Président Harrison* les attendait, les caisses contenant les fossiles disparurent. Malgré les efforts assidus de nombreuses personnes, les fossiles originaux de l'Homme de Pékin n'ont jamais été retrouvés.

Hantés par le souvenir des fossiles perdus, Woo Ju-Kang et ses collègues reprirent, en 1949, les fouilles qui ne devaient être interrompues que dix-sept ans plus tard par la Révolution culturelle. Cette période de travail intermittent livra un grand nombre de dents d'*Homo erectus*, surtout de la mâchoire inférieure, et deux fragments de calotte, qui s'adaptèrent aux moulages de plusieurs morceaux mis au jour trente-trois ans auparavant. Ces pièces fragmentaires sont les seuls fossiles existants de l'Homme de Pékin, à l'exception de deux dents des premières fouilles, qui avaient été expédiées en Suède, où elles sont toujours.

Les recherches ont cependant à nouveau repris à Zhoukoudian. Woo Ju-Kang organisa une conférence internationale à Pékin fin 1977 pour marquer le 50e anniversaire du début des fouilles dans le célèbre site. En mai de l'année suivante, les fouilleurs se remirent au travail. « C'est un projet pluridisciplinaire », explique-t-il, « dix-sept organisations participent aux recherches, et notre but est de reconstruire l'environnement et le climat du temps où l'Homme de Pékin vivait dans la grotte. Naturellement, nous serions aussi heureux de retrouver quelques beaux spécimens de l'Homme de Pékin lui-même. »

*La perte des premiers fossiles de l'Homme de Pékin fut une tragédie pour les préhistoriens. Par chance, d'excellents moulages en avaient été faits. Un de ces moulages est présenté ici; derrière, on observe les fragments reconstitués d'une calotte crânienne provenant de fouilles plus récentes. Les deux crânes montrent clairement l'arcade susorbitaire proéminente, caractéristique d'*Homo erectus.

Un campement sur la Côte d'Azur

Un important gisement à *Homo erectus*, sans doute à peu près contemporain de la grotte de Zhoukoudian, est celui de Terra Amata qui domine la Méditerranée près du port de Nice. Mis au jour par les bulldozers, le site est aujourd'hui recouvert par les fondations d'un immeuble résidentiel. Heureusement, une fouille de sauvetage de cinq mois, dirigée par Henry de Lumley, alors à l'Université d'Aix-Marseille, livra une énorme quantité d'informations archéologiques qui racontent l'histoire de la vie au bord de la Méditerranée il y a 400 000 ans.

Le climat était plus frais à cette époque, et la mer était 25 mètres plus haute qu'aujourd'hui. Les sapins et les pins norvégiens sur les Alpes voisines descendaient plus bas que de nos jours, et la bruyère, le pin maritime, le pin d'Alep et le chêne vert couvraient le mont Boron et les monts côtiers avoisinants. Une petite baie avait été creusée dans le calcaire du flanc ouest du mont Boron. La crique, couverte d'une plage sableuse jonchée de galets, offrait un abri contre les vents. De l'eau claire et fraîche jaillissait d'une source proche. Un endroit plaisant, sans aucun doute, et les fouilles de Henry de Lumley ont montré qu'au moins un groupe de chasseurs-cueilleurs avait choisi d'y passer quelque temps, chaque année au printemps.

Les plus intéressantes découvertes des fouilles furent les traces dans le sable de 11 grandes habitations bâties avec soin, chacune construite à peu près au même endroit chaque année. Ovales, elle mesuraient environ 12 m sur 6. Les murs étaient faits de jeunes branches soutenues au centre par une rangée de robustes poteaux. Les habitants de Terra Amata avaient placé de grosses pierres à la base des murs pour les renforcer contre le vent du nord-ouest.

L'importance de la découverte n'est pas tant dans la construction elle-même que dans ce qu'on peut deviner de l'activité à l'intérieur. Un foyer était installé au centre de chaque hutte. Des éclats de pierre éparpillés indiquent le travail d'un fabricant d'outils, et une zone centrale, dépourvue d'éclats, correspond à l'endroit où il se tenait pour travailler. On a pu réassembler 11 éclats pour reformer le galet originel : de toute évidence, le tailleur de pierre fabriquait des éclats qu'il n'utilisait guère. Les habitants des huttes amélioraient le confort grâce à des peaux d'animaux, qui servaient sans doute pour s'asseoir comme pour dormir. Une curieuse dépression dans le sol a peut-être été faite par un récipient en bois, depuis longtemps disparu. Mais le plus étrange, cependant, ce sont les traces d'ocre usée, semblable à celle dont le préhistorien français François Bordes a suggéré qu'elle avait pu être utilisée pour les peintures corporelles.

Des restes de cerf, d'éléphant, d'une espèce éteinte de rhinocéros, de chèvre de montagne et de sanglier révèlent le goût des habitants des huttes pour la viande. De nombreux animaux apportés au camp étaient jeunes, ce qui prouve qu'il s'agissait de gibier et non de charognes. Des coquilles d'huîtres, de moules et de patelles indiquent qu'ils tiraient une part de leurs ressources de la mer. Comme d'habitude, il y a peu de traces d'une alimentation végétale, bien que les bosquets et les buissons au-delà de la plage aient dû fournir bien des choses comestibles.

Henry de Lumley sait que le campement en bord de mer était occupé à la fin du printemps, d'après l'analyse des pollens contenus dans les excréments fossilisés des habitants : on y a en effet reconnu le pollen de genêts qui ne fleurissent qu'à la fin du printemps. Il sait aussi que chaque année le campement n'était occupé que pendant peu de temps : un plus long séjour aurait tassé le sable dans la hutte. Les murs de branches tombaient rapidement après le départ du groupe, bien qu'une fois au moins, ils semblent les avoir brûlés. « A l'automne, les vents recouvraient les sols d'habitat, les palissades arasées et les autres débris du camp d'une couche d'environ 5 cm de sable, explique Henry de Lumley; les pluies étalaient alors le sable et le consolidaient, si bien que lorsque les chasseurs revenaient dans la crique l'année suivante, les traces de leur précédente visite étaient presque complètement effacées ».

Reconstitution de la hutte de Terra Amata. Les hominidés qui séjournèrent chaque année, au printemps, à Terra Amata, y construisirent des huttes montées sur de solides poteaux, calés par de grosses pierres, afin de se protéger du vent. Sur les poteaux étaient posés des branchages de bois vert formant ainsi les parois de la hutte. Chaque année, après son abandon, la hutte était recouverte par un amoncellement de sables, qui préserva ainsi les traces du passage des hominidés.

Ceux qui firent de Terra Amata un lieu de séjour printanier pendant plusieurs années s'étaient manifestement bien installés dans leur mode de vie de chasseurs-cueilleurs nomades. Ils avaient une vaste connaissance du monde vivant en tant que source alimentaire potentielle, et leur habileté à exploiter cette ressource était hautement développée. Leur technologie à base d'outils de pierre n'était pas spécialement sophistiquée, mais ils étaient probablement très adroits à l'utiliser. Les actes rituels, en rapport, peut-être avec les saisons, peut-être avec les phases de la vie, ont pu constituer une part importante de cette société ancienne.

Un élément que je n'ai pas encore mentionné, qui ne laisse pas de trace parmi les vestiges archéologiques mais qui a peut-être été crucial dans le fonctionnement de ce mode de vie si complexe, est le langage. *Homo erectus* disposait probablement d'une certaine forme de langage parlé, même rudimentaire. Les indices plaidant en faveur de ce fait sont exposés plus en détail dans le chapitre suivant.

8 La naissance du langage

Un dessin animé montre deux hommes préhistoriques se demandant, maintenant qu'ils ont appris à parler, de quoi exactement ils pourraient bien discuter. Aussi étrange que cela puisse paraître, les psychologues et les préhistoriens n'en savent guère plus, actuellement, que le réalisateur du film : personne n'est d'accord sur la raison pour laquelle le langage est apparu. « La parole est le meilleur spectacle que l'homme ait jamais monté », déclare le linguiste Benjamin Lee Whorf et, pour l'éminent biologiste George Gaylord Simpson, elle est « le seul trait véritablement caractéristique de l'humanité ». Mais aucun spécialiste n'ose être trop dogmatique au sujet des facteurs évolutifs qui ont abouti au langage.

L'être humain dans son aspect moderne d'*Homo sapiens sapiens* apparut il y a au moins 40 000 ans et il est raisonnable de penser qu'il utilisait alors une forme de langage précise et complexe. La question est de savoir quand le langage commença à évoluer chez nos ancêtres hominidés. C'est dans ce but que plusieurs domaines, plus ou moins directement liés à ce problème, ont été explorés : les possibilités de langage chez nos proches parents les chimpanzés et, un peu plus loin de nous, les gorilles; les faibles marques laissées par le cerveau sur la surface interne des crânes fossiles; les outils de pierre et, enfin, les peintures, gravures et sculptures des peuples de l'âge glaciaire, qui peuvent révéler le processus mental, ainsi que le degré de développement du langage à cette période.

Des singes qui parlent

Les singes, bien entendu, ne peuvent pas parler, mais ils peuvent, semble-t-il, comprendre et utiliser le langage par signes. L'idée d'enseigner à des primates non humains une forme complexe de communication n'est pas nouvelle. En août 1661, après avoir vu à Londres un babouin (ou un chimpanzé), Samuel Pepys notait : « Je pense qu'il comprend déjà l'anglais et je suis d'avis qu'on pourrait lui apprendre à parler ou à faire des signes. » Moins d'un siècle plus tard, un philosophe français estimait que les singes étaient capables de maîtriser un langage gestuel. Cette idée réapparut régulièrement au fil des années et, en 1925, le grand primatologue américain Robert Yerkes déclarait : « Peut-être (les chimpanzés) peuvent-ils apprendre à utiliser leurs mains à la manière des sourds-muets et acquérir ainsi un langage simple par signes. » Mais quarante ans s'écoulèrent avant que ce projet pût voir le jour.

Dans une tentative originale pour aborder différemment l'étude du langage, des scientifiques enseignent le langage par signes à des chimpanzés. Roger Fouts et d'autres chercheurs de l'Université d'Oklahoma ont déjà obtenu d'étonnants résultats. Ici, un chimpanzé, baptisé Moja, indique qu'il veut à manger.

En 1965, Allen et Béatrice Gardner donnaient des cours de psychologie à l'Université, lorsqu'ils virent un film montrant un chimpanzé, Viky, qui avait appris à prononcer des sons se rapprochant de « Mama », « Papa », « cup » et « up ». C'était le maigre résultat de quatre années d'entraînement sous la direction de Keith et Cathy Hayes. Les Gardner s'intéressaient au problème du langage chez les primates non humains, mais ils décidèrent qu'un langage par signes pouvait donner de meilleurs résultats. Ils adoptèrent une femelle

Moja, comme plusieurs autres chimpanzés, maîtrise bien le langage par signes.

Roger Fouts, que l'on voit aussi sur la photo, avait participé à l'aventure du premier « singe parlant », Washoe : partant du principe que l'apprentissage du langage s'effectue essentiellement dans le milieu familial, les chercheurs qui s'étaient engagés dans cette expérience passèrent beaucoup de temps à donner à manger à Washoe, à la baigner et à jouer avec elle, tout en lui apprenant le langage par signes.

chimpanzé âgée de onze mois, Washoe, et découvrirent qu'elle apprenait parfaitement bien les « mots » spécifiques de « l'American Sign Language » (Ameslan). Ses progrès étaient lents mais réguliers. Son vocabulaire augmenta peu à peu, et elle semblait prendre un immense plaisir à cet apprentissage, qui lui permettait de communiquer dans un contexte social et non expérimental.

Roger Fouts, actuel responsable de Washoe à l'Université d'Oklahoma, a travaillé avec les Gardner au tout début du projet, dans le Nevada. « Nous sommes partis du principe que le langage est un phénomène familial », explique-t-il. « Au lieu d'imposer à Washoe un apprentissage contraignant et routinier, nous avons choisi l'approche naturelle : le langage est quelque chose que l'on apprend et non que l'on enseigne. Washoe fut donc plongée dans un milieu où le langage par signes était employé, comme un enfant est constamment dans un bain de langage verbal. En tant que scientifiques, nous trouvions parfois bizarre de passer tant de temps à pouponner Washoe : préparer son petit-déjeuner, la baigner, jouer à cache-cache, ainsi de suite. Je me posais des questions, à l'époque, sur cette expérience, mais je reconnais qu'elle fut un progrès important. Le langage, voyez-vous, est un

comportement *social*; il concerne nos relations avec d'autres individus. »

Washoe n'est plus aujourd'hui le seul singe à maîtriser le langage des signes. Un certain nombre de chimpanzés ont acquis un vocabulaire impressionnant et, au cours du tournage d'un film, j'eus l'occasion de « discuter » avec Moja, l'une des compagnes de Washoe. Dans plusieurs laboratoires américains de recherche sur les primates, des chimpanzés communiquent avec les chercheurs au moyen de diverses formes de langage par symboles. A l'Université de Princeton, par exemple, une femelle chimpanzé nommée Sarah converse avec David Premack à l'aide de formes de plastique. Au Yerkes Regional Primate Center d'Atlanta, Duane Rumbaugh a enseigné à Lana un langage artificiel sur ordinateur, le langage Yerkish. Plus récemment, des tentatives pour apprendre le langage par signes à des gorilles ont obtenu un certain succès.

Le langage est construit à partir de mots et de règles grammaticales qui en déterminent l'ordre. Un arbre est désigné par le mot « arbre » parce que nous le décidons et non parce que le mot ressemble, dans sa graphie ou sa prononciation, à l'objet désigné. Cette nomination arbitraire est très pratique : ainsi, le terme « arbre » peut désigner tout objet de cette catégorie, du séquoïa géant au minuscule bonsaï. Et si chaque variété a son nom, le total des variétés peut être identifié en tant qu'ensemble sous le terme « arbre ».

La faculté de reconnaître en un objet ou en une action un élément d'une catégorie est la marque d'un certain niveau intellectuel. Elle exige une mémoire efficace, doublée d'un esprit analytique souple. Une chaise, vue sous des angles différents, n'a pas la même apparence, mais notre cerveau classe ces images sous le terme de « chaise », et non en une série d'objets différents. En fait, les images sont identifiées comme plusieurs vues de la même chaise, non comme cent chaises différentes. J'insiste particulièrement sur ce point : si un cerveau ne peut opérer cette classification, il ne peut pas utiliser les symboles qui forment le langage.

Le fait que les chimpanzés puissent nommer les objets et étendre la dénomination à d'autres objets semblables implique qu'ils ont la faculté intellectuelle d'utiliser le langage. Mais qu'en est-il des phrases ? Les chimpanzés produisent des suites de mots dont chaque élément est valable mais qui, dans leur ensemble, ne signifient rien, car elles ne correspondent pas à des règles grammaticales. De nombreux linguistes, notamment Noam Chomsky, considèrent que des règles de base communes régissent tous les langages humains. Si des peuples différents parlent des langues différentes en fonction de divisions culturelles, il existe néanmoins une structure grammaticale commune. La raison en est que le langage serait le produit de certaines structures ou fonctions spécifiques du cerveau. Noam Chomsky et ses adeptes considèrent le langage comme un caractère exclusivement humain.

Il est un fait que les singes qui ont appris le langage par signes montrent peu d'intérêt pour des phrases structurées. Washoe indique indifféremment « à boire donne-moi » ou « donne-moi à boire ». Cela signifie-t-il que les chimpanzés et gorilles sont assez intelligents pour nommer les objets, mais ne possèdent pas de véritables aptitudes pour le langage tel que le définit Chomsky ? Dans ce contexte, cela semble évident. « Mais tout dépend de ce que l'on appelle langage », rétorque Roger Fouts. « L'écriture, par exemple, est une forme de langage très idéalisée : étant très structurée, elle est assez artificielle. Je considère que le langage est un vaste système qui s'étend de la phrase écrite — qui est le langage selon Chomsky — à l'émission d'un mot unique entre deux personnes qui se connaissent, si bien que ce mot revêt à lui seul la valeur d'un paragraphe. Les gestes, l'expression, le ton de la voix font partie du langage. Quatre-vingt-cinq pour cent du sens d'une conversation en tête à tête s'exprime en dehors des mots. »

Le débat est de plus en plus virulent, parmi les psychologues, au sujet des « chimpanzés qui parlent ». Certains détracteurs proclament que les singes ne font que démontrer ce que l'on savait déjà : qu'ils sont intelligents. Le chercheur Herbert Terrace, qui a mené une longue expérience sur le langage par signes avec un chimpanzé nommé Nim Chimsky (en hommage à Noam Chomsky), en vint avec regret à la conclusion que les singes n'ont aucun don pour le langage et que toutes les expériences des dix dernières années ne nous apprennent rien sur le langage humain, sinon qu'aucun autre animal ne le possède. « L'inconvénient de cette position, répond Roger Fouts, est qu'elle fait deux poids et deux mesures. On décrète que les chimpanzés n'ont pas de langage parce qu'ils ne suivent pas strictement les règles grammaticales lorsqu'ils utilisent leurs signes, mais quand un enfant dit "ballon à moi", on interprète "s'il te plaît, puis-je avoir mon ballon ?" Il n'est pas honnête d'appliquer des normes différentes selon les cas. »

Le cerveau humain est divisé verticalement, en son milieu, en deux hémisphères. La façon de « penser » des deux hémisphères est différente, ce qui, selon Roger Fouts, est primordial pour la question du langage. L'hémisphère gauche fonctionne sur les problèmes analytiques : c'est lui qui nous permet de résoudre un problème mathématique, selon un processus mental « continu ». Le côté droit du cerveau considère les choses dans leur ensemble : c'est par lui que nous apprécions une belle peinture, ou que nous avons soudain une brillante inspiration. Il s'agit ici d'un processus mental « simultané ». Roger Fouts cite cet exemple : « Einstein a découvert $E = mc^2$ par une opération simultanée de son hémisphère droit et il passa le reste de sa vie à tenter d'en analyser les implications par le processus continu de son hémisphère gauche. »

Le monde occidental est dominé essentiellement par le « cerveau gauche » : ses règles, ses structures et son enseignement sont régis par une démarche logique, analytique. C'est un univers où l'on révère la logique et où l'on se méfie de l'intuition. « Toute notre expérience est plongée dans un univers d'opérations continues, dit Roger Fouts, et cela est encore plus évident dans la structure logique de nos langues. Il a été largement démontré que les Chinois et les Japonais, qui utilisent un langage pictographique, sont moins enclins que nous à utiliser une pensée séquentielle. Et ce n'est pas un hasard s'ils sont bien plus ouverts au langage corporel et à l'intuition. »

Tout au long de l'évolution humaine, selon Roger Fouts, on constate que les interventions sur le monde tendent vers un ordre de plus en plus renforcé. « La fabrication d'outils, la parole, l'organisation sociale et économique, tout cela nécessite un mode plus logique d'activité mentale que chez les autres animaux. Rien d'étonnant, alors, que cette moitié de notre cerveau soit prédominante; mais il s'agit plus du fruit de l'expérience que d'un facteur génétique. Une personne élevée dans un milieu où l'approche analytique est privilégiée verra le monde, pour ainsi dire, avec des lunettes logiques. Il est intéressant de constater que Washoe qui, pendant la majeure partie de sa vie, a connu un univers humain et suivi l'apprentissage d'un langage formel, aborde désormais les problèmes plus comme un être humain adulte que comme un chimpanzé. Elle fait l'expérience d'un monde logique, analytique, et c'est ainsi que son mental se forme. »

Les recherches faites sur le langage par signes des singes nous permettent d'affiner nos théories sur la nature du langage. Il est évident que ces animaux, même s'ils ne peuvent pas former des phrases structurées, possèdent dans leur cerveau les semences du langage. Il n'est pas déraisonnable d'imaginer que certains processus évolutifs ont, au cours d'une longue période, développé les compétences verbales de l'être humain à partir de semences tout aussi simples.

L'empreinte du cerveau sur les crânes fossiles

Si les cerveaux de singes ne sont pas aussi différents des cerveaux humains qu'on l'a souvent affirmé, ils varient néanmoins en taille et en forme. L'anatomie humaine se caractérise essentiellement par un crâne sphérique, abritant un cerveau très volumineux, la grosseur du cerveau étant calculée par rapport à la taille du corps : sur ce plan, les humains sont bien mieux dotés que les grands singes.

Ainsi que l'indiquent les fossiles d'Afrique, les hominidés qui vivaient il y a 3 millions d'années possédaient un cerveau très semblable, en volume, à celui des singes. Il est probable qu'ils avaient cependant un mode de vie très différent, dans la mesure où ils occupaient des milieux plus ouverts et où, de plus, ils se déplaçaient sur leurs membres postérieurs. Ce mode de vie n'exigeait pas, semble-t-il, un cerveau particulièrement développé. Ce n'est qu'il y a 2 millions d'années qu'apparaissent les premiers signes d'une augmentation de volume cérébral, avec l'apparition d'*Homo habilis*, dont la capacité crânienne avoisinait 800 cm^3, soit presque le double de celle d'un chimpanzé, mais dont la taille du corps restait sensiblement la même. L'évolution d'*Homo erectus*, il y a 1,5 million d'années, fut marquée par une nouvelle augmentation de la capacité cérébrale qui s'éleva, en un million d'années, à plus de 1 000 cm^3. Ce fut au cours des 100 000 dernières années que le crâne atteignit son volume actuel de 1 360 cm^3 en moyenne.

Il convient de préciser, cependant, que les variations de la taille du cerveau humain sont très importantes et qu'elles ne sont pas nécessairement liées à l'intelligence. Jonathan Swift, par exemple, possédait un cerveau de 2 000 cm^3, alors que celui d'Anatole France fonctionnait fort bien avec 1 000 cm^3. Il est clair que l'intelligence dépend d'un autre élément que du volume du cerveau, mais la nature de ce facteur reste encore inconnue.

Le cerveau humain semble donc s'être développé relativement tard sur l'échelle de l'évolution. Si *Homo* est apparu il y a plus de 4 millions d'années, son cerveau dut rester primitif pendant très longtemps. En fut-il réellement ainsi ? Un anthropologue de l'Université de Columbia, Ralph Holloway, étudie depuis plus de dix ans le cerveau de nos tout premiers ancêtres et a déjà abouti à des conclusions assez étonnantes. Sa recherche porte, non sur les cerveaux, puisque ceux-ci ne se fossilisent pas, mais sur la surface interne des crânes fossiles qui, aussi étranges que cela puisse paraître, a conservé la « signature » des cerveaux. Les détails sont habituellement estompés, mais il reste néanmoins assez de traces pour en discerner l'organisation d'ensemble.

Chaque moitié du cerveau est divisée en quatre lobes dont on connaît, de façon générale et forcément un peu simpliste, la fonction. Le lobe frontal agit sur le contrôle des mouvements et sur certains aspects de l'émotion. A l'arrière, le lobe occipital abrite les mécanismes de la vision, et le lobe temporal ceux de la mémoire. Au-dessus du lobe temporal, le lobe pariétal joue un rôle essentiel dans la comparaison et l'intégration des informations qui affluent au cerveau par l'intermédiaire de la vue, de l'ouïe, de l'odorat et du toucher. En résumé, un cerveau humain se caractérise par la prédominance des lobes pariétaux et temporaux, qui sont de volume inférieur chez les grands singes.

A partir de ces quelques idées simples, Ralph examina l'architecture cérébrale d'australopithécinés et d'individus du genre *Homo*, et aboutit à la conclusion suivante : « La forme générale du cerveau humain apparaît chez les hominidés il y a 2 millions d'années, au moins. » Cette découverte était d'autant plus surprenante que les crânes des australopithécinés n'étaient pas

Moulage interne du crâne d'un australopithéciné robuste de la grotte de Swartkrans. Ces moulages apportent de précieuses indications sur la forme du cerveau, ainsi que sur l'importance de la zone de Broca, qui contrôle les mécanismes du langage.

sensiblement différents de ceux des chimpanzés et des gorilles. Dans une étude antérieure, qu'il avait effectuée sur un fossile d'Hadar, Ralph avait observé le même schéma cérébral, en dépit du faible volume du cerveau, et cet hominidé vivait il y a plus de 3 millions d'années. Mais que sait-on, à l'heure actuelle, du langage ?

Chez l'être humain moderne, une zone située sur le devant de l'hémisphère gauche du cerveau, la zone de Broca, coordonne les muscles de la bouche, de la langue et de la gorge quand nous parlons. Une seconde région, située sur le côté de l'hémisphère gauche, la zone de Wernicke, contrôle la structuration et le sens de la parole émise : les informations auditives et visuelles qu'elle reçoit sont ensuite intégrées et comparées par la « zone d'association » du cortex cérébral, toute proche. Les phrases qui sortent de nos lèvres ont donc été organisées grammaticalement par les programmes nerveux de la zone de Wernicke et, sur le plan musculaire, par la zone de Broca. La conséquence anatomique de ces mécanismes est que l'hémisphère gauche est plus volumineux que le droit, et qu'une grosseur apparaît au-dessus de la zone de Broca (chez certaines personnes gauchères, ces zones sont situées dans la partie droite du cerveau.)

Est-il possible de retracer les origines du langage chez nos ancêtres en examinant, à l'intérieur des crânes fossiles, l'empreinte de la zone de Broca ? Malheureusement, ce n'est pas aussi simple. En premier lieu, ainsi que le souligne Ralph, « on dirait un complot : au cours de la fossilisation, les pièces se déforment souvent d'un côté ou d'un autre, de sorte que la comparaison des deux hémisphères est impossible ». D'autre part, le cerveau des singes supérieurs présente généralement un hémisphère plus gros que l'autre — bien qu'il ne s'agisse pas, dans la plupart des cas, du côté gauche —, ainsi qu'un renflement, à l'emplacement de la zone de Broca, dont on ignore le rôle. Ce renflement n'est pas aussi accentué que chez les humains, mais sa présence est pour le moins surprenante.

Après avoir examiné un certain nombre de crânes fossiles, Ralph remarqua sur le crâne 1470, appartenant à l'un des premiers *Homo habilis*, l'empreinte d'une zone de Broca plus importante que celle des singes, mais moins précise que celle des crânes actuels. Ces empreintes sont plus nettes chez *Homo erectus* que chez *Homo habilis*. Nos ancêtres possédaient-ils, il y a 2 millions d'années, un langage rudimentaire ? Il est difficile de l'affirmer avec certitude. De plus, les australopithécinés possédaient aussi une protubérance dans cette partie du cerveau : cela implique-t-il qu'ils commençaient déjà à utiliser un langage pour communiquer ?

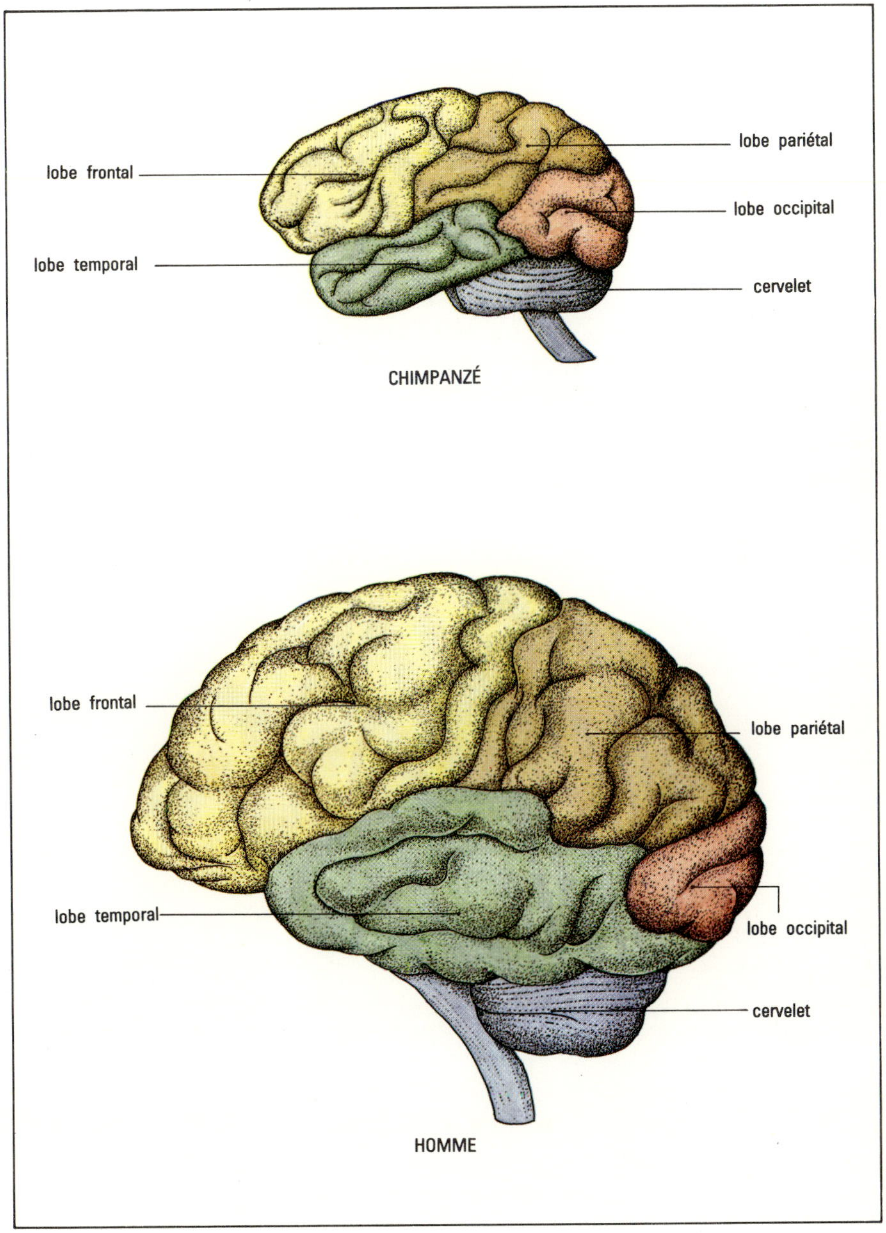

Les cerveaux des australopithécinés n'étaient guère plus gros que ceux des grands singes. L'émergence du genre Homo *fut marquée par une nette augmentation de la capacité cérébrale. La taille n'est pas cependant le seul critère distinguant le cerveau humain : sa forme est caractérisée par la prédominance de certains lobes — le lobe temporal, siège de la mémoire, et le lobe pariétal, qui intègre les informations émises par les sens. Cette structure apparaît déjà dans les tout premiers stades de l'évolution humaine, et même le petit cerveau des australopithécinés présentait une forme typiquement humaine.*

Ci-dessous à gauche : *dès 2,5 millions d'années, des outils de pierre de forme grossière apparaissent dans les vestiges fossiles. Sans avoir l'allure des outils plus récents, fabriqués selon des normes précises, ils se révèlent néanmoins fort efficaces pour le dépeçage.*

Ci-dessous à droite : *biface amygdaloïde de l'industrie acheuléenne, qui est apparue il y a environ 1,5 million d'année et que l'on associe à* Homo erectus. *Ces bifaces symétriques sont une innovation par rapport aux outils, taillés au hasard, des époques antérieures.*

Les outils et le langage

Du point de vue archéologique, la parole est un aspect invisible des civilisations humaines. En revanche, les outils ont survécu. Peut-on voir dans leurs formes, leurs usages et leurs associations des messages d'un langage très lointain ?

Il y a quelques années, Glynn Isaac intervint dans une conférence internationale sur le langage en ces termes : « Demander à un archéologue de parler du langage revient à demander à une taupe de raconter la vie en haut des arbres. Les matériaux grossiers que les archéologues étudient ne portent aucun indice permettant une investigation technique de la nature du langage... Mais si l'arbre est coupé et qu'il ne reste que les racines, la taupe peut alors donner son avis. Ainsi en est-il de l'histoire de l'évolution du langage. » Il existe deux approches du problème : « La première est l'examen des vestiges de la culture matérielle des proto-humains en évolution... Les objets en pierre sont, à long terme, les témoignages les plus intéressants, mais pour les périodes récentes, on peut avoir recours aux sépultures, ornements, œuvres d'art, objets de cultes, figurations diverses, édifices... La seconde stratégie consiste à étudier le comportement économique dans son ensemble. »

Les outils apparaissent entre 2,5 et 2 millions d'années, et conservent un aspect grossier jusqu'à l'apparition, il y a environ 1,5 million d'années, des bifaces amygdaloïdes, qui introduisent pour la première fois un élément de symétrie et révèlent une intention particulière. La technique acheuléenne est utilisée jusqu'à ce que soit inventée une manière plus économique de

tailler la pierre, la technique Levallois, il y a 200 000 à 100 000 ans. Puis, les industries moustériennes, fondées sur la technique Levallois, s'épanouissent jusqu'à il y a 40 000 ans environ, révélant un contexte social particulier, avec l'apparition des premières sépultures, des offrandes mortuaires et des objets de culte. Les caractéristiques régionales qui existaient déjà s'accentuent. Dorénavant, les cultures de la pierre taillée et les œuvres artistiques se diversifient et s'épanouissent. Au cours de cette vaste période, l'évolution, très lente au début, s'accélère régulièrement par la suite.

Les outils de pierre fabriqués par nos ancêtres au cours des deux derniers millions d'années révèlent un curieux paradoxe : malgré l'augmentation régulière du nombre de types d'outils et malgré un affinage de leur forme individuelle, le registre des artefacts ne s'enrichit pas de manière significative avant l'apparition, il y a 40 000 ans, de types d'outils nouveaux et plus raffinés. Jusqu'au dernier âge glaciaire, l'outillage ne comprend donc que des pointes, des galets plats, des tranchants... qui en forment la base.

Cependant, au fil des temps, les tailleurs de pierre eurent une idée de plus en plus précise des diverses formes d'outils que leur habileté manuelle et leur intelligence leur permettaient de réaliser. La fabrication des artefacts consista de plus en plus à imposer aux pierres la forme désirée, même si ces objets, fabriqués en série et très différenciés, ne présentaient en fait guère d'avantages sur les outils plus grossiers et taillés au hasard des époques antérieures. Les détails de base du modèle étaient conservés, même si leur présence n'était pas toujours justifiée.

Selon Glynn Isaac, un sens plus accru de l'ordre marqua l'évolution d'*Homo sapiens* : « Il est probable que le comportement humain incluant souvent, mais pas toujours, la fabrication des outils, fut de plus en plus régi par des réglements complexes : une syntaxe plus élaborée et un vocabulaire plus riche pour la communication, un nombre croissant de catégories, de devoirs et de prescriptions pour les relations sociales et, pour la subsistance, la transmission de techniques toujours plus nombreuses. » De ce point de vue, les outils raffinés qui datent de 30 000 ans nous informent plus sur les individus qui les ont fabriqués que sur l'usage auquel ils étaient destinés.

Cette théorie rejoint les conclusions de Roger Fouts sur ses études de Washoe : l'évolution humaine a produit un monde de plus en plus ordonné,

Outils de l'industrie moustérienne : (à gauche) nucléus d'où des éclats ont été tirés. (Au centre) grattoir destiné au nettoyage des peaux. (A droite) pointe, de lance ou de flèche. En même temps que ces outils apparurent, il y a environ 100 000 ans, les premières sépultures rituelles, accompagnées d'offrandes mortuaires et d'objets de culte. C'est à cette période que se développèrent également des styles régionaux divers, témoignages de l'émergence de traditions culturelles locales.

Cette pointe de lance, dont la forme est dite « en feuille de laurier », date d'environ 18 000 ans. Ce style particulier est resté localisé dans un petit secteur d'Europe occidentale, mais il annonce l'émergence de normes précises dans la culture de la pierre taillée des époques ultérieures. Ces normes, qui s'imposèrent d'elles-mêmes, n'améliorent pas réellement l'efficacité des outils.

dans lequel un mode de pensée logique et un langage formel furent progressivement privilégiés.

Le langage et l'art

L'art préhistorique nous fournit également de précieuses indications sur l'esprit des humains qui vécurent il y a 30 000 à 10 000 ans et laissèrent, avec une profusion de peintures, de sculptures et de gravures, le témoignage d'une intense activité artistique.

Dans la chambre forte d'une banque allemande repose une splendide collection de fines statuettes, âgées d'environ 32 000 ans. Ces pièces — plusieurs chevaux et une silhouette humaine grossièrement taillée — furent découvertes au début des années trente dans la petite grotte de Vogelherd, au sud de l'Allemagne, et comptent parmi les témoignages d'art figuratif les plus anciens.

L'une de ces figurines, un délicat cheval d'ivoire, long de six centimètres et sculpté dans une défense de mammouth, est particulièrement évocatrice et son trait le plus caractéristique est sans doute qu'elle fut, ainsi que les autres pièces du site, fréquemment maniée pendant une longue période. Les tranchants émoussés et les surfaces polies indiquent que cette forme d'art faisait l'objet d'un usage courant. Le chercheur américain Alexander Marshack a mis en évidence cet aspect utilitaire, qui apparaît également dans certaines marques : lignes, zigzags, et points creusés.

L'une des figurines, renne ou cheval — la pièce est incomplète — porte de nombreux zigzags, arcs et traits. Le flanc d'un mammouth porte des croix en demi-cercle. Ces dessins, fréquents dans l'art de l'âge glaciaire, avaient probablement une signification symbolique. Marshack considère la collection de Vogelherd comme « l'exemple le plus ancien du symbolisme utilisé par *Homo sapiens*. »

A partir de l'époque de Vogelherd, la production artistique de nos ancêtres ne cessa de s'étendre en Europe et en Afrique. Quelles en étaient les origines ? Des peintures sur rochers, découvertes dans une grotte d'Afrique du Sud et datant de 29 000 ans environ, représentent probablement les premières manifestations de l'art pariétal. Les sculptures et les gravures semblent avoir une histoire encore plus longue. Un pendentif en os de renne, découvert à La Quina, date de 35 000 ans au moins, ainsi qu'un fragment d'os décoré d'un motif en zigzag, trouvé dans le site de Bacho Kiro, en Bulgarie. Le site hongrois de Tata, qui date de 50 000 ans, a révélé une étrange pièce : il s'agit d'une molaire de mammouth sculptée et polie par l'usage humain. Pour une occasion au moins, elle fut teintée à l'ocre rouge. « Ici, dit Marshack, l'artisan a voulu un objet symbolique non utilitaire. » L'objet gravé le plus ancien découvert de nos jours nous fait faire un voyage de 300 000 ans dans le passé. C'est dans le site du Pech-de-l'Azé que François Bordes découvrit, en 1969, une côte d'ovidé, gravée d'une série d'arcs doubles, motif qui allait être très utilisé dans le domaine artistique au cours des 250 000 années suivantes.

Les objets d'étude de l'archéologie sont ceux qui ont survécu au temps. Les Aborigènes d'Australie, par exemple, utilisent une symbolique colorée, à base de bois, plumes, ocre, sang, incisions corporelles, dessins dans le sable, chansons, danses et mythes, dont il ne restera pratiquement rien dans les vestiges fossiles. Ce que nous possédons aujourd'hui ne doit donc être qu'une trace très appauvrie des cultures passées. Les échantillons d'ocre que l'on retrouve dans de nombreux sites d'Europe et qui datent de 200 000 ans ou plus, évoquent la pratique des décorations rituelles sur des individus et sur les objets.

Cette pratique de rituels et l'utilisation de symboles impliquent des compétences linguistiques. Pour Alexander Marshack, la fabrication des outils et l'organisation d'une économie complexe, tout en exigeant des efforts intellectuels, ne nécessitent pas forcément l'élaboration d'un langage. En revanche, « les artefacts symboliques n'ont pas de justification utilitaire

Statuette de mammouth, l'une des figurines d'ivoire découvertes dans le site de Vogelherd et qui datent de 32 000 ans. Des croix en demi-cercle sont gravées sur le flanc de l'animal et des marques similaires se retrouvent sur les autres statuettes, suggérant que ces objets avaient probablement une signification symbolique. Cette hypothèse implique l'existence d'un langage élaboré, capable d'exprimer des notions abstraites, chez les humains de cette région.

Des symboles mystérieux sont peints dans de nombreuses grottes d'Europe et d'Afrique datant de 30 000 et 10 000 ans. Ils sont le témoignage du fait que nos ancêtres avaient déjà, à cette époque, atteint le stade actuel de l'évolution du langage.

dans le monde de la nature, meme s'ils sont destinés à agir sur lui. Ils n'ont de valeur que dans des contextes « artificiels », et seulement s'ils sont nommés et si leur emploi est défini. Le langage est donc indispensable à la transmission de ces activités symboliques. »

Résumé des indices

Quelles conclusions pouvons-nous tirer sur la naissance du langage ? L'acquisition du langage dans son ensemble apparaît, au cours de l'évolution humaine, comme un processus progressif. Une forme rudimentaire exista vraisemblablement, il y a 2 millions d'années, chez *Homo habilis* et peut-être parmi les australopithécinés. L'apparition d'*Homo erectus* fut probablement marquée par l'évolution vers un vocabulaire plus riche et des structures grammaticales de base. La présence de vestiges de pratiques rituelles permet de penser que le langage s'affina alors assez pour exprimer des concepts plus subtils. Enfin, les symboles et les figurations artistiques qui apparurent il y a 30 000 ans marquèrent certainement les débuts du langage moderne, avec les structures permettant d'articuler des idées abstraites complexes.

La raison d'être du langage

Si l'époque à laquelle le langage est apparu est difficile à déterminer, les circonstances et les causes de cette émergence sont encore plus mystérieuses. En ce qui concerne les circonstances, la capacité des grands singes à acquérir le langage permet de comprendre son évolution vers une certaine complexité : la transition d'un ancêtre simiesque utilisant un nombre limité de halètements, mugissements et autres sons à un hominidé capable de nommer les objets et de construire des phrases correspond bien à l'éventail des possibilités biologiques.

Selon certains scientifiques, cependant, les importantes différences neurologiques entre singes et humains n'ont pas permis une transition directe. Gordon Hewes, de l'Université du Colorado, pense que l'émergence du langage parlé fut précédée d'une étape cruciale de communication gestuelle complexe. Il souligne que « la naissance et le développement précoce d'un langage par gestes n'exigeaient pas de structures anatomiques ou comportementales nouvelles ». Ce recours universel au geste quand, par exemple, au cours d'une conversation, on cherche un mot précis, serait-il l'écho d'un stade archaïque de l'évolution du langage humain ? Certains chercheurs le pensent.

La théorie gestuelle des origines du langage relie à cette évolution celle de techniques de plus en plus complexes : la maîtrise manuelle nécessaire à la taille des outils se serait développée parallèlement à une dextérité gestuelle. On peut cependant mettre en rapport les progrès technologiques et le langage sans supposer pour autant l'éventualité d'une « étape gestuelle ». Pour Ralph Holloway, « fabriquer des outils et manier le langage impliquent des facultés cognitives très proches, sinon identiques ». Les deux processus nécessitent en effet des actes organisés et progressifs, ainsi que des critères arbitraires de formes et de désignations imposés par le milieu social. Ralph Holloway souligne également que la zone cérébrale qui contrôle les mouvements délicats de la main et celle dont dépendent les mécanismes musculaires de la parole sont voisines : cette proximité pourrait refléter une origine biologique commune.

Selon Roger Fouts, l'organe grâce auquel on peut le mieux comprendre les origines de la parole est la langue : « Pour parler, il faut bloquer la langue dans cinquante positions différentes. Ce processus est évidemment très rapide et, bien qu'il semble très complexe, il requiert moins de capacités neurologiques que, par exemple, la coordination manuelle nécessaire pour jouer du piano. Je pense que le contrôle de ces deux mouvements est identique sur le plan de l'évolution. Observez votre langue lorsque vous tentez de faire un geste particulièrement délicat, comme enfiler une aiguille : elle participe étroitement à l'action. Les enfants tirent toujours la langue quand ils écrivent. »

La raison de l'évolution du langage était, semblait-il, découverte. On pensait que les chasseurs opérant collectivement avaient besoin d'un mode de communication efficace et avaient découvert la parole. Mais, en fait, les chasseurs à la poursuite d'une proie parlent peu et les chiens de chasse africains mènent des opérations extrêmement complexes et coordonnées sans avoir recours à notre forme de langage. Cette hypothèse apparaît donc aujourd'hui très simpliste.

Ainsi que je l'ai souligné dans un chapitre précédent, nos ancêtres adoptèrent, après avoir pratiqué une quête alimentaire opportuniste, une économie fondée sur le partage de la viande et des végétaux, qui permit peu à peu l'établissement de sociétés de chasseurs-cueilleurs. La chasse et la cueillette se développèrent probablement dans un système social proche de celui des grands singes actuels, notamment des chimpanzés. Mais, pour Glynn Isaac, « il est évident que la collecte de nourriture et la répartition du travail tirent profit, sur le plan de la sélection, d'un progrès dans la communication : c'est ainsi que la transmission de messages autres qu'émotionnels devient un facteur sélectif, comme c'est le cas pour les espèces animales — abeilles et autres insectes sociaux — qui ont fait de la recherche de nourriture une responsabilité collective et ont développé une sorte de langage ».

Le mode de vie des premiers hominidés se fondait sur une recherche collective de la nourriture, un partage alimentaire systématique et équitable, une activité sociale centrée sur plusieurs habitats temporaires et, probablement, une répartition des tâches. Ce contexte d'économie collective et de relations sociales complexes nécessite plus un langage élaboré que des activités plus concrètes telles que la taille d'outils ou la préparation de la chasse. Dans une petite communauté de chasseurs-cueilleurs, le langage permet d'élaborer des règles sociales et d'assurer ainsi une cohésion qui n'existerait pas sans lui.

En dehors de cet aspect pratique de la communication, le langage permet la création, grâce à la transmission des sentiments, des désirs et des peurs, d'une « conscience collective », que l'élaboration d'une mythologie enrichit ensuite à l'échelle de la communauté. Le langage est donc un facteur essentiel de l'intense activité sociale qui caractérise l'existence humaine.

Un groupe de chasseurs-cueilleurs !Kung dans leur campement, à la tombée de la nuit. La conversation porte sur les déplacements des troupeaux, ou sur tel buisson chargé de baies mûres. On partage la nourriture et on fait des projets pour le lendemain. Cette petite communauté vit grâce à un réseau de relations sociales complexes qui ne pourraient être entretenues sans le langage.

9 L'Homme de Néandertal

Par un après-midi de septembre, il y a une vingtaine d'années, Christos Sariannidis, surnommé oncle Philipos, demanda à quatre de ses amis de l'accompagner sur le mont Katsika, au-dessus du village de Petralona, situé à 50 km environ au sud-est de Thessalonique. Il désirait, en effet, qu'ils l'aident à agrandir l'orifice d'une grotte dont il soupçonnait l'existence, car la fissure exhalait de l'air frais en été et de l'air chaud en hiver. Oncle Philipos, qui était berger, pensait découvrir là une source qui serait fort utile au village en période de sécheresse.

Après avoir dégagé quelques rochers, les cinq hommes se faufilèrent dans l'entrée et descendirent cinq mètres environ, avant d'aboutir dans une grotte longue et étroite. Mais il n'y avait pas de rivière, et ils n'y retournèrent pas pendant un an. Lorsqu'ils décidèrent ensuite d'y revenir, ce fut dans le but d'examiner un « crâne d'ours » que l'un d'eux avait remarqué au cours de la première expédition.

Ce qu'ils découvrirent en fait ressemblait plus au crâne d'un grand singe : la pièce était fichée dans la paroi de la grotte et recouverte en partie d'une fine pellicule de cristaux de calcite, caractéristiques des grottes calcaires à stalactites. Surpris, les hommes décidèrent d'avertir les chercheurs de l'Université de Thessalonique. Ce « crâne de singe » était en réalité le crâne fossilisé d'un lointain ancêtre humain et probablement le plus beau vestige des individus ayant occupé l'Europe il y a 400 000 à 200 000 ans environ.

Depuis cette découverte, des recherches intensives permirent de mettre au jour un grand nombre d'artefacts de pierre et d'ossements d'animaux. La grotte fut aménagée pour accueillir des visiteurs et un musée local est actuellement en construction.

L'âge exact du crâne de Petralona ne fait pas l'unanimité parmi les spécialistes. Aris Poulianos, directeur de l'Association grecque d'anthropologie, l'estime beaucoup plus ancien que la plupart de ses confrères. Mais l'intérêt de ce crâne réside surtout dans le fait qu'il est remarquablement complet et qu'il fournit de précieuses indications sur les individus qui vécurent probablement entre les derniers représentants d'*Homo erectus* et leurs successeurs européens, *Homo sapiens neandertalensis*, car il rassemble des traits morphologiques caractéristiques des deux espèces. D'autres « crânes-mosaïques » semblables, découverts dans divers sites d'Europe, permettent de comprendre les relations de l'humain actuel, *Homo sapiens sapiens*, à ses ancêtres — *Homo sapiens neandertalensis* et *Homo erectus* — en Europe et au Proche-Orient.

Un groupe d'hommes du village de Petralona au-dessus de la grotte où fut découvert, il y a vingt ans, un crâne de singe. Oncle Philipos, le berger qui explora le premier ce site, est le deuxième à partir de la droite.

De nouveaux « crânes-mosaïques » en Europe

Dans une gravière de Swanscombe, près de Londres, une série d'heureuses trouvailles aboutit à la reconstitution partielle d'un crâne qui semble être, comme la pièce de Petralona, le vestige d'une étape évolutive. Le site était connu depuis longtemps pour sa richesse en outils de pierre préhistoriques,

mais ce ne fut qu'en 1935 que des ossements humains y furent découverts. Un samedi du mois de juin, un ouvrier qui terminait sa journée remarqua un bout d'os qui dépassait de la terrasse alluviale : il s'agissait d'un fragment de la partie postérieure d'un crâne humain très ancien.

Au mois de mars suivant, on découvrit un second morceau, qui s'adaptait parfaitement au premier. Puis, après un intervalle de vingt ans au cours duquel la gravière fut exploitée à des fins industrielles, une troisième pièce apparut. Fait incroyable, elle s'ajustait aux deux autres pour former l'arrière complet d'un crâne. Cet individu vivait à Swanscombe il y a 250 000 ans, pendant une période chaude entre deux âges glaciaires. Le climat de ces stades dits « interglaciaires » était nettement plus chaud qu'aujourd'hui et notre homme côtoyait probablement des éléphants et des rhinocéros, des sangliers et des cervidés qui vivaient dans la vallée boisée de la Tamise. Pour autant que l'on puisse en juger, le crâne de Swanscombe avait une capacité d'environ 1 300 cm^3 et était plus arrondi que le crâne d'*Homo sapiens*.

Un homologue intéressant de la pièce de Swanscombe provient de Steinheim, en Allemagne de l'Ouest. Découvert exactement deux ans avant et dans les mêmes conditions, le crâne de Steinheim date également de 250 000 ans environ. La cavité cervicale est relativement importante et arrondie là aussi, mais la face, en revanche, est très proche de celle d'*Homo erectus* par ses arcades sourcilières et son front légèrement fuyant. Comme le crâne de Petralona, celui de Steinheim présente donc une curieuse mosaïque de caractères appartenant à *Homo erectus* et à *Homo sapiens*.

*Le crâne de Petralona présente une étonnante mosaïque de caractères : certains sont typiques d'*Homo erectus*, d'autres appartiennent à leurs successeurs européens, les Néandertaliens. D'autres crânes semblables furent découverts en Angleterre, en France et en Allemagne.*

Un autre crâne fut mis au jour dans une grotte des contreforts pyrénéens, au-dessus des riches vignobles du Roussillon. La grotte d'Arago, bordée d'herbes aromatiques et surplombant une gorge rocailleuse, renferme des milliers de pierres et d'ossements d'animaux d'espèces variées : rhinocéros, éléphants, bœufs musqués, ours des cavernes, moutons, lions, panthères, castors et d'innombrables rongeurs. Parmi ces débris fossiles datant de 400 000 ans, se trouvaient la face et une partie du crâne d'un jeune individu. Henry de Lumley qui, avec son épouse Marie-Antoinette, supervise les fouilles d'Arago, pense que la face a pu être sectionnée pour servir de masque au cours de rituels. Que ce fût ou non le cas, la présence de pollen de raisin sauvage à l'intérieur du crâne semble indiquer que le goût des Français pour le jus de la vigne ne date pas d'hier !

Le spécimen d'Arago présente, avec des traits d'*Homo erectus*, des caractères plus évolués. Si les restes fossiles sont malheureusement très pauvres pour cette période d'il y a 400 000 à 200 000 ans, la plupart des crânes retrouvés, par l'assemblage des traits qu'ils présentent, révèlent une phase de changement dans l'évolution humaine. Mais ce qui se passa exactement reste pour nous un mystère, ainsi que nous le verrons plus loin.

En ce qui concerne l'origine de l'humain actuel, *Homo sapiens sapiens*, trois points sont certains. Tout d'abord, au cours d'une période qui s'étend d'il y a plus de 1 500 000 à 300 000 ans, *Homo erectus* fut une espèce relativement stable dans tout l'Ancien Monde et constitue probablement la souche à partir de laquelle les humains évoluèrent vers leur aspect moderne. En second lieu, les premiers restes fossiles appartenant de manière certaine à *Homo sapiens sapiens* datent d'il y a 40 000 ans environ. Avant cette période, enfin, et remontant à 100 000 ans, apparaissent des spécimens d'*Homo sapiens* présentant des traits archaïques. En Europe et au Proche-Orient, ces fossiles sont nommés « Homme de Néandertal » ou *Homo sapiens neandertalensis*, tandis qu'en Asie du Sud-Est, on les désigne sous le terme d'*Homo sapiens soloensis*. En Afrique, où les trouvailles significatives de cette phase se multiplient, aucun nom de sous-espèce n'a été attribué : il s'agit essentiellement de l'Homme de Rhodésie découvert à Broken Hill, en Zambie, de plusieurs crânes trouvés au Kenya et en Tanzanie et de fossiles éthiopiens.

Le problème est de savoir s'il est possible de rattacher *Homo erectus* aux humains actuels par l'intermédiaire de ces spécimens archaïques d'*Homo sapiens*. Les Néandertaliens d'Europe furent-ils le lien entre *Homo erectus* et *Homo sapiens sapiens*, ou bien aboutirent-ils à une impasse évolutive, tandis que les humains modernes, également issus d'*Homo erectus*, évoluaient indépendamment ?

La découverte de l'Homme de Néandertal

L'Homme de Néandertal ne pouvait être mis au jour à un moment plus opportun qu'en 1856, alors que la société du XIXe siècle refusait encore violemment l'idée que les humains étaient issus du règne animal. On exhuma ses ossements d'une petite carrière près de Düsseldorf. La grotte était accrochée au flanc de la vallée encaissée du Neander, affluent mineur du Rhin. Des ouvriers, qui extrayaient des blocs de calcaire, découvrirent quelques vieux os, auxquels ils ne prêtèrent aucune attention. Une partie du squelette fut probablement perdue ainsi. Par chance, la calotte crânienne, quelques côtes, une partie du bassin et des os des membres furent sauvés et le propriétaire de ladite carrière les fit examiner par un scientifique de la région, Johann Carl Fuhlrott.

Johann Fuhlrott identifia des os humains et pensa que le crâne bas et épais, les arcades sourcilières proéminentes et les membres courts et arqués indiquaient un individu très archaïque. L'anatomiste Hermann Schaaffhau-

Richard Leakey, au bord du Neander, au nord de l'Allemagne, tient la calotte crânienne et un tibia de l'Homme de Néandertal, découvert en 1856.

sen confirma qu'il appartenait aux « races humaines les plus anciennes », que les deux chercheurs situaient il y a quelques millénaires, dans les premiers feuillets de l'Histoire. Nous savons aujourd'hui qu'il s'agissait de dizaines de milliers d'années.

Mais cette déclaration était déjà d'autant plus audacieuse qu'elle devait affronter l'indignation outrée du monde scientifique. Plusieurs hypothèses farfelues concernant ces ossements furent avancées, afin de prouver qu'ils ne pouvaient absolument pas appartenir à un ancêtre de l'humanité. Un anatomiste allemand déclara, à la vue des jambes arquées, qu'il s'agissait d'un cavalier, peut-être d'un cosaque mongol appartenant à la cavalerie russe qui avait repoussé Napoléon en-deçà du Rhin, en 1814. Le soldat aurait déserté son armée et se serait réfugié dans la grotte pour y mourir. Un autre anatomiste vit dans le crâne bas un caractère typique de « vieil Hollandais ». Selon un autre érudit, l'homme de la grotte souffrait de rachitisme, ainsi que l'indiquaient les jambes arquées et la douleur causée par cette maladie, lui faisant plisser le front, avait provoqué l'épaississement des arcades sourcilières.

Ainsi se poursuivirent les descriptions « scientifiques » de l'Homme de Néandertal, considéré tantôt comme un spécimen de quelque race sauvage et lointaine, tantôt comme la victime d'une horrible maladie. Le célèbre anatomiste-anthropologue allemand Rudolph Virchow lui porta le coup de grâce en proclamant que cet individu avait incontestablement souffert de rachitisme dans son enfance, puis d'arthritisme dans ses vieux jours et qu'il ne s'agissait absolument pas d'un squelette ancien. Après quoi, le débat fut clos pour quelque temps.

Il est intéressant de noter que la découverte, en 1868, de l'Homme de Cro-Magnon, en Dordogne, fut immédiatement acceptée par la communauté scientifique. Les signes évidents de l'ancienneté de ces fossiles — outils de pierre archaïques, ossements d'espèces animales éteintes — ne choquèrent pas l'opinion, dans la mesure où les crânes étaient respectablement arrondis et où les faces n'avaient rien de « barbare ». L'Homme de Cro-Magnon avait droit de cité dans l'histoire humaine, contrairement à l'Homme de Néandertal, qui ne correspondait en rien à l'image que le XIXe siècle se faisait de l'être humain. Cro-Magnon était en fait âgé de 35 000 ans, et était l'un des plus anciens spécimens d'*Homo sapiens sapiens* d'Europe occidentale.

Au fil des ans, des individus « déformés », semblables à celui de la vallée du Neander, furent découverts dans diverses parties d'Europe : en Allemagne, en France, en Belgique et en Yougoslavie. Très vite, les explications selon lesquelles il s'agissait de barbares atteints d'horribles maladies devinrent invraisemblables et les « Hommes de Néandertal » furent désormais assimilés à une race lointaine et très ancienne, ayant peu ou pas de rapport avec l'histoire des « vrais » humains. Les importants travaux du chercheur français Marcellin Boule, du Museum national d'histoire naturelle, reflètent bien les préjugés de cette époque.

Anatomiste confirmé, Marcellin Boule se vit confier, en 1908, la reconstitution d'un squelette complet de Néandertalien. Ce squelette de vieillard provenait de la grotte de La Chapelle-aux-Saints, en Dordogne. La richesse du matériel fossile offrait une excellente occasion de former une image exacte de l'Homme de Néandertal. Mais, aveuglé par ses préjugés, Marcellin Boule entreprit de mettre en évidence tout ce qui, dans le squelette, semblait primitif, grossier et simiesque. Il omit même de tenir compte du fait que cet individu présentait, cette fois, les signes évidents d'un arthritisme prononcé. Le squelette reconstitué apparut donc voûté, les épaules arrondies et les bras pendants. Il se tenait sur le bord externe des pieds, les genoux pliés. Ses gros orteils étaient séparés des autres, comme chez les singes, et sa tête avançait exagérément, dans une attitude débile et, qui plus est, peu vraisemblable. Malgré le fait que le crâne de La

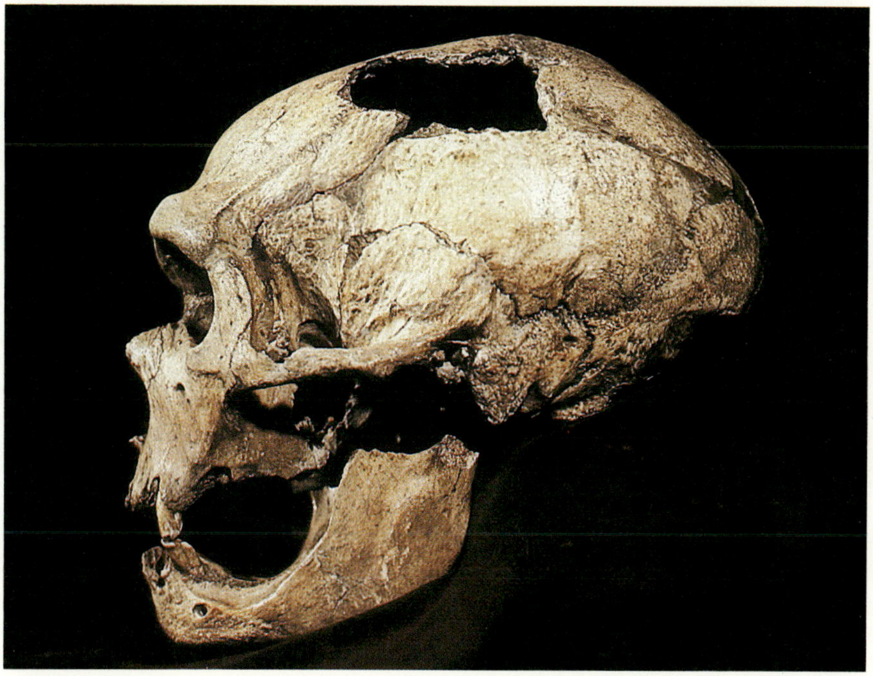

Le crâne du vieillard de La Chapelle-aux-Saints, découvert en 1908. Le squelette était presque complet, et Marcellin Boule l'utilisa pour tenter une reconstitution de l'Homme de Néandertal.

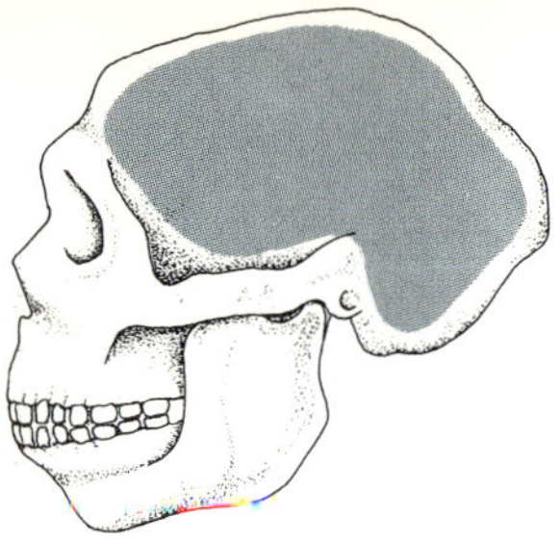

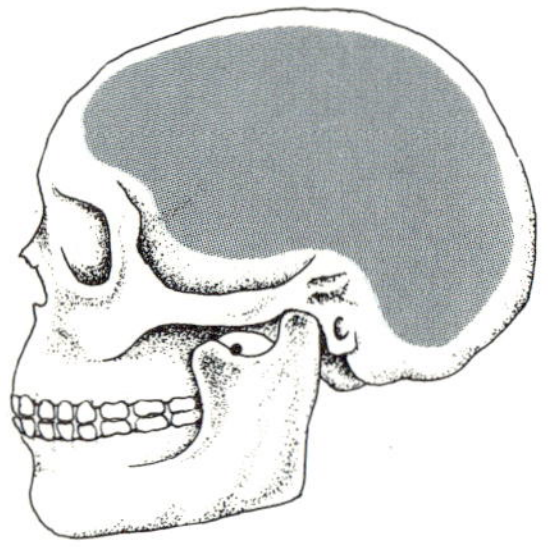

Ci-dessus : *si la voûte crânienne de l'Homme de Néandertal était plus basse que la nôtre, l'ensemble de son crâne était beaucoup plus long et son cerveau plus volumineux.*

Ci-dessous : *cette reconstitution de l'Homme de Néandertal date de 1929. Son attitude voûtée, grossière et stupide resta une image vivace jusqu'aux années cinquante.*

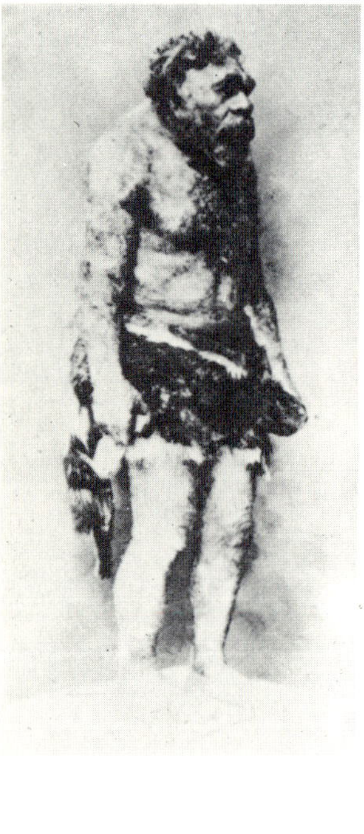

Chapelle-aux-Saints pouvait abriter un cerveau plus gros que celui des humains modernes, Marcellin Boule déduisit de sa forme basse et allongée qu'il appartenait à un simple d'esprit.

« L'apparence grossière de ce corps musclé et maladroit et de ce crâne aux fortes mâchoires... indique la prédominance d'une vie purement végétative et bestiale sur les fonctions de l'esprit », écrivit-il. « Quel contraste avec les hommes de la période suivante, du type de Cro-Magnon, qui avaient un corps élégant, une tête fine, un front droit et large, et qui laissèrent tant de preuves de leur habileté manuelle, de leur talent artistique, de leurs préoccupations religieuses et de leurs facultés d'abstraction : ceux-là seuls méritent le glorieux titre d'*Homo sapiens* ! »

Marcellin Boule publia ses conclusions dans trois gros volumes, entre 1911 et 1913, et leur influence scientifique fut telle que cette image de l'Homme de Néandertal resta vivace pendant plusieurs dizaines d'années. Il faut souligner cependant que tous les chercheurs n'adoptèrent pas ce point de vue, mais lorsqu'en 1930 le préhistorien britannique Grafton Elliot Smith écrivit ces mots, il exprimait l'opinion générale : « Il est désormais certain que l'Homme de Néandertal est une créature d'allure grossière... Ses mains sont grandes et mal dégrossies et n'ont pas le jeu délicat du pouce et des doigts que l'on rencontre chez *Homo sapiens*. Son gros cerveau est particulièrement mal pourvu dans la région frontale. Il est clair que son cerveau et ses membres ne lui permettaient pas d'accomplir ces mouvements précis qui sont caractéristiques d'*Homo sapiens* et lui ont permis de comprendre le monde qui l'entourait, ainsi que d'acquérir les facultés de discrimination grâce auxquelles il put dominer la force brutale de l'espèce néandertalienne. »

Cette vision de l'Homme de Néandertal inspira les manuels et la littérature populaire. Cette image de crétin voûté, qui traîne des pieds et émet des sons inarticulés persista longtemps et traiter quelqu'un d'« Homme de Néandertal » reste encore parfois une injure. Vers le milieu des années cinquante, cependant, des anatomistes entreprirent de réhabiliter cette image, en tentant une seconde reconstitution du vieillard de La Chapelle-aux-Saints. Ils identifièrent — ce que Marcellin Boule aurait dû faire — les distorsions dues à l'arthritisme, et obtinrent une silhouette qui, bien que plutôt trapue, ressemblait à celle d'un homme actuel. Ils écrivirent de l'Homme de Néandertal que « s'il se réincarnait aujourd'hui et descendait dans le métro de New-York, pourvu qu'il fût propre, rasé et vêtu de façon moderne, il n'attirerait probablement pas plus l'attention que certains individus. »

Que signifie alors le terme « néandertalien » sur le plan anatomique ? Il s'agit en fait plus d'un ensemble de traits subtilement différents que d'une seule caractéristique particulière. Le front est relativement bas, sans l'être excessivement, et les arcades sourcilières sont proéminentes. Ces deux traits rappellent *Homo erectus*, dont les Néandertaliens sont probablement issus. Le cerveau est légèrement plus gros que celui des humains actuels : 1 400 cm^3 en moyenne, contre 1 360. Les os des membres sont quelque peu arqués, avec des attaches musculaires fortement marquées qui impliquent un corps solidement bâti. Ces hommes et ces femmes étaient vraisemblablement plus robustes que la moyenne de nos congénères. La face est caractéristique, avec un nez et des mâchoires projetés vers l'avant, des pommettes fuyantes et un front étroit. La taille moyenne est de 1,67 m.

L'allure générale est donc celle d'individus plutôt massifs et bien bâtis. Mais lorsque j'examine un crâne néandertalien, j'ai conscience d'être en présence, incontestablement, d'un individu de l'espèce *Homo sapiens*. Il s'agit néanmoins d'une forme archaïque : les scientifiques l'ont nommée

Homo sapiens neandertalensis, afin de la distinguer des humains actuels qui appartiennent tous à *Homo sapiens sapiens*.

La vie des Néandertaliens

Les premiers vestiges néandertaliens datent d'il y a 100 000 ans environ, époque où la terre traversait une phase interglaciaire chaude, qui dura d'il y a 130 000 à 70 000 ans. L'ensemble des caractères de ce groupe se développa plus amplement, cependant, au cours du dernier âge glaciaire qui commença il y a 70 000 ans. On considère souvent les Néandertaliens comme les habitants de l'Europe de l'âge glaciaire : cette vision est très sommaire dans la mesure où leur évolution débuta dans une ère de chaleur et où de nombreux groupes vécurent dans des régions du globe qui n'avaient pas subi les glaciations. Des restes fossiles ont été découverts d'Europe occidentale en Asie occidentale, ainsi que dans une partie du Proche-Orient et indiquent, en l'état actuel des connaissances, que les Néandertaliens furent les seuls groupes humains à occuper ces parties du globe entre il y a 100 000 et 40 000 ans.

Comment peut-on expliquer leur apparition ? Leur robustesse physique est un indice : on peut la considérer comme un simple héritage d'*Homo erectus*, ou encore comme un caractère d'adaptation spécifique au milieu. Un

*Quelques-uns des sites où des spécimens de Néandertaliens et de formes plus archaïques d'*Homo sapiens *furent découverts.*

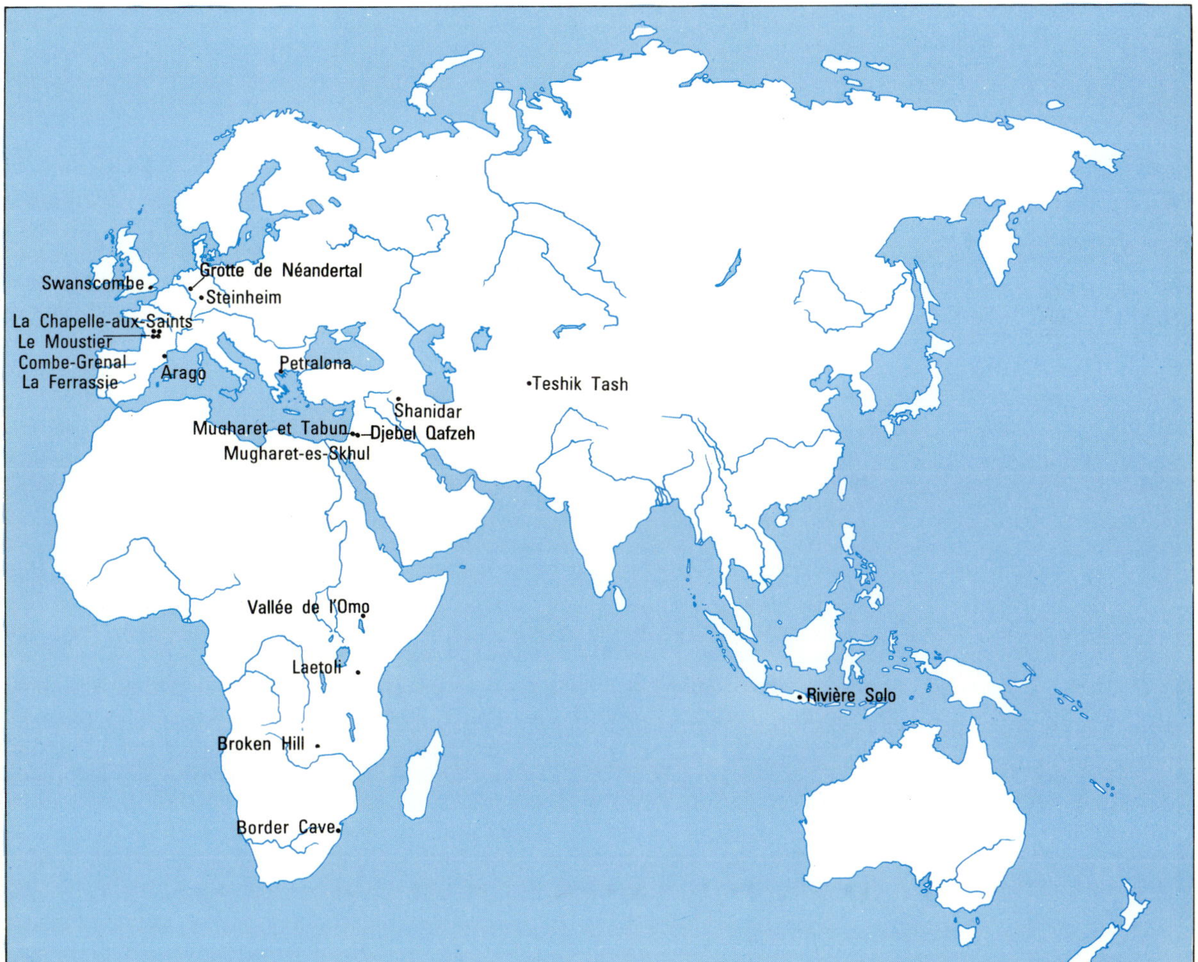

corps trapu et des membres relativement courts sont bien adaptés aux climats froids : il y a moins de surface de déperdition de chaleur par unité de volume. En ce sens, les Néandertaliens des régions froides étaient adaptés aux basses températures. Certains vestiges fossiles permettent de penser que les habitants d'Europe occidentale avaient des membres plus courts que ceux du Proche-Orient, où les effets de l'âge glaciaire étaient moins rudes. On peut supposer également que les groupes d'*Homo erectus* qui vivaient auparavant dans le climat froid d'Europe du Nord avaient subi des transformations anatomiques sélectives et que les individus de ces groupes étaient déjà plus trapus que les autres de la même espèce.

On a dit aussi que la face protubérante des Néandertaliens supposait un caractère d'adaptation au froid : la distance de l'ouverture des narines aux os nasaux permettrait à l'air glacé de se réchauffer avant d'atteindre les zones olfactives, particulièrement sensibles, qui sont situées derrière ces os. Erik Trinkaus, de l'Université de Harvard, pense cependant que la face néandertalienne a peut-être un rapport avec la tension imposée par des mâchoires puissantes. « Mais il existe certainement d'autres facteurs », ajoute-t-il; « si le climat a joué un rôle, nous devons néanmoins chercher des hypothèses que personne n'a encore envisagées ».

L'évolution d'*Homo sapiens* impliqua, de toute évidence, une expansion considérable du cerveau, dont on retrouve des témoignages dans le mode de vie de ces groupes. Certaines populations de Néandertaliens migrèrent vers des régions du globe où aucun hominidé ne s'était aventuré auparavant, à une époque où les rigueurs de l'âge glaciaire rendaient les conditions de vie particulièrement difficiles. Les Néandertaliens étaient d'habiles chasseurs, et faisaient preuve d'invention en cas de besoin : lorsque le bois manquait, ce qui était souvent le cas dans la toundra, ils se servaient d'ossements d'animaux, à la fois pour construire leurs abris et pour alimenter leurs foyers dont l'aération était, par ailleurs, très étudiée. Les campements avaient souvent une certaine importance et étaient parfois implantés pendant plusieurs mois au même endroit. L'habillement était, bien sûr, un aspect essentiel de la lutte contre le froid, et il est probable que les compétences des Néandertaliens en ce domaine évoluèrent rapidement.

On attribue aussi à ce groupe l'invention d'une nouvelle manière de tailler les outils : la technique « moustérienne », nommée d'après la grotte du Moustier, en Dordogne, où elle fut identifiée pour la première fois. Cette innovation représentait un progrès considérable sur la technique acheuléenne qui l'avait précédée : elle permit de produire jusqu'à soixante modèles différents — parmi lesquels des couteaux, des grattoirs, des pointes de flèches — et de tailler chaque outil en fonction de son but spécifique, à partir d'un éclat. Les outils moustériens atteignirent une finesse et une précision sans précédent. La technique Levallois, qui se résumait à tailler les éclats d'une certaine manière, existait déjà depuis un certain temps, mais les Néandertaliens la perfectionnèrent : elle consistait à préparer une pierre d'où étaient tirés des éclats de dimensions diverses qui servaient de base; l'outil était ensuite obtenu par une série de gestes extrêmement précis, qui impliquaient une parfaite maîtrise manuelle et une conception claire de l'instrument désiré. Dans l'industrie acheuléenne, en revanche, les outils étaient généralement taillés à partir d'une pierre unique, qui était travaillée jusqu'à obtention de la forme prévue. Les Néandertaliens perfectionnèrent également les outils en os : ce matériau, qui exige un maniement très habile, est excellent pour la fabrication d'objets fins et délicats.

Grâce à la technique Levallois, les tailleurs de pierre néandertaliens obtenaient jusqu'à 2,2 m de tranchants d'un seul kilogramme de silex, soit cinq fois plus qu'avec la technique acheuléenne. Leurs successeurs

La technique Levallois de fabrication des outils consistait à préparer un rognon de silex d'où les éclats étaient ensuite détachés. A gauche, un rognon; à droite, un des éclats qui en furent tirés. Cette technique était plus économique, sur le plan du matériau, que les méthodes précédentes.

inventèrent un moyen d'obtenir, à partir d'un kilogramme de silex préparé, 26 m de tranchants, sous forme de lames très fines.

Bien que la question soit encore à l'étude, il semble que divers styles se soient développés parmi les cultures moustériennes, tant dans la composition globale de l'outillage que dans la forme des outils. François Bordes a ainsi identifié quatre cultures européennes : le «Moustérien à denticulés », le « Moustérien typique », le « Moustérien de tradition acheuléenne » et le « Moustérien de type charentais ».

François Bordes, spécialiste de renommée mondiale de la pierre taillée, pense que des tribus de Néandertaliens sont parvenues à coexister, parfois dans des zones très proches, tout en préservant, pendant des millénaires, leur identité culturelle : c'est ainsi qu'à Combe-Grenal, en Dordogne, se seraient côtoyés deux groupes, distants de dix kilomètres — un groupe de chasseurs de rennes, de culture « moustérienne typique », et une communauté de culture « denticulée », dont les chevaux étaient la proie de prédilection.

De nombreux préhistoriens pensent qu'une telle différence culturelle n'a pu exister entre populations voisines. On observe cependant des situations analogues chez certains peuples actuels : les Njemps et les Tugen, par exemple, sur lesquels l'anthropologue britannique Ian Hodder a entrepris une étude, habitent les basses collines qui bordent le lac Baringo, au nord du Kenya. Tout en vivant selon une économie très semblable, fondée sur les bovins, les moutons et les chèvres, et tout en favorisant entre eux les échanges ainsi que les mariages, les deux groupes n'en conservent pas moins leur identité en matière de costumes, de parures, d'architecture domestique et de technologie. Les langues, bien que voisines, sont différentes. Lorsqu'une femme Tugen épouse un Njemps, elle va habiter dans la tribu de son mari et en adopte immédiatement les pratiques vestimentaires et domestiques. Des modes de vie si différents entre tribus voisines sont, selon Ian Hodder, un facteur essentiel de cohésion économique et sociale au sein de communautés complexes. Les peuples de Combe-Grenal, malgré leurs différences culturelles, entretenaient-ils de semblables relations ? Cela est très probable, car les Néandertaliens étaient, semble-t-il, des individus sensibles et sociables.

Deux anthropologues américains, Sally et Lewis Binford, expliquent différemment la diversité des industries moustériennes. Selon eux, les outillages correspondaient simplement à des usages différents : travail du bois, préparation des peaux, découpage de la viande... La simplicité de cette explication fonctionnelle est, à de nombreux points de vue, fort séduisante, mais l'étude des diverses industries en fonction du site auquel elles sont associées n'a pas fourni, jusqu'ici, de preuves en faveur de cette idée. L'examen des outils au microscope, selon la technique de Larry Keeley, pourrait permettre de tester cette hypothèse, mais personne n'a encore entrepris cette forme d'analyse. La théorie de François Bordes a également ses limites : elle ne rend pas compte du fait que des groupes de cultures différentes ont parfois, semble-t-il, occupé le même site, sensiblement à la même époque. On peut néanmoins répondre à cet argument que, si la distance archéologique entre deux industries découvertes dans une même localité est courte, le temps réel qui les a séparées a pu couvrir de nombreuses années. Il n'est pas invraisemblable de penser que des tribus migrantes s'installaient, pendant plusieurs générations, dans des sites occupés précédemment par d'autres groupes.

Le débat reste ouvert, mais il est déjà évident que les Néandertaliens possédaient un haut degré technologique et qu'ils comprenaient fort bien le monde dans lequel ils vivaient. Sans un sens aigu des ressources potentielles de leur environnement et sans un talent certain pour les exploiter, ils n'auraient pu conquérir une telle diversité de milieux. L'Homme de Néandertal avait des affinités anatomiques avec les humains actuels et sa technologie était perfectionnée et complexe. Les divers styles de l'industrie moustérienne semblent indiquer que les tribus possédaient une identité culturelle propre. Mais que sait-on aujourd'hui de leurs préoccupations spirituelles ?

Des sépultures rituelles

C'est avec l'émergence des Néandertaliens qu'apparaissent les premiers vestiges archéologiques de sépultures rituelles. Dans toutes les régions occupées par ce groupe, les fouilles ont révélé des individus, jeunes ou vieux, disposés avec respect dans des sépultures. Au Moustier, un adolescent avait été allongé sur le côté droit, dans une fosse, la tête posée sur l'avant-bras, comme s'il dormait. Un amoncellement de silex soutenait sa tête, et une hache de pierre finement travaillée était posée tout près. Il était entouré d'ossements de bovidés sauvages, comme si on lui avait fait une offrande de viande pour le nourrir pendant son voyage. A Teshik Tash, en Ouzbékistan (Asie centrale), le squelette d'un petit enfant reposait parmi des os de bouquetins. Six paires de cornes du même animal formaient un anneau autour de sa tête. Le squelette portait les marques des outils de pierre qui avaient peut-être servi à retirer la chair du cadavre au cours d'un rituel particulier. Dans l'abri-sous-roche de La Ferrassie, en Dordogne, on découvrit le corps décapité d'un enfant, couché en chien de fusil dans une fosse peu profonde et, un peu plus haut, un crâne d'enfant sans mâchoires, posé sous une pierre plate de calcaire. La surface inférieure de la pierre avait été enduite d'ocre rouge et le dessus portait dix-huit cupules. Ces étranges sépultures possédaient probablement pour les Néandertaliens une signification profonde, dont nous n'aurons sans doute jamais la clé.

Une découverte particulièrement émouvante pour nous eut pour décor la grotte de Shanidar, située dans les monts Zagros, en Irak. Cette grotte, que Ralph Solecki, de l'Université de Columbia (État de New-York) explore depuis plus de vingt ans, a révélé de riches vestiges néandertaliens, parmi lesquels un individu, Shanidar IV, qui avait fait l'objet, au début d'un mois de juin, il y a quelque 60 000 ans, d'une inhumation inhabituelle.

Des bosquets de chênes, de pins, de genévriers et de frênes se nichaient dans les vallées qui entouraient alors la grotte de Shanidar, et de nombreuses variétés de fleurs sauvages poussaient parmi les herbes. Telle est la conclusion des travaux d'Arlette Leroi-Gourhan, du musée de l'Homme à Paris, qui découvrit les pollens de ces plantes dans les dépôts fossilifères de la grotte. Ces pollens pouvaient avoir été transportés par le vent, ou par les vêtements et les corps des occupants du site, mais les denses concentrations qu'Arlette Leroi-Gourhan détecta ne pouvaient provenir que de fleurs entières. Celles-ci, loin d'être dispersées au hasard, étaient soigneusement disposées autour du corps de l'homme.

L'analyse des pollens révéla la présence d'achillées, de bleuets, de chardons de Saint-Barnabé, d'herbe de Saint-Jacques, de muscari, de roses trémières et de prêles des bois. L'ensemble devait donner un délicat assemblage de fleurs blanches, jaunes et bleues, et les branches vertes des prêles des bois devaient composer, selon Arlette Leroi-Gourhan, « une sorte de couche sur laquelle le mort avait été allongé ». Cette scène est particulièrement évocatrice, mais Ralph Solecki pense que ces fleurs avaient peut-être une autre signification. « La plupart d'entre elles sont connues pour leurs propriétés médicinales, et les habitants de la région les utilisent de nos jours... On peut imaginer que Shanidar IV n'était pas seulement un éminent personnage, un chef, mais aussi peut-être une sorte de guérisseur, de chaman au sein de son groupe... »

Les vestiges de Shanidar sont d'un intérêt considérable et témoignent, avec les autres vestiges d'inhumations rituelles, de préoccupations spirituelles. L'interrogation sur le destin de l'âme, universelle dans les sociétés humaines actuelles, était de toute évidence un thème des peuples néandertaliens. Certains indices permettent également de penser que ces communautés prenaient soin de leurs vieillards et de leurs malades. Un certain nombre d'individus enterrés dans la grotte de Shanidar présentent des traces de blessures cicatrisées; l'un d'eux souffrait probablement d'une paralysie quasi totale du côté droit. Ces blessés et ces malades vécurent longtemps, malgré la charge qu'ils représentaient pour le groupe. On ne peut imaginer une telle société, où s'exprimaient des sentiments tendres et un respect des morts, sans un langage d'une certaine complexité.

La disparition des Néandertaliens

Les Néandertaliens n'existent plus. Que s'est-il passé ? Si leur entrée sur la scène de l'évolution humaine fut relativement progressive, leur sortie en fut, semble-t-il, rapide. A l'est, ils disparurent il y a 40 000 ans environ et 5 000 ans plus tard en Europe occidentale. Ont-ils évolué pour aboutir à *Homo sapiens sapiens*, ou furent-ils remplacés par les humains modernes qui auraient évolué ailleurs dans le monde ? La première hypothèse est avancée par la théorie de la « phase néandertalienne » et la seconde par la théorie du « Jardin d'Eden ».

Si l'on considère que l'évolution du genre *Homo* est plus liée au progrès culturel qu'aux conditions de l'environnement, on peut penser que les populations d'*Homo erectus* dépendirent de plus en plus du développement et de l'exploitation des techniques et que cette situation créa le facteur de sélection qui fit évoluer l'espèce vers *Homo sapiens*. Dans toutes les régions du monde occupées par *Homo erectus* serait donc apparu un stade primitif d'*Homo sapiens*. La pression sélective continuant à s'exercer par l'intermédiaire des exigences culturelles, chaque communauté aurait ensuite évolué en *Homo sapiens sapiens*.

Pages suivantes : *vision artistique de l'inhumation de Shanidar. La cérémonie qui se déroula dans ce site évoque nos coutumes et nos croyances, mais les rituels néandertaliens revêtirent des formes variées et souvent étranges.*

Dans cette théorie, l'Homme de Néandertal est considéré comme une version archaïque d'*Homo sapiens* en Europe et au Proche-Orient. On suppose qu'il y eut des groupes semblables en Afrique et en Asie, et le fait qu'ils n'apparaissent pas aussi nettement que les Néandertaliens dans les vestiges fossiles est peut-être dû à l'absence de travaux détaillés sur cette période dans les deux continents. La diversité des populations actuelles s'expliquerait donc, dans une certaine mesure, par la variété de leurs origines géographiques, tous les humains appartenant à la sous-espèce *Homo sapiens sapiens*. Cette théorie présente donc l'évolution humaine comme une progression relativement douce d'un stade évolutif au suivant, qui se serait déroulée dans le monde entier.

La seconde théorie développe au contraire l'idée que les étapes primordiales de l'évolution humaine ont pris forme dans des endroits très localisés, plutôt qu'à l'échelle mondiale. Prenons l'exemple d'un petit groupe d'*Homo habilis* vivant isolé, quelque part en Afrique. Au cours de mutations génétiques, apparaissent des individus de l'espèce *Homo erectus* qui, mieux adaptés à l'environnement, se multiplient sur le continent africain, pour se répandre ensuite dans l'Ancien Monde. Une répartition géographique aussi vaste favorise inévitablement le développement de certains aspects locaux d'adaptation au milieu : silhouettes élancées dans les zones tropicales, morphologies plus massives dans les régions tempérées... Les vestiges fossiles témoignent d'une grande variété d'aspects, en fonction des régions du globe, au sein de l'espèce *Homo erectus*.

De nouveaux progrès évolutifs apparaissant dans certains groupes d'*Homo erectus* donnent naissance aux Néandertaliens, en Europe et à un autre groupe d'*Homo sapiens* en Afrique. La population néandertalienne, peu importante à l'origine, se développe sur les territoires précédemment occupés par *Homo erectus* et un phénomène similaire se déroule en Afrique. Par la suite, un groupe d'*Homo sapiens* (vivant peut-être en Afrique) voit l'apparition d'*Homo sapiens sapiens* : cette sous-espèce, extrêmement bien adaptée, se répand dans l'Ancien Monde, où elle prend la place des autres groupes et notamment des Néandertaliens. La diversité des populations actuelles s'explique alors en termes d'adaptation « à fleur de peau » aux conditions géographiques locales.

A la première hypothèse, qui insiste sur l'existence d'une phase néandertalienne, on peut objecter que chez les autres animaux, les nouvelles espèces apparaissent généralement dans de petites populations isolées. Affirmer qu'il en fut autrement pour les humains équivaut à plaider pour un cas exceptionnel. Mais si les premières populations humaines étaient largement réparties sur le globe, elles étaient aussi très mobiles et pouvaient se mêler librement : il se peut donc, dans ces circonstances, que la spéciation se soit déroulée différemment des autres espèces.

Telles sont donc les considérations qui divisent actuellement les spécialistes. Que nous enseignent les fossiles ? Comme je l'ai indiqué au début de ce chapitre, certains fossiles européens, tels ceux de Petralona, d'Arago, de Swanscombe et de Steinheim, apparaissent comme des relais entre deux stades de l'évolution humaine, des transitions menant à l'étape néandertalienne. Le mélange de caractères archaïques et modernes qu'ils présentent viendrait alors étayer l'hypothèse de la phase néandertalienne, car il indique que des changements se sont opérés progressivement dans un vaste secteur géographique. Existe-t-il des indices similaires d'une étape transitoire entre *Homo sapiens neandertalensis* et *Homo sapiens sapiens* ?

Cette question nous amène sur les pentes du mont Carmel qui domine la Méditerranée, près d'Haïfa. C'est là qu'à la fin des années vingt et au début des années trente, des chercheurs d'une équipe anglo-américaine firent d'étonnantes trouvailles. Dans l'une des nombreuses grottes de la région,

Mugharet et Tabun (la grotte du Four), ils découvrirent deux squelettes néandertaliens de type classique, datant d'au moins 45 000 ans. A quelques centaines de mètres, dans la grotte Mugharet-es-Skhul (la grotte des Chevreaux), ils exhumèrent les restes de dix individus beaucoup plus difficiles à classer. Ils n'étaient ni totalement modernes, ni archaïques : ils présentaient un mélange de caractères. Ces individus, âgés de 40 000 ans selon les estimations actuelles, avaient occupé le site 5 000 ans après leurs voisins néandertaliens de Tabun.

Les spécimens de Skhul ne sont pas, semble-t-il, les seuls de leur genre. A l'intérieur des terres, près de Nazareth, se trouve la grande grotte de Djebel Qafzeh, d'où furent exhumés, au cours d'une campagne de fouille qui débuta en 1933 et dura quarante ans, les restes de onze individus d'aspect moderne, bien qu'assez robustes. Les occupants de Qafzeh, âgés aussi de 40 000 ans, fabriquaient et utilisaient, malgré leur apparence d'*Homo sapiens sapiens*, des outils typiquement moustériens.

Il est fort tentant de considérer les humains de Skhul et de Qafzeh comme les intermédiaires prévus par la théorie « de la phase néandertalienne », et de nombreux spécialistes ont adopté cette interprétation. William Howells et Eric Trinkaus pensent différemment : selon eux, en dépit de l'aspect robuste des individus, l'analyse statistique de l'ensemble des modèles anatomiques « indique que ces spécimens ne présentent pas d'affinités particulières avec les Néandertaliens... et ne met en évidence aucun signe morphologique pouvant indiquer, globalement, une transition entre Néandertaliens et humains modernes ». Une fois de plus, les mêmes fossiles sont

La grotte de Mugharet et Tabun, située sur le mont Carmel : les gradins sont l'héritage des archéologogues qui fouillèrent le site à la fin des années vingt et au début des années trente. Ils y découvrirent deux squelettes de type néandertalien, qui dataient de 45 000 ans.

l'objet, de la part des divers groupes de scientifiques, d'interprétations contradictoires.

En ce qui concerne l'autre hypothèse, selon laquelle l'humain moderne aurait évolué quelque part dans le monde, peut-être en Afrique, avant d'occuper l'Asie et l'Europe, les indices fossiles sont trop maigres encore pour orienter le débat dans cette direction de façon définitive. Dans la grotte Border, en Afrique du Sud, on a découvert un fragment de crâne et une mandibule d'aspect très moderne, qui pourraient dater de 90 000 ans, ou bien se révéler plus récents. Si l'âge le plus ancien était confirmé, la théorie du « Jardin d'Eden » s'en trouverait renforcée. Un crâne de 120 000 ans, trouvé à Laetoli, ainsi que deux pièces que j'ai mises au jour dans la vallée de l'Omo présentent des traits étonnamment modernes. Tous ces vestiges attirent l'attention sur l'Afrique. Si la théorie du « Jardin d'Eden » est vérifiée, l'origine africaine de l'humanité moderne coïncide avec les indices qui sont à notre disposition à l'heure actuelle, mais certains spécialistes revendiquent pour le Proche-Orient cette même origine. L'état actuel des connaissances ne permet pas, pour l'instant, de résoudre ce problème.

Je pense que la conclusion du débat entre les deux théories évolutives situera en fin de compte la réalité des faits entre les deux positions extrêmes. Il se peut qu'une poussée évolutive aboutissant à *Homo sapiens sapiens* se soit produite dans quelque communauté localisée et que le nouveau groupe ait ensuite occupé diverses parties du monde. Mais on peut penser qu'il ne prit pas réellement la place des autres populations du genre *Homo* : les différences génétiques entre les diverses espèces étaient probablement assez faibles pour permettre des croisements. Aucun site néandertalien ne témoigne d'invasions de hordes sanguinaires. En fait, tous les vestiges de cette période indiquent une transition progressive et sans

L'entrée de la grotte de Mugharet-es-Skhul, à quelques centaines de mètres de Mugharet et Tabun. Les dix individus qui y furent découverts étaient inclassables : ils présentaient un curieux mélange de traits néandertaliens et de caractères modernes. Ils avaient vécu dans ce site 5 000 ans seulement après les occupants néandertaliens de la grotte de Tabun.

heurts. On peut donc penser qu'il y eut une assimilation par croisements, plutôt que des conflits de territoire entre groupes. Il se peut aussi que l'importance numérique des peuples qui ont migré en Europe, au Proche-Orient et en Asie occidentale ait excédé celle des indigènes néandertaliens au point de diluer considérablement leurs caractéristiques génétiques. Cette situation pourrait expliquer la disparition brutale des traits néandertaliens dans les vestiges fossiles. Les habitants actuels de ces pays doivent donc considérer qu'ils possèdent très probablement quelques gènes néandertaliens.

Les humains, dont l'aspect était désormais totalement moderne, explorèrent les toundras du nord de l'Europe et de l'Asie, et pénétrèrent dans le Nouveau Monde. Les glaciers retenant une énorme masse d'eau, le niveau de la mer était bas : le voyage d'Asie du Sud-Est en Australie, loin d'être la grande aventure maritime qu'il représente aujourd'hui, consistait en quelques sauts de puce d'une île à l'autre. Plus éprouvante, en revanche, fut certainement la traversée de la vaste toundra glacée et des plaines herbeuses du détroit de Béring, momentanément asséché, que les premiers « Américains » entreprirent il y a 40 000 ans environ. Il est probable que ces groupes atteignirent le Nouveau Monde en suivant simplement les troupeaux sauvages dont ils vivaient. Ils colonisèrent ensuite de nouveaux territoires, saisissant avec succès les occasions qui s'offraient à eux.

L'expansion de l'humanité ne fut pas uniquement géographique. L'apparition d'*Homo sapiens sapiens* s'accompagna d'une évolution spectaculaire sur le plan de l'habileté manuelle, de l'organisation sociale et de l'expression artistique. L'art s'épanouit dans toute sa splendeur : la peinture pariétale, la sculpture et la gravure devinrent un aspect essentiel de la vie humaine. L'âge de l'art s'ouvrait.

10 L'art de l'âge glaciaire

C'est devant les magnifiques fresques de Lascaux, dans le sud-ouest de la France, que j'ai éprouvé certainement l'une des plus vives émotions de mon existence. Chevaux, cerfs et bovidés, éclatants de couleurs et de vie, semblent jaillir des parois luisantes sur lesquelles ils furent peints, il y a 14 000 ans environ. Loin d'être de méticuleux croquis d'animaux au repos, ces peintures sont des célébrations de l'action, du mouvement et de la vie.

Comme effrayés par l'étrange personnage cornu, sorte de sorcier, qui est peint près de l'entrée, les animaux préhistoriques fuient en cavalcade vers les recoins les plus reculés de la grotte. Quatre énormes taureaux blancs, cernés de noir, dominent la rotonde où s'élargit la longue caverne : la Salle des taureaux. Une multitude d'animaux plus petits se bousculent entre les pattes des grandes bêtes. Chevaux au trot, cerfs tendus et jeunes poneys fringants se détachent en noir, rouge et jaune sur les parois et le plafond, vigoureusement peints, ou simplement esquissés. Les dessins se chevauchent et sont de dimensions très variables. Un fin cheval rouge violacé, à l'épaisse crinière noire, voisine avec deux gros taureaux qui s'affrontent cornes à cornes. Signes géométriques et alignements de points noirs accentuent encore le mystère de cette Salle des taureaux.

Au-delà de la rotonde, la grotte se rétrécit en une galerie décorée de silhouettes qui bondissent et basculent, et dont l'entrée est ornée d'une tête de cerf au trait vigoureux. Une vache noire franchit d'un bond le plafond, d'un côté à l'autre de l'allée. Sur la paroi de droite, une file de poneys aux longs poils bruns s'étire sous la tête énorme d'un taureau noir. Une troupe de seize chevaux se tient non loin de là. Sur la paroi opposée, un taureau noir s'enfuit vers le fond de la galerie, derrière un cheval qui file, crinière brune au vent. Plus loin, à l'endroit où l'allée se rétrécit encore et bifurque brusquement à droite, un autre cheval plonge et culbute dans l'obscurité.

Sur la gauche de la Salle des taureaux s'ouvre un étroit couloir dont les parois effritées sont couvertes d'un enchevêtrement de gravures minuscules, qui se détachent particulièrement bien sous un éclairage d'angle. Chevaux et cerfs y figurent en abondance; parfois, seules les têtes sont représentées. Un petit renflement du rocher semble devoir figurer la rondeur d'un ventre, et l'œil d'un cheval est une minuscule protubérance. Le couloir débouche sur la nef, où se déploient quatre séries de peintures : trois à gauche, une à droite. Huit chèvres sauvages sont groupées sur la gauche. Quatre sont rouges, à cornes noires, et les quatre autres sont noires, mais seule la gravure des cornes apparaît. Des dessins géométriques accompagnent deux juments gravides. Un étalon et un bison sont transpercés de flèches gravées. Deux autres chevaux sont peints, l'un au galop, l'autre broutant. La figure la plus étrange de cette paroi est une énorme vache noire peinte par-dessus une série de chevaux de taille inférieure. Avec un corps gigantesque, des pattes très fines et une tête minuscule, ce dessin est unique en son genre à Lascaux. Le long du mur opposé, cinq cerfs glissent en

Splendide taureau peint de la grotte de Lascaux, dans le sud-ouest de la France.

Au fond de la Salle des taureaux, un cheval semble basculer dans le vide.

silence, esquissés d'un simple trait noir. Seuls leurs têtes et leurs cous apparaissent, comme s'ils nageaient dans un fleuve, et l'animal qui les mène semble dresser son mufle comme à l'approche d'une berge invisible.

La nef se rétrécit, puis s'ouvre de nouveau sur deux renfoncements dont l'un porte sur ses parois six lions gravés. Un des lions a été tué, et douze flèches jaillissent de son corps au tracé délicat. A droite, à la jonction du couloir aux gravures et de la nef, s'ouvre l'abside, où s'entrelacent des gravures et des peintures fânées. Les dessins sont généralement peu précis, mais il y a là une grande gravure, réellement étonnante, représentant une tête de cerf et ses bois : c'est probablement l'une des plus belles œuvres gravées de la préhistoire.

Le mystère de Lascaux s'épaissit encore avec une étrange scène peinte sur la paroi d'un puits de l'abside. Un homme mort est étendu entre un bison blessé et un rhinocéros. A la différence des animaux de la grotte, l'homme est très schématiquement figuré : quatre doigts terminent des bras en allumettes, et son visage ressemble à un bec. Près de lui, un oiseau se tient au sommet d'une perche : s'agit-il de l'animal vivant ou de sa forme sculptée ? Le bison blessé, poil hérissé et queue dressée, perd ses entrailles, tandis qu'il baisse sur l'homme des cornes menaçantes. Trois paires de points séparent cette scène du rhinocéros qui, tourné de l'autre côté, semble s'éloigner.

De la grotte de Lascaux, on émerge dans l'éblouissant éclat de la clairière qui en borde l'entrée, avec le sentiment de quitter un monde ancien et merveilleux. Une atmosphère de vibrante activité baigne l'étrange calme immobile de la grotte. Le contraste entre la vivacité des animaux galopant sur les parois et le silence absolu de l'air frais est presque éprouvant. On s'émerveille de la qualité artistique de ces peintures d'un autre âge, et ce voyage dans le temps invite à s'interroger sur les auteurs de ces œuvres. Quels désirs les animaient ? La grotte était-elle un lieu sacré ? Les scènes fraîchement peintes étaient-elles l'objet de rituels de chasse magiques, ou bien le décor de cérémonies de caractère social ou saisonnier ? Peut-être ces artistes se glorifiaient-ils simplement du plaisir sensuel de leurs créations ?

Aujourd'hui, d'épaisses portes séparent le monde moderne de l'univers, rendu au silence, des artistes préhistoriques, protégeant la grotte des déprédations humaines, ainsi que des micro-organismes qui pourraient en détruire les précieuses peintures. C'est à la fin du dernier âge glaciaire, il y a environ 35 000 ans, que l'art préhistorique commença à s'épanouir. Il atteignit son apogée au temps de Lascaux, il y a 15 000 ans, et disparut pour toujours avec le retrait des glaces, il y a 10 000 ans. De nos jours, plus de deux cents grottes et abris décorés ont été découverts notamment dans le sud-ouest de la France et le nord de l'Espagne. Lascaux, et le site espagnol d'Altamira qui fut la première grotte peinte ouverte au jour, sont certainement l'héritage le plus prestigieux de l'art préhistorique en Europe.

Certains sites africains abritent aussi de spectaculaires peintures rupestres, moins connues cependant, et souvent négligées : en Afrique du Nord et au sud de l'actuel désert du Sahara, en Tanzanie et en Afrique du Sud, essentiellement. Les exemples tanzaniens sont les plus intéressants, et mes parents les ont étudiés au début des années cinquante. Ma mère en a fourni une précieuse description en reproduisant soigneusement les figurations de quelques-uns des quatre-vingt huit sites répertoriés.

Les peintures tanzaniennes ont été exécutées sur les parois d'abris-sous-roche et ne sont pas très bien conservées. Mais les fouilles de plusieurs sites ont permis d'estimer que les premières datent de 35 000 ans. Elles figurent une profusion d'animaux, peints dans le plus infime détail, ainsi que d'étonnants portraits d'hommes et de femmes, le plus souvent occupés à des activités : chasse, baignade ou conversation; dans une scène, le sujet de la discussion semble être une jeune fille.

L'Europe à l'âge glaciaire

L'Europe de l'âge glaciaire nous semblerait totalement étrangère, tant par son aspect physique que par la faune qui la peuplait. Les glaciers couvraient la Scandinavie et la majeure partie de la Grande-Bretagne. Plus au sud, s'étendaient à perte de vue une toundra et une steppe sans arbres, traversées d'immenses troupeaux de rennes, de mammouths et de chevaux. Dans le sud de la France et en Espagne, le climat, bien que froid, était moins âpre : les températures d'été avoisinaient 15°C et les soirées étaient très fraîches. Les falaises calcaires offraient un abri contre les rigueurs de l'hiver. Mammouths et rennes vivaient dans le sud pendant la saison froide, avec les troupeaux de bisons, de cervidés et d'ovidés sauvages.

La variété de l'environnement — collines, vallées fluviales et plateaux — en France et en Espagne favorisait la survivance de nombreuses espèces animales, chacune étant adaptée à un milieu particulier. Le rhinocéros laineux et le bœuf musqué, comme le mammouth et le renne, étaient acclimatés aux régions froides. Le bouquetin et le chamois préféraient les pentes rocheuses des sommets de collines glacés. Sangliers, cervidés et élans recherchaient l'abri des forêts sur les basses pentes montagneuses. Les fleuves abondaient en saumons, brochets, truites et anguilles. Lions, léopards, loups et renards vivaient aux dépens des vastes troupeaux. L'Europe méridionale de l'âge glaciaire regorgeait d'une faune sauvage,

Les peintures pariétales africaines, à la différence de celles d'Europe, représentent souvent des humains en activité. Cette peinture d'un abri-sous-roche de Tanzanie figure, pense-t-on, deux groupes d'individus discutant au sujet d'une jeune fille.

mais la population humaine y était très clairsemée, s'élevant peut-être à quelques dizaines de milliers d'individus. Selon l'expression de François Bordes, l'Europe était alors « un désert humain fourmillant de gibier ».

Les chasseurs-cueilleurs nomades de cette période vivaient généralement en plein air et dressaient des abris temporaires dans des sites favorables. Ils s'installaient parfois dans des grottes, ainsi que l'indiquent les reliefs de repas. Mais il semble que les grottes qui renferment des peintures ou des gravures pariétales ne servaient pas d'habitat. On peut supposer aussi que des œuvres furent exécutées sur les parois d'entrée des abris, relativement exposées aux intempéries, et qu'elles ont progressivement disparu. Il est intéressant de remarquer que de nombreux exemples de peintures, gravures et autres œuvres d'art ont été réalisés dans des lieux d'accès particulièrement difficile et qui ne furent visités qu'une ou deux fois, ainsi qu'en témoignent des empreintes de pieds intactes. L'art de ces grottes semble donc avoir été une manifestation assez particulière : la rareté des vestiges alimentaires dans les sites décorés les plus accessibles indique que ces lieux étaient investis d'une fonction spécifique.

La découverte de la première grotte

La vieille ferme d'Altamira est située sur des hautes prairies en pente douce, à quelque 4 kilomètres de la côte nord de l'Espagne. Au sud, la Cordillère cantabrique domine l'horizon, et les Picos de Europa, souvent enneigés, atteignent près de 3 000 m à l'ouest. Le décor est spectaculaire. Dans les lointaines profondeurs du sous-sol de la ferme, une série de grottes et d'étroits couloirs serpentent dans la roche calcaire. Le fait que ce secteur est criblé de grottes était connu depuis longtemps, mais jusqu'en 1868, le propriétaire des lieux, Don Marcellino de Sautuola, ignora l'existence de celle qui allait devenir la célèbre grotte d'Altamira. Cette année-là, un chasseur en découvrit par hasard l'entrée, tandis qu'il tentait de sauver son chien tombé dans les rochers. Quand Sautuola, qui était archéologue amateur, apprit la nouvelle, il explora brièvement la grotte, où il ne trouva que quelques vieux ossements. Lors d'un séjour à Paris en 1878, il interrogea le célèbre préhistorien français Edouard Piette sur la vie à l'âge glaciaire et Piette lui indiqua ce qu'il pourrait chercher dans la grotte. Stimulé par ces entretiens, Sautuola ouvrit de nouveau la grotte d'Altamira et l'explora plus à fond. Il découvrit alors que la petite entrée s'ouvrait sur une série de trois galeries en zigzag, complétées par plusieurs prolongements latéraux. Plus loin, les galeries s'effilaient en un long couloir sinueux, long de 50 m environ. L'ensemble du réseau mesurait 300 m.

Travaillant accroupi, Sautuola explora soigneusement le site, mais il ne découvrit que quelques outils de pierre, et la grotte aurait gardé pour toujours le secret de ses richesses sans l'intervention de la petite Maria. Accompagnant son père, par un beau jour de 1879, Maria entra dans une salle basse que Sautuola avait déjà explorée. Mais là où son père avait dû ramper, Maria pouvait se tenir debout et, levant les yeux, elle aperçut des images peintes sur le plafond bas, que son père n'avait pas remarquées. Sautuola en crut à peine ses yeux quand Maria l'appela : dans la lueur vacillante de la lampe, flottaient les silhouettes rouges de deux douzaines de bisons. D'autres animaux étaient peints à la périphérie du groupe : deux chevaux, un loup, trois sangliers et trois biches.

Peinte en rouge, jaune et noir, la scène était aussi fraîche que si elle venait d'être réalisée. De façon ingénieuse, les artistes paléolithiques avaient su tirer parti des creux et des bosses du plafond accidenté pour donner aux images un étonnant volume. Cette technique, qui est un trait commun de l'art de l'âge glaciaire, n'a atteint nulle part ailleurs la perfection des œuvres d'Altamira.

Taureau de la grotte d'Altamira; à gauche, on aperçoit l'arrière-train d'un autre taureau. Les protubérances du rocher ont été utilisées pour donner une impression de volume. L'attitude des bisons, tête baissée et dos arqué, est interprétée de différentes manières : agression, agonie, ou mise bas.

Lors de son séjour parisien, en 1878, Sautuola avait remarqué, à la Grande Exposition internationale, une collection de pierres gravées provenant de grottes françaises et que la communauté scientifique considérait comme préhistoriques. Il vit alors dans les peintures d'Altamira l'écho de ces gravures. On imagine aisément son émotion et son plaisir, ainsi que la cruelle déception qui l'accabla lorsque les scientifiques européens déclarèrent que ces peintures n'étaient que l'œuvre d'un artiste moderne. Un expert espagnol affirma qu'elles ne présentaient « aucun des traits de l'art paléolithique, archaïque, assyrien ou phénicien », et qu'elles étaient « simplement l'expression d'un étudiant médiocre de l'école moderne ». Un savant français alla même jusqu'à accuser un artiste nommé Retier, qui avait séjourné un certain temps avec Sautuola, d'en être l'auteur. Bouleversé et blessé par ces déclarations implacables, Sautuola fit fermer la grotte, et mourut en 1888, sans que sa découverte fût reconnue.

Paradoxalement, c'est à cause du superbe talent qu'elles révélaient que les

peintures d'Altamira ne pouvaient être jugées authentiques. Un tel raffinement ne concordait pas avec l'image bestiale et primitive que l'époque se faisait des humains de la préhistoire. Et pourtant, les petites gravures découvertes dans des grottes étaient reconnues comme l'œuvre d'artistes très lointains. Mais l'envergure et l'impact visuel du plafond d'Altamira étaient trop irrésistiblement « humains » pour qu'on pût les attribuer à des « sauvages » vêtus de peaux de bêtes et armés de grossiers outils de pierre.

Tous les scientifiques, cependant, ne furent pas hostiles à Sautuola. Edouard Piette fut assez clairvoyant pour déceler en Altamira une œuvre de l'âge glaciaire. Un an avant la mort de Sautuola, il avait écrit à Emile Cartailhac, chef de file des détracteurs d'Altamira, pour l'encourager à reconsidérer sa position. Sa quête échoua et le souvenir de la grotte disparut de l'horizon scientifique pendant plus de vingt ans après sa découverte. Mais, comme dans le cas de l'Homme de Néanderthal, des découvertes similaires se multiplièrent, obligeant l'opinion scientifique à reconsidérer le problème. La grotte de La Mouthe, tout d'abord, fut explorée en Dordogne, en 1895 : le bison peint et le bel exemple de lampe qu'elle renfermait dataient incontestablement de l'âge glaciaire. D'autres grottes décorées furent ainsi découvertes en France : Fond-de-Gaume et Les Combarelles en Dordogne, entre autres. Les opinions commencèrent à vaciller, et une orientation nouvelle fut définitivement donnée en 1902 par Emile Cartailhac, qui reconnut publiquement son erreur dans un essai intitulé *Mea Culpa d'un sceptique*. L'authenticité d'Altamira était admise.

La plupart des grottes et abris décorés, parmi les 200 environ connus à ce jour, furent découverts fortuitement, souvent par l'intermédiaire de chiens, d'enfants ou de spéléologues. Ces héritages de l'âge glaciaire sont concentrés dans les collines et les vallées calcaires du Périgord, des Pyrénées et des monts Cantabriques, en Espagne; on en trouve quelques exemples en Italie et un site solitaire a été découvert près de Kapovaia, dans les monts Oural. La similitude de ces peintures est étonnante, à la fois dans les sujets et dans le style. Et si chaque site est incontestablement unique par la composition de ses décors et les innovations techniques qu'il offre parfois, l'ensemble des œuvres n'en donne pas moins l'impression qu'il s'agit de variations sur un même thème.

Au cours de mes visites dans un certain nombre de sites français, j'ai été frappé par la profonde connaissance que les artistes avaient de leurs sujets, et par leur perception très fine du détail. Cependant, la qualité des œuvres varie selon les sites et Lascaux est, de ce point de vue, très supérieur à la plupart. L'art rupestre donne souvent une impression de chaos : de grands dessins sont mêlés à des petits, les peintures se chevauchent, les scènes ne sont pas délimitées entre elles, les animaux sont orientés dans toutes les directions et aucun décor — paysage ou simple surface — ne leur sert de support. Toute idée de composition semble absente, sauf en ce qui concerne les œuvres de Lascaux, d'Altamira et d'un petit nombre d'autres sites. Mais lorsque nous considérons l'art préhistorique, nous ne devons jamais oublier que notre regard est éduqué selon les critères du xxe siècle et que nous ne voyons pas sur les parois de ces grottes ce que les artistes et leurs congénères y voyaient. L'art, détaché de son contexte social, perd une grande partie de sa signification.

L'art pariétal dépeint généralement des animaux, mais offre aussi des motifs « abstraits » : groupes de points, lignes sinueuses, grilles rectangulaires dont les cases sont parfois peintes de couleurs variées. L'animal le plus communément peint est le cheval, suivi du bison et des ovidés : ces trois espèces forment 60 % du total des peintures. Viennent ensuite les cervidés, mammouths, bouquetins et rennes, quelques antilopes, chèvres, sangliers, rhinocéros et un certain nombre de carnivores : lions, hyènes, renards et

Les principaux sites artistiques de l'âge glaciaire découverts en France et au nord de l'Espagne.

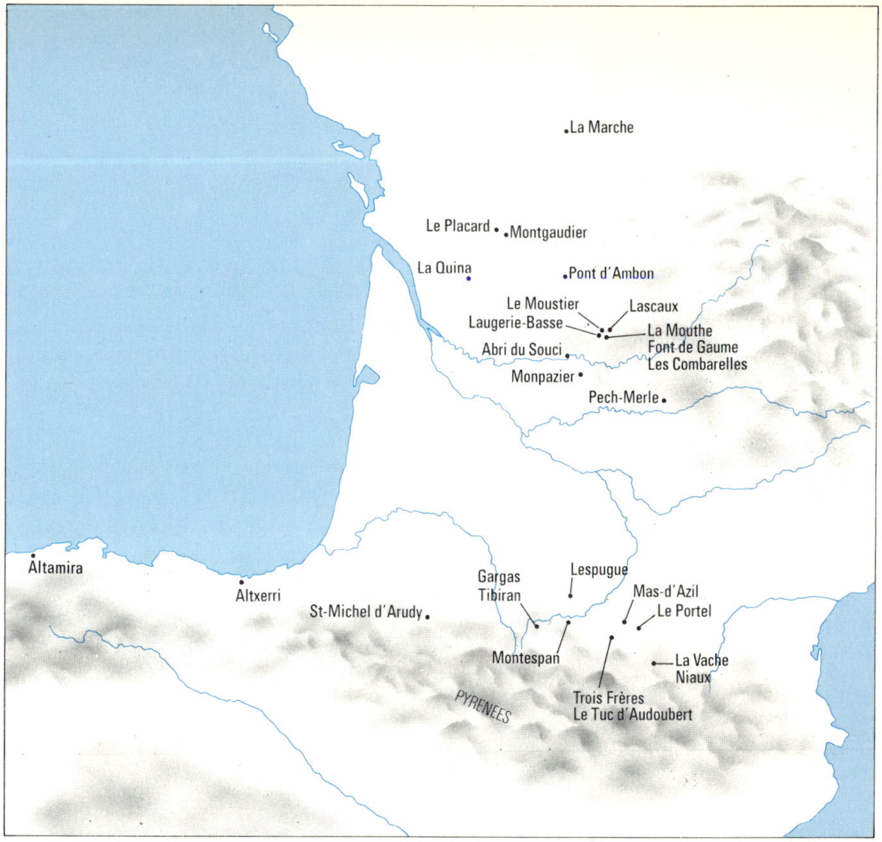

loups. Il y a très peu de poissons et d'oiseaux, qui eurent pourtant une place de choix dans le régime alimentaire des peuples de l'âge glaciaire. Mais le point le plus étrange est incontestablement la rareté des représentations humaines. Celles qui existent sont plus des schémas suggérant la forme humaine que des portraits naturalistes, domaines où ces artistes excellaient pourtant. Seule l'étonnante grotte de La Marche, dans l'ouest de la France, possède des esquisses de portraits humains, dont la plupart sont d'ailleurs plus proches de la caricature. Il existe en revanche des empreintes peintes de mains humaines et, dans de nombreux sites, des contours de mains obtenus par projection de peinture autour des doigts. Ces marques semblent dire : « J'étais là », un peu comme des signatures.

Bien que l'intérêt du public se porte surtout sur les peintures, les petits objets mobiliers, ossements, bois de cervidés ou pierres gravés, représentent un aspect essentiel de l'art de l'âge glaciaire. Des milliers d'objets magnifiquement sculptés et gravés ont été découverts au cours du siècle dernier, provenant pour la plupart de grottes peintes. Le manque d'intérêt des scientifiques pour cet « art mobilier » — réhabilité aujourd'hui par un certain nombre de chercheurs — semblait indiquer qu'il apportait peu de renseignements. Et cependant, grâce à lui, certains points sont déjà plus clairs : un os gravé, par exemple, pouvait être un objet personnel, porté comme simple ornement ou comme signe d'appartenance à un groupe. Il existe d'autres hypothèses que j'évoquerai plus loin. Avec les objets de cette sorte, c'est l'art qui rejoint le peuple, et non plus le peuple qui va à l'art, comme dans le cas des peintures rupestres.

A la différence de l'art pariétal, l'art mobilier étonne par la rareté des figurations d'animaux. Il est orné essentiellement de motifs géométriques : arcs, groupes de points, chevrons, zigzags, entre autres. A Altamira, les œuvres rupestres mettent l'accent sur les figurations de bisons, tandis que les objets provenant de cette grotte n'en présentent pas une seule. En revanche, l'art mobilier foisonne de gravures de cervidés et les ossements trouvés dans le sol indiquent que ces animaux étaient la nourriture de prédilection des humains qui se rassemblaient là. Il faut souligner aussi que l'art mobilier des différentes régions d'Europe ne présentent pas la même uniformité que les peintures pariétales, ce qui pourrait être un reflet de son caractère individuel.

L'une des grandes énigmes de l'art paléolithique est le peu de cas que les peintures rupestres font du renne. D'après les restes osseux trouvés dans les grottes décorées, il est évident que le renne a tenu une place de choix dans la nourriture : les os de rennes constituent parfois 98 % des restes d'animaux dans les sites habités. Et cependant, les figurations de cet animal sont extrêmement rares. Pourquoi ? Claude Lévi-Strauss a fait remarquer, à propos de l'art du peuple San et des Aborigènes d'Australie, que certains animaux étaient représentés le plus souvent non parce qu'ils sont « bons à manger », mais parce qu'ils sont « bons pour penser ». Il nous est difficile de pénétrer l'univers des artistes préhistoriques. Nos perspectives, nos croyances et nos conceptions du monde sont différentes. Mais quelle que fût la motivation qui anima leurs pinceaux et leurs burins, cet art fut étonnament stable.

J'ai indiqué qu'il existait une certaine similitude entre les peintures rupestres d'Europe. Des traits communs semblent persister également au fil du temps. Malgré une certaine évolution de l'art au cours de cette période de 25 000 ans, ses métamorphoses n'ont rien de spectaculaire. L'impression générale de stabilité qui prédomine contraste vivement avec les changements relativement rapides qui ont affecté le style des outils pendant cette période. Selon l'éminent préhistorien français, spécialiste d'art rupestre, André Leroi-Gourhan, « dans la vie d'une société, les modèles d'armes changent très souvent, les formes d'outils moins souvent et les institutions sociales très rarement; quant aux institutions religieuses, elles restent inamovibles durant des millénaires ».

La signification de l'art de l'âge glaciaire

Dès que les peintures pariétales furent reconnues comme des créations authentiques de l'âge glaciaire, les préhistoriens s'efforçèrent d'en comprendre la signification. Un an après qu'il eût confessé ses torts au sujet d'Altamira, Emile Cartailhac invita un jeune prêtre français, Henri Breuil, à visiter la grotte avec lui. L'abbé Breuil était déjà, à l'âge de 26 ans, un éminent spécialiste de la fin de l'âge glaciaire et allait devenir l'un des plus grands préhistoriens français. Il passa des années à établir des copies raffinées de l'art rupestre dans toute l'Europe et entreprit une analyse des étapes de son évolution, projet extrêmement difficile à réaliser, en l'absence de datation précise dans de nombreuses grottes décorées. Ce problème se pose d'ailleurs encore aujourd'hui, malgré l'apparition de techniques de datations bien plus perfectionnées.

L'abbé Breuil interpréta l'art de l'âge glaciaire comme un rite magique de chasse, un moyen surnaturel d'obtenir « que le gibier soit abondant et prolifique et que les animaux soient tués en nombre suffisant ». L'enchevêtrement désordonné des images, pensait-il, impliquait qu'elles avaient été peintes tout au long d'une série de cérémonies organisées en faveur de la chasse. Les dessins géométriques étaient, dans cette optique, la représentation schématique de pièges et de filets. Selon l'abbé Breuil, la plupart des grottes décorées étaient des lieux sacrés réservés aux fêtes rituelles.

L'abbé Breuil pensait que les grottes décorées étaient des lieux sacrés où les chasseurs venaient accomplir des rituels avant les grandes expéditions : ils ajoutaient chaque fois de nouvelles figures animales, ce qui expliquerait l'enchevêtrement des dessins dans de nombreuses grottes. Sur cette paroi du site de Niaux, bisons et chevaux sont mêlés, et il semble que les artistes aient rajouté par la suite les flèches qui percent leurs flancs. Cette théorie du « rituel de chasse » était séduisante, mais laissait dans l'ombre plusieurs aspects essentiels, notamment le problème des rennes : proies de choix, ainsi que l'indique la richesse des leurs ossements dans les habitats, ils furent très pauvrement représentés dans l'art rupestre.

Comme la majorité des préhistoriens de son époque, il envisageait la vie à l'âge glaciaire comme une lutte continuelle pour la recherche de nourriture et expliquait ainsi le recours aux puissances magiques en vue d'une chasse fructueuse. Il estima que l'art préhistorique était peu à peu tombé dans l'oubli il y a 10 000 ans, lorsque les abondants troupeaux se dispersèrent avec le retrait des glaces. L'époque des chasseurs de l'âge glaciaire était révolue et avec elle disparaissait sa magie.

Cette conception de l'art paléolithique était encore vivace il y a quelques dizaines d'années. Elle soulève aujourd'hui diverses questions, notamment celle de savoir pourquoi le renne qui était, nous le savons, la proie de prédilection des chasseurs, est si pauvrement représenté dans les peintures rupestres. De plus, si ces œuvres étaient uniquement des signes magiques destinés à la chasse, comment expliquer que seulement 10 % des animaux y figurent dans des positions de proies tuées ?

En 1940, la découverte de Lascaux et de ses peintures relativement cohérentes vint ébranler l'hypothèse de l'abbé Breuil, fondée en partie sur l'enchevêtrement apparemment chaotique des œuvres rupestres. Les compositions soigneuses de Lascaux et d'Altamira étaient-elles exceptionnelles ou révélaient-elles avec plus de force un style qui, tout en étant moins net dans les autres grottes décorées, n'y étaient pas moins présent ? André Leroi-Gourhan et Annette Laming-Emperaire, indépendamment l'un de l'autre, estimèrent qu'il existait une structure dans les peintures rupestres. « En fait, déclara André Leroi-Gourhan, la logique est l'un des premiers faits qui frappe l'esprit lorsqu'on étudie l'art paléolithique. Dans les peintures, les gravures et les sculptures, sur les parois rocheuses ou sur l'ivoire, sur les bois de rennes, l'os et la pierre et selon les styles les plus divers, les artistes paléolithiques décrivent toujours le même inventaire d'animaux, dans des attitudes comparables. Une fois cette unité reconnue, il ne reste plus qu'à chercher les moyens de classer systématiquement les subdivisions spatiales et temporelles de cet art. »

La profusion de chevaux et de bisons dans l'art de l'âge glaciaire ne reflète pas simplement, pour André Leroi-Gourhan et Annette Laming-Emperaire, un goût artistique particulier pour ces animaux. Les deux préhistoriens y voient la signification plus profonde d'un modèle de société. Ce « modèle » est fondé sur la dualité mâle-femelle et, dans cette optique, les symboles féminins et masculins sont répartis à l'intérieur des grottes de manière à refléter une division fondamentale de l'univers. Pour André Leroi-Gourhan, le bison représenterait l'élément féminin, et le cheval l'aspect masculin. Annette Laming-Emperaire émet l'hypothèse inverse. Dans le système d'André Leroi-Gourhan, seraient également féminins le bœuf, le mammouth et certains signes géométriques évoquant les parties génitales de la femme. Le cerf, le bouquetin et certains signes phalliques seraient des symboles masculins.

Au cours de ses longues recherches méticuleuses, André Leroi-Gourhan étudia soixante grottes et plus de deux mille représentations. Au-delà du contenu des images, il s'intéressa à leur répartition dans les grottes. Les symboles féminins, conclut-il, en occupaient principalement le centre, tandis que les figurations masculines prédominaient dans les zones périphériques. En d'autres termes, il ne fallait plus considérer l'art rupestre comme un ensemble de peintures d'animaux disposées au hasard, mais comme une projection symbolique ordonnée de l'univers des peuples paléolithiques. La dualité sexuelle en était l'aspect le plus frappant pour André Leroi-Gourhan, qui admit cependant que cette division pouvait représenter un autre aspect dont le sens nous échappe complètement.

Il existe de nombreuses objections à cette interprétation de l'art paléolithique. On peut se demander notamment pourquoi un bison mâle devrait être un symbole de « féminité » et une jument gravide un symbole de «masculinité ». De plus, en portant son attention sur les types d'images,

Cheval de la grotte de Lascaux. Le grand nombre de chevaux et de bisons dans les peintures rupestres a conduit à l'idée que ces animaux avaient une signification symbolique. Séparément, Annette Laming-Emperaire et André Leroi-Gourhan conclurent qu'ils figuraient une division sociale entre hommes et femmes. La disposition des peintures dans la grotte représenterait alors la structure sociale de la communauté.

André Leroi-Gourhan n'a pas tenu compte de leur nombre selon les parties de la grotte où elles se trouvaient, non plus que de la taille ou de la couleur des animaux. Peut-être les artistes avaient-ils valorisé l'un ou l'autre de ces aspects. L'hypothèse d'André Leroi-Gourhan selon laquelle l'espèce de l'animal est plus importante que ses caractéristiques individuelles a pu lui faire voir dans les grottes plus de logique qu'il n'y en avait en réalité.

Cependant, en mettant l'accent, dans les années soixante, sur le *contexte* de l'art de l'âge glaciaire autant que sur son *contenu*, les travaux d'André Leroi-Gourhan et d'Annette Laming-Emperaire ont permis d'affiner notre perception de la vie préhistorique, en lui donnant une optique nouvelle et ont ouvert la voie à de nouvelles recherches. Margaret Conkey, par exemple, a récemment suggéré que le plafond peint d'Altamira pouvait refléter l'organisation sociale des humains qui se rassemblaient là.

Le cœur de la composition est un groupe de bisons : selon certains spécialistes, les animaux sont dans une attitude d'agression, pour d'autres il s'agit de bêtes à l'agonie, ou bien de femelles mettant bas. Les bisons sont entourés d'un petit nombre d'autres animaux : quelques sangliers, un cheval et une biche. Ces figures, ainsi que le suggèrent Margaret Conkey et d'autres chercheurs, pourraient n'avoir pas de rapport évident avec la chasse, mais représenteraient les individus dans le groupe social. Si les bisons du centre sont des femelles mettant bas, l'image symbolise alors la position centrale des femmes dans la communauté de chasseurs-cueilleurs. Les hommes en sont les éléments en quelque sorte extérieurs, puisqu'ils quittent en groupes l'habitat, pendant plusieurs jours de suite, pour chasser. Le cheval, la biche et les sangliers pourraient-ils représenter des hommes qui, tout en faisant partie du groupe, auraient une situation périphérique ? Margaret Conkey pose la question. De nombreux anthropologues considèrent cette disposition « matriarcale » comme un thème commun aux sociétés de cueillette.

Cette conception de l'art-reflet de la société est certainement très plausible et Margaret Conkey tente de l'appliquer à d'autres niveaux, notamment en analysant dans leurs plus fins détails les éléments graphiques des gravures et sculptures de l'art mobilier provenant de nombreux sites du nord de l'Espagne. Si, pour le regard non exercé, les objets semblent très proches, sinon uniformes, elle a pu en dégager des caractéristiques régionales. Altamira — le fait est à souligner — offre un regroupement de thèmes graphiques provenant de localités voisines. La collection d'outils de pierre trouvée dans la grotte présente aussi un échantillonnage des différents styles des régions périphériques. Altamira était, semble-t-il, un site important où les groupes humains se rassemblaient à certaines époques de l'année, très probablement en automne, quand les cerfs et les patelles étaient en abondance. Dispersés dans les collines et les vallées des monts Cantabriques pendant la majeure partie de l'année, ils se retrouvaient périodiquement, ce qui impliquait une mise en commun des richesses techniques et artistiques. Le but de ces rencontres annuelles pouvait être l'exploitation commune des ressources alimentaires dont le site d'Altamira regorgeait, ou bien des activités d'ordre social favorisées par un groupe humain plus vaste, du simple bavardage à la recherche d'une union, à la manière des peuples actuels de chasseurs-cueilleurs.

Que représente, dans ce contexte, le plafond d'Altamira ? Selon Margaret Conkey, les peintures figureraient le rassemblement de divers groupes sociaux qui, bien que distincts, auraient eu un but commun. Leslie Freeman, anthropologue de Chicago, adhère à cette opinion et pense qu'Altamira, ainsi que d'autres grands sites, « était le centre de rassemblements périodiques d'un vaste secteur, le lieu où des cérémonies saisonnières étaient organisées pour la population des environs regroupée à cette occasion ». Le plafond d'Altamira aurait donc la double fonction de représenter les relations sociales entre les groupes et à l'intérieur de chaque communauté. Cette proposition mérite d'être examinée.

Des rituels anciens dans les grottes ?

Des vestiges de rituels anciens abondent dans les grottes décorées d'Europe, mais c'est au cœur profond d'un réseau souterrain situé non loin de l'Ariège, au pied des Pyrénées, que se trouvent les plus beaux témoignages. La petite rivière Volp jaillit de l'entrée ombragée d'une grotte, Le Tuc d'Audoubert, reliée à une seconde grotte : celle des Trois Frères. Il y a environ soixante-dix ans, les trois fils du défunt comte Henri Begouën décidèrent d'explorer Le Tuc d'Audoubert sur un simple canot. L'aventure allait aboutir à une découverte fantastique.

Eclairant leur chemin à l'aide de petites lampes qu'ils tenaient à la main, les garçons durent bientôt accoster sur une grève et continuer à pied. Après avoir longé un couloir de 20 m, ils débouchèrent dans une vaste salle, festonnée de splendides stalactites. Ils gravirent ensuite à quatre pattes un tunnel escarpé, long de 15 m, et poursuivirent leur exploration à travers un grand nombre de galeries, salles et tunnels bas, s'enfonçant à tâtons et avec force contorsions dans les profondeurs de la terre. Ils avaient remarqué, jonchant leur chemin, des ossements d'ours des cavernes et d'autres animaux, ainsi que des outils de pierre. Mais jamais, dans leurs rêves les plus fous, ils n'auraient pu imaginer ce qui les attendait dans la lueur vacillante de leurs lanternes : deux bisons d'argile, magnifiquement modelés, longs chacun de près d'un mètre, se dressaient au milieu d'une salle basse et circulaire. Cette très ancienne sculpture était restée là, intacte et protégée des regards, pendant 15 000 ans.

J'avais vu des photos de ces célèbres bisons avant de visiter la grotte, mais rien ne pouvait me préparer à l'extraordinaire sentiment de respect et de crainte qui m'envahit lorsque je fus en présence de ces chefs-d'œuvre enfouis au cœur d'une colline de France. A l'époque où les frères Bégouën découvrirent la salle, en octobre 1912, un troisième bison, plus petit, était couché sur le sol près des figures principales. Il fut retiré, plus tard, pour être conservé dans un musée parisien, et un moulage prit sa place dans la grotte. Les contours d'un autre bison minuscule étaient esquissés dans le sol. Que s'était-il passé dans ce lieu ? Il est probable que des humains du Paléolithique n'avaient pas entrepris ce périlleux voyage de 700 m dans les entrailles de la terre pour le simple plaisir d'exercer leur talent artistique — d'autant plus qu'ils n'avaient, pour s'éclairer, que des torches de graisse animale qu'ils ne pouvaient rallumer dans la grotte si elles s'éteignaient.

Lorsque le comte Bégouën, archéologue de l'Université de Toulouse, examina avec des collègues ce site remarquable, il trouva d'autres indices permettant de supposer qu'il s'agissait d'un lieu de cérémonies rituelles. Tout près, dans une salle latérale, située à 25 m environ des bisons, il découvrit la fosse d'où l'argile avait été extraite, ainsi que les empreintes de pieds que les sculpteurs avaient laissées dans le sol humide; mais, fait étrange, seules apparaissaient les marques des talons, comme si les artistes, pour quelque raison, avaient pris soin de ne laisser aucune traces de leurs orteils. Dans un coin de la salle, gisaient cinq « boudins » d'argile. Etaient-ils destinés à un modelage, ou représentaient-ils des phallus symboliques ? Personne ne le saura jamais.

Une autre grotte pyrénéenne, la grotte de Montespan, renferme des statues d'argile dont le modelé n'est, cependant, pas aussi raffiné qu'au Tuc et qui se sont détériorées avec le temps. Des fragments d'un lion et de plusieurs ours de terre glaise s'appuient aux parois d'une salle, à 2 km

Bison d'argile du Tuc d'Audoubert. Même avec des torches électriques et un canot pneumatique, l'exploration de la grotte est très difficile. Les artistes paléolithiques avaient probablement de puissantes motivations pour y pénétrer à la lueur de lampes à huile ou de torches rudimentaires.

environ de l'entrée de la grotte. Là encore, le sol argileux a conservé des empreintes de pieds, dont certaines d'enfants.

La présence d'une rivière souterraine dans ces deux grottes est-elle significative, comme le pense l'archéologue britannique Paul Bahn ? Les rivières, pièces d'eau et lacs, souligne-t-il, représentent souvent, pour les peuples à technologie rudimentaire, un fort potentiel spirituel. Et courant dans des grottes, qui symbolisent l'entrée d'un autre monde, cette eau possède des pouvoirs encore plus grands. « Nous avons toutes raisons de supposer que l'eau jouait dans les croyances du Paléolithique supérieur un rôle de premier plan et qu'elle constituait un facteur inséparable de l'art rituel de cette période. »

Le réseau souterrain du Tuc renferme d'autres échos d'un passé mystique, dans la grotte des Trois Frères, baptisée d'aprés les fils du comte qui, deux ans après leur prodigieuse découverte, s'enfoncèrent une fois de plus vers des salles inexplorées. Après s'être faufilés dans des passages tortueux, ils

débouchèrent dans une grotte aux parois festonnées de délicates gravures d'animaux. Les artistes avaient dû passer là de longues heures à graver patiemment la roche, à la lueur de simples lampes à mèche qui projetaient des ombres vacillantes dans les étroits couloirs.

La grotte des Trois Frères est l'une des plus densément décorées de l'époque préhistorique, mais son principal attrait réside sans doute dans la saisissante figure d'une chimère mi-humaine, mi-animale, dénommée « le Sorcier ». Dans cette image peinte et gravée, une ramure de cerf surmonte un visage barbu où deux yeux de hibou regardent fixement. La créature a un corps et une queue de cheval, des pattes avant d'ours et des membres postérieurs indéniablement humains. Des organes génitaux pendent, étrangement mal placés, sous la queue. Si cette chimère est étrange, sa position ne l'est pas moins, car elle se tient, de fait, debout, mais à la manière d'un quadrupède. L'image est située sur la paroi d'une « cheminée » suspendue au-dessus de la grotte richement ornée.

S'agit-il d'un sorcier du Paléolithique, vêtu de peaux de bêtes et coiffé d'andouillers, ainsi que l'ont cru tout d'abord l'abbé Breuil et le comte Bégouën ? Ou est-ce une image de l'univers mystique de ces artistes, qui exprimerait la dualité des mondes animal et humain ? Des créatures mi-humaines, mi-animales, ou formées de deux animaux différents sont un thème commun à de nombreuses religions : les serpents à plumes et les singes-hiboux figurent parmi les êtres surnaturels d'un grand nombre de cultures sud-américaines. Le Sorcier est peut-être l'une de ces créations ambiguës, mais Margaret Conkey suggère une autre interprétation des images de Lascaux et des Trois Frères : elles seraient destinées à mettre l'accent sur la continuité entre les mondes humain et animal, plutôt que sur leur division. Si les humains du Paléolithique se considéraient comme éléments indissociables de l'univers où ils vivaient, cette possibilité est tout à fait plausible. Mais les hypothèses sont nombreuses, et personne ne peut dire laquelle est exacte.

Les empreintes de pieds d'enfants retrouvées dans des recoins à peine accessibles de certains réseaux de grottes sont particulièrement émouvantes. Que faisaient de jeunes enfants au plus profond de ces grottes périlleuses ? Une section récemment découverte dans le vaste système de Niaux, dans la vallée de l'Ariège, fournit une nouvelle vision de cet étrange aspect de la vie paléolithique. Dans une niche latérale, haute d'un mètre à peine, trois enfants s'étaient blottis; leurs empreintes se sont conservées, craquelées et intactes, pendant au moins 10 000 ans. Dans la grotte voisine de Fontanet, plusieurs enfants ont laissé — délibérément, semble-t-il — les empreintes de leurs pieds et de leurs mains dans une galerie menant à une vaste salle qui, par ailleurs, contenait des reliefs de repas. Ce dernier indice, rare dans les grottes décorées profondes, semble indiquer que des festivités accompagnaient les cérémonies qui se déroulaient devant les figurations de bisons et de bouquetins. Cette salle présente un autre trait inhabituel : à côté des animaux, des humains avec de gros nez en pied de marmite sont dessinés sur la paroi.

Plus émouvantes encore sont les empreintes de mains, obtenues par des projections de peinture autour des doigts plaqués à la roche. La couleur était vraisemblablement « vaporisée » au moyen d'un fin chalumeau fait d'une tige de plante, après que l'artiste l'eût prise dans sa bouche. Ces empreintes se retrouvent dans plus de vingt grottes de France et d'Espagne, mais elles y sont en général peu nombreuses et peu nettes. Dans trois de ces grottes, cette pratique revêt un aspect énigmatique et troublant : à Maltravieso, en Espagne, et à Tibiran et Gargas, dans les Pyrénées, la plupart des empreintes révèlent, à des degrés divers, une mutilation des doigts. Les mains de Gargas sont les plus spectaculaires : dans des nuées rouges et

Le « Sorcier » de la grotte des Trois Frères. L'abbé Breuil et le comte Bégouën virent dans cette figure un homme vêtu de peaux de bêtes, officiant au cours d'un rituel de chasse. On admet plus couramment que cet étrange personnage est une liaison symbolique entre le règne animal et l'espèce humaine.

noires, elles présentent des déformations très surprenantes. A plus de la moitié d'entre elles il manque les phalanges supérieures des quatre doigts, et d'autres ont perdu partiellement ou en totalité une phalange, parfois plus. Etrangement, le pouce semble avoir échappé à la mutilation. Il y a également plusieurs empreintes de mains d'enfants intactes, plaquées à la paroi par des mains d'adultes.

Il ne fait aucun doute que ces mains furent mutilées : ces empreintes ne peuvent être l'objet de stratagèmes techniques de peinture ou de vaporisation. Quelle en fut la cause ? S'agit-il d'une maladie qui ravagea la communauté, de l'action du gel, ou bien d'un étrange rituel avec mutilation qu'auraient pratiqué les habitants de Gargas ? Pour répondre à cette question, il faudrait plus d'indices qu'il n'y en a, et le mystère demeurera probablement entier.

De nouvelles interprétations

Vers le milieu des années soixante, Alexander Marshack, journaliste reconverti dans l'archéologie, entreprit d'appliquer aux peintures, sculptures et gravures paléolithiques des techniques que personne n'avait encore totalement exploitées. Il photographia les peintures en utilisant des lumières infrarouge et ultraviolette, et examina au microscope les traits et les entailles des os et pierres gravés, afin de déceler d'infimes indices sur la manière dont ces œuvres avaient été réalisées. A la grande stupeur des archéologues, il suggéra l'idée qu'une série de minuscules points gravés dans un objet en os âgé de 30 000 ans indiquait les phases du cycle lunaire. Cette ligne sinueuse était considérée comme un simple « griffonnage ». A l'aide de son microscope, Marshack conclut que vingt-quatre outils différents, pas moins, avaient été utilisés pour cocher soixante-neuf points : la ligne était donc le produit de toute une série de gestes séparés dans le temps. Et

Marshack calcula que la disposition des courbes du « serpent » gravé coïncidait avec les changements de phase de la lune.

Cette hypothèse reste, pour la communauté scientifique, un audacieux défi. Marshack a cependant continué à nourrir un intérêt passionné pour le symbolisme paléolithique dans les peintures et gravures naturalistes, ainsi que dans les motifs géométriques. « Je m'intéresse au moyen dont l'art est *utilisé* socialement », dit-il. « L'art n'est pas seulement un produit de la culture d'un peuple. Il en est aussi un repère. Et l'un des aspects les plus fascinants de l'histoire humaine est la manière dont ces repères culturels ont évolué et se sont mêlés à des activités de subsistance plus fondamentales, telle la recherche de nourriture. L'art va plus loin, cependant. Les œuvres d'un Mozart ou d'un Michel-Ange, la construction des pyramides et du Parthénon exigent évidemment plus de mobilisation intellectuelle que les stratégies en vigueur dans les mêmes cultures. »

Marshack étudia tout particulièrement un petit couteau en os, provenant du site de La Vache, et qui n'avait apparemment rien coupé. La raison en était, selon Marshack, qu'il était destiné à un usage plus « élevé ». Sur l'une des faces de la lame sont gravés une biche, quelques traits ondulés évoquant une surface aquatique, trois fleurs écloses et une tête de bouquetin dont une corne est barrée d'une croix. Sur l'autre face apparaissent un bison mâle, mugissant comme pendant le rut d'automne, des branches nues, des noix et une fleur flétrie. Pour Marshack, ce couteau commémore les saisons, avec l'automne sur un côté de la lame, et le printemps sur l'autre : « Peut-être la croix sur la corne du bouquetin représente-t-elle un meurtre *symbolique*. Je

Empreinte de main de Pech-Merle. Ici, la main est intacte, mais dans certaines grottes, les doigts sont mutilés, peut-être à la suite de gelures causées par le rude climat de l'âge glaciaire.

Bâton sculpté en bois de renne, découvert dans la grotte de Montgaudier, dans le sud-ouest de la France. Les deux figures du haut montrent l'objet sous différents angles. Le croquis du bas développe l'ensemble des gravures qui décorent toute la surface du bâton.

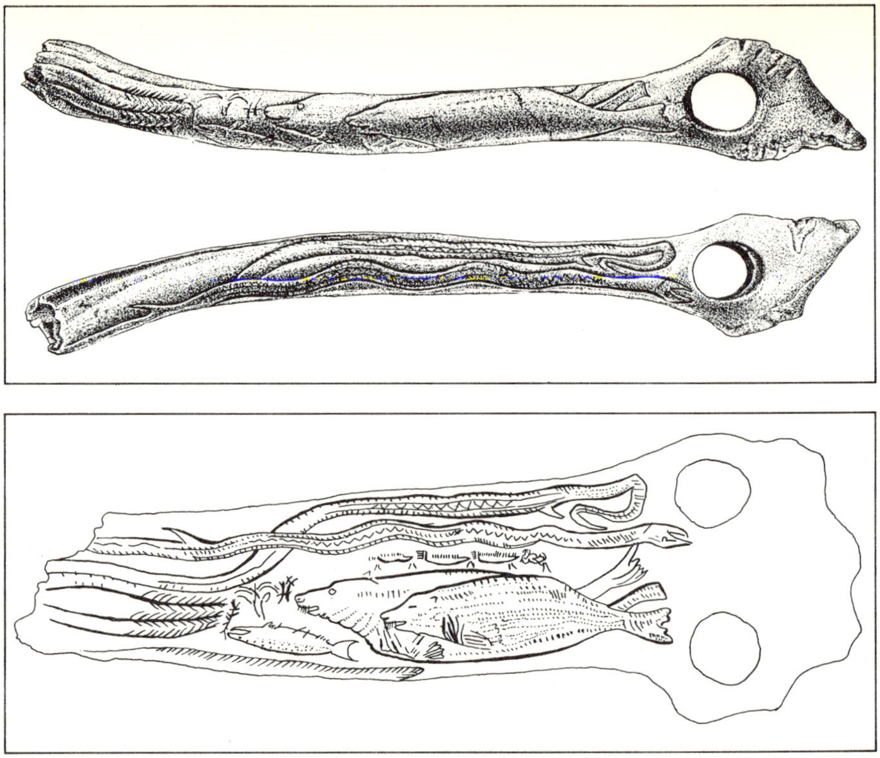

suppose que des objets tels que celui-ci étaient utilisés au cours de rituels annonçant la venue de certaines saisons. »

Une composition saisonnière — selon Marshack — encore plus frappante est gravée sur une portion d'andouiller de renne découverte dans la grotte de Montgaudier, dans le sud-ouest de la France. Depuis leur découverte dans les années 1880, ces figures étaient considérées comme des représentations magiques destinées au rituel de chasse. Les observations détaillées de Marshack dévoilèrent d'autres hypothèses. Un phoque mâle et une femelle plus petite sont gravés dans les moindres détails. Près d'eux, un saumon porte, sur la mâchoire inférieure, un croc comme en exhibent les mâles au cours de leurs migrations en amont, à la période des amours. A gauche du saumon, sont gravées trois lignes qui étaient, selon les archéologues, des harpons, mais qui se révèlent être des tiges portant des feuilles, d'après les examens de Marshack. S'il s'agissait de harpons, les « barbelures » seraient orientées en sens inverse. Une fleur minuscule s'épanouit au-dessus du phoque femelle. Près du mâle, trois créatures énigmatiques, pourvues de nombreuses pattes, évoquent des animaux aquatiques. Deux serpents, dont les organes génitaux sont apparents, sont presque enroulés l'un à l'autre. Enfin, le microscope révèle clairement une tête schématique de bouquetin, vue de face et portant une croix au front. Cette gravure est ravissante et se déroule sur toute la surface de l'andouiller.

« Je considère le bâton de Montgaudier comme une composition saisonnière évidente », dit Marshack. « Les phoques s'apprêtent à l'accouplement, ainsi que les serpents et les saumons. Les fleurs sont fraîches épanouies. Il est intéressant de comparer le réalisme de ces scènes à l'aspect très schématique du bouquetin qui, à mon avis, a été symboliquement tué à l'aide de la croix. Cette gravure indiquerait donc un meurtre rituel destiné à célébrer l'arrivée du printemps et non un acte de chasse. »

Au cours du chapitre 8, j'ai évoqué les signes d'usure découverts sur le petit cheval d'ivoire de Vogelherd, en Allemagne. Les traits uniment polis de cette statuette âgée de 32 000 ans indiquent qu'elle fut longuement maniée, soit comme talisman personnel, soit, plus solennellement, dans un cérémonial collectif. Un angle découpé dans l'épaule de l'animal évoque, selon Alexander Marshack, un meutre symbolique. Ce fut à partir du cheval de Vogelherd et d'autres statuettes du même site que Marshack commença à développer la notion de l'emploi répété des œuvres d'art qu'il étendit à certaines peintures rupestres : les étranges peintures de la grotte de Pech-Merle, par exemple, figurent deux grands chevaux éclaboussés de taches rouges et noires. A l'aide de la photographie infrarouge, Marshack put indiquer que l'un des chevaux avait été peint dans un premier temps puis parsemé de groupes de taches successifs, et qu'une série d'opérations semblables s'était ensuite déroulée pour le second cheval. « Comme le cheval de Vogelherd qui avait été utilisé pendant un certain temps avant d'être symboliquement tué, la paroi de Pech-Merle a été le décor d'une série de scènes intentionnellement répétées », déclare Marshack. « J'ignore ce qui se passait dans ce site, mais ces chevaux n'étaient certainement pas destinés à être tués et mangés. L'enjeu était différent, et nous ne le comprenons pas encore. » Les exemples de peintures et de gravures retravaillées sont fréquents dans l'art paléolithique. On trouve des têtes et des pattes dessinées plusieurs fois dans des positions légèrement différentes, ou des silhouettes entièrement retracées. Selon l'interprétation de Marshack, l'objet d'art est presque « vivant » et participe d'un cérémonial. Il existe cependant d'autres explications. Michel Lorblanchet, l'un des plus éminents spécialistes français de l'art paléolithique, pense que ces retouches étaient peut-être une convention artistique et que les différentes positions des têtes et des membres étaient, par exemple, destinés à exprimer le mouvement, l'activité. A première vue, cette hypothèse peut nous sembler plaisante, car elle ne correspond pas à nos idées conventionnelles sur l'art. Comme je l'ai souligné auparavant, la signification de l'art est liée, en grande partie, à son contexte social.

Les chevaux de Pech-Merle. A l'aide de la photographie infrarouge, Alexander Marshack conclut que le contour de l'un des chevaux avait été peint, puis éclaboussé de taches de couleurs et que le second avait ensuite subi le même traitement. Selon lui, les chevaux étaient presque « vivants » pour les artistes, et faisaient l'objet de cérémonies particulières.

La forme humaine

L'art paléolithique dans son ensemble offre des images d'une grande puissance : les taureaux de Lascaux, les bisons d'Altamira, les chevaux de Pech-Merle sont remarquables par la richesse de leurs couleurs, la hardiesse de leurs lignes et la finesse de leurs détails. Face à une telle profusion de scènes du monde animal de l'âge glaciaire, la figuration humaine est particulièrement pauvre. Nulle part on ne trouve le dessin d'un visage humain équivalent en richesse aux taureaux géants de Lascaux, comme si un tabou avait interdit la représentation de toute forme humaine. Mais si une telle convention a existé, elle ne fut pas respectée partout, puisque le site de La Marche, dans l'ouest de la France, possède des sortes de portraits; mais ils restent rudimentaires, si on les compare aux figurations animales.

L'abri-sous-roche de La Marche, ouvert au sud, est accroché au flanc d'un côteau et domine un petit cours d'eau que bordaient, il y a 12 000 ans, des aulnes et des tilleuls. Dans la vallée, les fougères tapissaient les taillis de chênes, de buis et de frênes. Les pensées, les campanules, l'ail et l'origan fleurissaient au printemps et en été; groseilles et noisettes mûrissaient plus tard dans l'année. C'était un site exceptionnellement agréable. Pour une raison inconnue, les occupants de La Marche, qui furent des graveurs très prolifiques, ont figuré dans leur œuvre plus d'humains que d'animaux — à l'inverse du schéma habituel.

Il y a en tout cinquante sept gravures de têtes humaines isolées et cinquante-et-une têtes et corps incomplets. Ce site recèle à lui seul plus d'un quart des figurations humaines de l'âge glaciaire recensées à ce jour en Europe. Les têtes sont dessinées de profil et affublées de mâchoires particulièrement grandes; des nez retroussés leur donnent un air cocasse : il s'agit probablement de caricatures. Un grand nombre de dessins, cependant, peuvent passer pour des portraits individuels, dans lesquels on distingue les hommes des femmes. Les cheveux sont généralement courts et parfois finement ondulés. Dix hommes portent la barbe et trois moustaches se détachent clairement, ainsi qu'un serre-tête et une douzaine de chapeaux. La Marche nous offre certainement le portrait le plus précis que nous ayions des artistes de l'âge glaciaire.

Les représentations préhistoriques les plus célèbres de la forme humaine cependant, sont les « Vénus », statuettes dont les fesses et les seins énormes symbolisent, pense-t-on, la fertilité ou la déesse-mère. Les figurines de ce type sont étonnantes, par l'emphase mise sur leur aspect sexuel. L'expression outrancière de l'aspect féminin est évidente dans les courbes de la petite Vénus de Lespugue, en ivoire. La Vénus découverte à Montpazier, en Dordogne, et qui est haute de 5 cm, possède, outre des seins et des fesses protubérants, une fente vulvaire audacieusement mise en évidence. Mais il apparaît que ces statuettes sont en fait une infime minorité. Sur les nombreuses centaines de figurines sculptées provenant des sites européens, certaines peuvent être déclarées féminines — et leurs proportions sont plus réalistes qu'outrées —, certaines sont sans aucun doute masculines, mais la plupart sont, du moins à nos yeux, asexuées. L'idée d'un culte européen de la déesse-mère dont les plantureuses Vénus seraient le symbole semble donc avoir été énormément exagérée.

La Vénus de Lespugue. La statuette d'ivoire fut découverte cassée et souillée par l'âge. Ce moulage en reproduit les belles courbes symétriques. Bien que ces Vénus aux caractères sexuels outranciers soient les plus célèbres figurations humaines de l'art de l'âge glaciaire, elles ne sont pas, en fait, tellement nombreuses.

Cette conclusion, récente, est étayée principalement par les travaux des préhistoriens britanniques Peter Ucko et Andrée Rosenfeld, et du remarquable chercheur français Léon Pales, qui analysent la totalité des statuettes trouvées avec une rigueur sans précédent. Commentant ses observations, Peter Ucko déclare : « Les figurines représentent un groupe hétérogène d'individus plutôt qu'un seul être, qu'il soit humain ou divin. »

La plupart des statuettes donnent l'impression d'être plus des « ébauches » de forme humaine que des sculptures raffinées. On ne retrouve

L'image humaine est peu représentée dans les œuvres de l'âge glaciaire. Quand elle existe, elle est schématique et grossièrement dessinée. Cette forme d'expression contraste étonnament avec la finesse et la beauté des peintures d'animaux.

pas ici la qualité des portraits gravés de La Marche. Même dans les figurines les plus habilement travaillées, les traits faciaux sont souvent absents. S'il existait un tabou interdisant de capter l'image — donc l'esprit, ou l'âme — d'un individu, pourquoi les jambes et les pieds furent-ils à ce point négligés ? De fait, toutes les statuettes préhistoriques ont des moignons en guise de jambes, ce qui contraste étrangement avec le soin extrême apporté aux pattes et aux pieds des animaux.

En Europe de l'Est et en Russie, où la rareté des abris explique probablement l'absence d'art pariétal, une importance plus grande fut accordée aux statuettes. Une splendide collection de figurines fut découverte dans les vestiges de six huttes à Maltà, sur les terrasses du fleuve

Belaya, en Sibérie orientale. Une étonnante profusion de détails enrichissent ces œuvres et l'une des statuettes semble être un « portrait » : dans cette minuscule pièce d'ivoire sont sculptés des yeux, un nez et une bouche d'une extrême finesse. Mais ce sont essentiellement les motifs géométriques qui caractérisent l'art de l'âge glaciaire en Europe de l'Est et en Russie. Alexander Marshack explique ainsi les différentes expressions artistiques : « L'art de l'âge glaciaire était surtout fonction des potentialités locales. Dans le Sud-Ouest français et le nord de l'Espagne, les vastes systèmes de grottes calcaires ont favorisé l'éclosion de l'art pariétal. Et comme les humains vivaient dans un environnement de vallées fluviales reliées entre elles et peuplées par une faune similaire, leur art reflète ce milieu. Leur symbolique s'exprimait en images naturalistes tandis qu'en Russie et en Europe de l'Est se développèrent des formes d'expression géométriques et schématiques.

La fin d'une ère

L'âge de l'art dura 25 000 ans et s'éteignit il y a 10 000 ans. Avant cette période, des signes d'une forme d'expression artistique moins évoluée s'étalent sur plusieurs milliers d'années. Mais à la fin de l'âge glaciaire, l'art qui le caractérisait, avec ses figures d'animaux vibrantes et pleines de vie, disparut pratiquement sans postérité. Pourquoi cette tradition artistique si florissante s'évanouit-elle ainsi ?

Nous ne possédons pas assez d'indications sur les motivations des artistes pour répondre à cette question. On peut penser que le réchauffement a fait sortir les humains de leurs grottes, mais l'explication est bien trop simple et ne tient pas compte de la fonction rituelle de ces lieux, que tous les indices tendent à prouver. Les conditions climatiques plus clémentes provoquèrent la disparition des vastes troupeaux d'espèces adaptées au froid, tels les indispensables bisons. Les forêts commencèrent à remplacer les vastes prairies sur les collines et les plateaux. La vie des groupes de chasseurs-cueilleurs dut donc, en l'espace de quelques millénaires, se transformer de façon spectaculaire. Puis, avec l'apparition de l'agriculture, les structures sociales se transformèrent encore plus profondément.

Alexander Marshack pense que des contacts fréquents entre des communautés au mode de vie similaire étaient essentiels à la vitalité artistique de l'âge glaciaire. La disparition du réseau social qui s'étendait parfois sur de très vastes secteurs a pu conduire à l'épuisement, puis à l'abandon de l'art rupestre. Les groupes humains durent pourtant conserver des aspirations d'ordre social, rituel ou esthétique. La tentation est grande de chercher une explication générale à cette disparition de l'art, mais il ne faut pas y céder. Margaret Conkey résume cette attitude de prudence, toute récente : « Il est clair que nous ne pouvons plus nous satisfaire d'une explication monolithique pour rendre compte d'au moins 20 000 ans d'activité artistique. »

L'art ne disparut pas complètement avec la fin de l'âge glaciaire, mais il se transforma, à la fois dans son contenu et dans son esprit : l'art géométrique devint florissant dans de nombreuses régions. Dans les secteurs où la représentation figurative réapparut, l'intérêt se porta sur le monde humain, mais aucune exaltation de la forme humaine ne fut comparable à la célébration des animaux qui marqua l'âge glaciaire. Ce qui apparut fut plutôt une peinture obsédante des luttes humaines. Les scènes de combat se multiplièrent, représentant les récits de conflits passés, ou des invocations rituelles en vue d'un combat. L'aube d'une ère nouvelle se levait, dont l'art exprimait peut-être les espoirs et les inquiétudes.

11 De la chasse à l'élevage

En février 1980, le Dr Paul Bahn, archéologue de l'Université de Liverpool, partit pour Paris, où il entreprit, dans plusieurs musées riches en os fossiles de l'âge glaciaire d'Europe, des recherches inhabituelles. S'intéressant tout particulièrement au mode de vie des humains de cette période, il venait examiner, curieusement, les collections de dents de chevaux préhistoriques. Il trouva par hasard ce qu'il cherchait : la partie antérieure, complète, d'une mandibule de cheval dont les dents révélaient une surface d'usure caractéristique. Cette trouvaille de l'archéologue britannique à l'Institut de paléontologie humaine ravive une violente controverse qui fit rage en France au début du siècle et obligera probablement de nombreux préhistoriens contemporains à réviser leur conception de la vie à l'âge glaciaire. Ces dents, en effet, permettent de penser qu'il y a 30 000 ans, nos ancêtres attachaient les chevaux.

L'hypothèse traditionnelle concernant la préhistoire humaine est qu'après une longue période prospère de chasse et de cueillette, l'agriculture fit son apparition, il y a environ 10 000 ans. Selon cette théorie, ce phénomène se produisit indépendamment dans de nombreux points du globe, puis s'étendit à la plupart des populations humaines. Cette transition est souvent nommée « révolution agricole », ou « révolution néolithique ».

Révolutionnaire, ce changement l'était sans aucun doute, puisque les deux styles de vie impliquaient des structures économiques et sociales différentes. Comparée au rythme de l'évolution du mode de vie dans la période postérieure à 10 000 ans, l'adoption de l'agriculture apparaît, dans les vestiges archéologiques, comme un phénomène instantané. Il se peut cependant que la révolution agricole n'ait pas été ce coup de baguette magique que l'on estime généralement. Il est très probable que les peuples de l'âge glaciaire exerçaient sur leurs ressources alimentaires un contrôle plus grand que ne l'implique généralement un mode de vie fondé sur la chasse et la cueillette et qu'ils géraient leur économie sur une bien plus vaste échelle qu'on ne l'a pensé tout d'abord. La révolution agricole a donc pu consister pour eux plus en une amélioration d'un mode de production qui leur était déjà familier qu'en l'adoption d'une forme de vie totalement nouvelle.

Traîneau lapon tiré par un renne. Les Lapons et certaines tribus sibériennes suivent les troupeaux de rennes dans leurs migrations. Ils chassent le renne pour sa viande, et l'utilisent parfois pour le lait ou pour le transport. Certains préhistoriens pensent actuellement qu'un mode de vie semblable, à mi-chemin entre la chasse et l'élevage est apparu au cours de l'âge glaciaire.

Progrès technologiques

Tout au long de la préhistoire humaine, les outils nous renseignent précisément sur les activités de nos ancêtres. Pendant de longues périodes, ils se caractérisent toutefois par une étonnante absence d'évolution. Ce n'est qu'avec l'apparition des humains modernes au cours du dernier âge glaciaire que les formes se transformèrent et se diversifièrent : l'émergence de nouvelles « cultures » intervint alors tous les 5 000 ans environ, alors qu'un délai de 500 000 ans séparait généralement les premières étapes de l'évolution humaine. L'empreinte d'un style, d'une mode, fondés sur des critères plus esthétiques que fonctionnels, commença à apparaître.

L'évolution technologique revêt trois aspects : la forme des outils, le matériau dans lequel ils sont fabriqués et le nombre de modèles différents. Les outils des cultures les plus récentes sont généralement plus fins, plus délicatement façonnés et destinés, très certainement, à des travaux plus complexes que ceux des époques antérieures. C'est ainsi qu'apparaissent des « poinçons », des « pointes de flèches », des « grattoirs » et des « aiguilles ». Les outils délicats existaient déjà aux périodes précédentes, mais ils n'étaient pas caractéristiques de l'outillage typique. Ces nouveaux modèles d'outils, notamment les pointes fines et les minuscules burins, sont taillés en général dans l'os, qui permet d'obtenir des outils à la fois fins et robustes. De fait, en de nombreux endroits, les outils de pierre deviennent un élément mineur de l'outillage. Le nombre des modèles séparément identifiables s'élève à cent pour les cultures de la fin de l'âge glaciaire, contre soixante environ pour les cultures antérieures à cette période.

Mais le caractère essentiel des outils n'est ni leur nombre, ni leur forme : c'est la manière dont ils sont employés. Dans un travail analytique qu'il fit sur deux sites de la côte sud-africaine, un anthropologue de Chicago, Richard Klein, fournit de précieux renseignements sur l'usage qui était fait des outils les plus raffinés au cours de l'âge glaciaire. Les occupants d'une grotte située à l'embouchure du fleuve Klasies, à 650 km à l'est du Cap, savaient merveilleusement bien exploiter leur riche environnement d'il y a 100 000 à 70 000 ans. Ils chassaient un certain nombre de gros animaux, notamment le buffle de Cafrerie, le buffle géant, l'élan du Cap, l'antilope bleue et le gnou noir. Ils ramassaient des coquillages sur la côte rocheuse toute proche, et Richard Klein souligne qu'il « s'agit des indices les plus anciens jamais trouvés dans le monde d'une exploitation systématique des ressources aquatiques ». Les oiseaux de mer furent, en revanche, relativement absents du régime alimentaire.

Avec l'apparition de l'humain moderne, il y a 40 000 ans environ, la technologie progressa considérablement. Des outils fins et précis apparurent, notamment des aiguilles, et l'os fut plus utilisé qu'auparavant : moins cassant que la pierre, il permettait de fabriquer des outils à la fois effilés et solides. Ces harpons furent taillés dans des bois de cervidés qui offrent les mêmes avantages que l'os.

A 100 km de la grotte de Klasies en direction du Cap, se trouve un second site côtier, la grotte de Nelson Bay, qui fut habitée beaucoup plus tard, il y a moins de 30 000 ans. L'outillage y est typique du dernier âge de la pierre, qui est en Afrique l'équivalent du Paléolithique supérieur, et se compose de nombreuses pièces raffinées, taillées dans l'os. Les ossements et les autres vestiges découverts dans la grotte indiquent que ses occupants capturaient et mangeaient une plus grande variété d'animaux, poissons et fruits de mer, que les habitants de Klasies. Après avoir étudié l'éventail des âges des pièces osseuses des deux grottes, Richard Klein put conclure que les habitants de Nelson Bay chassaient aussi des animaux dangereux, que les groupes de Klasies évitaient et, surtout, qu'ils pratiquaient une chasse beaucoup plus organisée.

Le contrôle des animaux

Bien que les humains de Nelson Bay aient sans aucun doute enrichi l'éventail des nourritures dont ils disposaient, ils n'ont laissé aucun indice prouvant qu'ils contrôlaient directement leurs ressources alimentaires. Que sait-on, dans ce domaine, des populations du Paléolithique supérieur en France ? Existe-t-il, dans les vestiges, des traces d'élevage ? Certains chercheurs voient dans quelques indices le signe qu'un rassemblement organisé des animaux destinés à la consommation était pratiqué, mais selon d'autres spécialistes, l'inconsistance des preuves ne permet pas de tirer de telles conclusions. Ces indices méritent d'être examinés, cependant, et ils sont de divers ordres. Il s'agit tout d'abord de sites où les humains ne chassaient, semble-t-il, qu'une seule espèce. Dans le sud de la France, vers la fin de l'âge glaciaire, par exemple, le renne était la proie de prédilection. Il se peut que les premiers humains aient suivi les troupeaux dans leurs migrations, comme le font aujourd'hui les Lapons et les Sibériens. Mais il est difficile de savoir si les populations du Paléolithique exerçaient un contrôle sur ces troupeaux. Il est intéressant de noter, toutefois, que de nombreux sites habités présentaient, quand ils n'étaient pas adaptés à des chasses de grande envergure, un intérêt stratégique incontestable pour la manipulation et, peut-être, la mise en parc des animaux. Le second indice est fourni par des gravures et des peintures où des figurations de « harnais » apparaissent sur des cous de chevaux. Enfin, l'usure inhabituelle de certaines dents de chevaux ne se rencontre actuellement que chez les chevaux domestiquées. Examinons la validité de ces indices.

Les habitats des origines de la préhistoire humaine renferment généralement une grande variété d'ossements d'animaux, indiquant ainsi que les humains exploitaient alors, de manière opportuniste, toutes les espèces qu'ils rencontraient. Plus tard, les vestiges fossiles révèlent de surprenantes accumulations d'ossements d'une seule espèce animale : le site d'Olorgesailie, au Kenya, qui date d'un demi-million d'années, contient les restes de plus de 60 babouins géants et des milliers de haches de pierre. Dans le site plus récent de Torralba, en Espagne, des éléphants furent massacrés en grand nombre. Il semble que ces vestiges aient un rapport avec une pratique perfectionnée d'entraînement à la chasse : ni les babouins géants ni les éléphants n'auraient pu, en effet, s'adapter à une forme quelconque d'élevage. En revanche, la découverte de caches réservées, par exemple, aux ossements de bouquetins dans des sites français du Paléolithique supérieur, ou de gazelles dans des sites archaïques d'Israël, permet de supposer qu'une certaine forme d'élevage était pratiquée dans ces régions.

Examinons le site situé au bord d'un affluent de l'Ariège, le Vicdessos, à trois kilomètres en amont du confluent. La grotte de La Vache, habitée il y a 13 000 ans par des chasseurs de bouquetins, est perchée au sommet d'une pente d'éboulis, sous des falaises escarpées. Son emplacement, au col de

Vue sur la vallée de l'Ariège d'un point proche de la grotte de La Vache. Situées dans des endroits stratégiques, des grottes semblables à celle-ci abritaient des chasseurs qui contrôlaient probablement les mouvements des troupeaux de bouquetins, il y a 13 000 ans.

cette vallée étroite et encaissée, en fait un point stratégique idéal. Les chasseurs du Paléolithique supérieur vivaient dans un climat beaucoup plus froid qu'aujourd'hui; les arbres, les buissons et les plantes à fleurs étaient probablement plus rares. « C'était un pays idéal pour les bouquetins », déclare Paul Bahn, après avoir étudié de nombreux sites pyrénéens. Il semble que les habitants de La Vache aient choisi de vivre de cet animal pendant plusieurs siècles : l'analyse des riches vestiges alimentaires a révélé que plus de 85 % des os de gros animaux appartenaient à des bouquetins. La Vache était un refuge d'hiver pour les chasseurs : « Les bouquetins descendaient des sommets, pendant la période la plus froide de l'année, pour fuir la neige », pense Paul Bahn.

Peut-on penser que les habitants de La Vache contrôlaient les troupeaux de bouquetins ? « Les bouquetins sont extrêmement difficiles à chasser », explique Paul Bahn. « Un chasseur solitaire qui tente d'abattre des animaux en groupe a généralement peu de chance de réussir, car le troupeau s'affole. La chasse à plusieurs est plus efficace. Les bouquetins, quand ils sont conduits, ont tendance à grimper, et les humains du Paléolithique ont peut-être su exploiter cette habitude en dirigeant un petit groupe du troupeau principal vers la cache des chasseurs. Je pense que le fait que les occupants de La Vache aient chassé ces animaux avec tant de succès pendant une très longue période implique de leur part un certain contrôle des troupeaux. »

Cette pratique n'a rien de comparable, sans doute, avec l'élevage proprement dit, mais, si Paul Bahn a raison, les humains de La Vache et de plusieurs sites similaires du sud de la France devaient prendre grand soin à séparer du troupeau les bêtes destinées à être tuées et veiller à ce que les troupeaux ne s'éloignent pas trop des habitats.

Il n'existe aucun terme pour nommer cette forme de maîtrise des animaux : la domestication implique le contrôle de la reproduction, que les habitants des grottes ignoraient, très certainement. Mais leur intervention dans le monde animal fut sans doute plus importante que ne le suggère le terme de « chasse ».

Vers la fin du siècle dernier, une remarquable collection d'ossements de chevaux, datant d'environ 17 000 ans, fut découverte près du pied d'une falaise de Solutré, petit village du centre-est de la France. Plusieurs milliers de chevaux sauvages moururent là. L'une des explications de cet extraordinaire amoncellement est que les chasseurs ont affolé les chevaux pour les faire basculer au bord de la falaise. Cette technique, qui fut probablement très prisée par un grand nombre de populations préhistoriques, était efficace. Mais, dans le cas de Solutré, les chevaux devaient, avant d'atteindre le bord de la falaise, grimper une pente assez forte et, de plus, les ossements se trouvent à une certaine distance de l'endroit où les animaux auraient dû, selon cette tactique, mourir. Il est plus vraisemblable d'imaginer que le versant de la colline était utilisé comme obstacle pour piéger les chevaux au cours de battues saisonnières.

L'archéologue qui étudia le premier ces ossements, le Dr Henri Toussaint, émit l'idée audacieuse que les Solutréens avaient domestiqué le cheval, hypothèse qui fut vivement critiquée lors de sa publication en 1873. Mais, de même que les ossements de la Vache et d'autres sites à bouquetins, les chevaux de Solutré permettent de supposer que les humains exerçaient bien une forme de contrôle sur les animaux dont ils se nourrissaient.

« L'âge du renne »

Les vestiges d'un certain nombre de sites importants des Pyrénées et du Périgord impliquent que le renne commença, vers la fin de l'âge glaciaire, à

Les rennes vivent dans les climats froids et on ne les rencontre aujourd'hui que dans le nord de l'Europe : en Norvège, Suède, Finlande et Islande. L'âge glaciaire les trouva cependant en France et dans le nord de l'Espagne. Il est probable qu'ils migraient constamment pendant l'été, à la recherche de régions plus fraîches, comme ils le font aujourd'hui.

jouer un rôle de premier plan dans le régime alimentaire des populations. Cette période est nommée « l'âge du renne ».

Les rennes sont soumis à de longues migrations annuelles, au cours desquelles ils parcourent parfois plusieurs milliers de kilomètres. Ainsi que l'indique l'archéologue britannique Derek Sturdy, un groupe d'individus qui choisit de vivre entièrement ou partiellement de la viande de renne peut se fixer dans un endroit et chasser les rennes que les migrations amènent à sa portée, ou bien suivre le troupeau dans ses pérégrinations.

Une population qui dispose de ressources alimentaires variées pendant la majeure partie de l'année peut choisir une exploitation saisonnière du renne, mais Derek Sturdy et Paul Bahn estiment plus vraisemblable que les chasseurs paléolithiques aient adopté la stratégie de suivre les troupeaux.

Si les chasseurs de rennes du Paléolithique supérieur en Europe choisirent

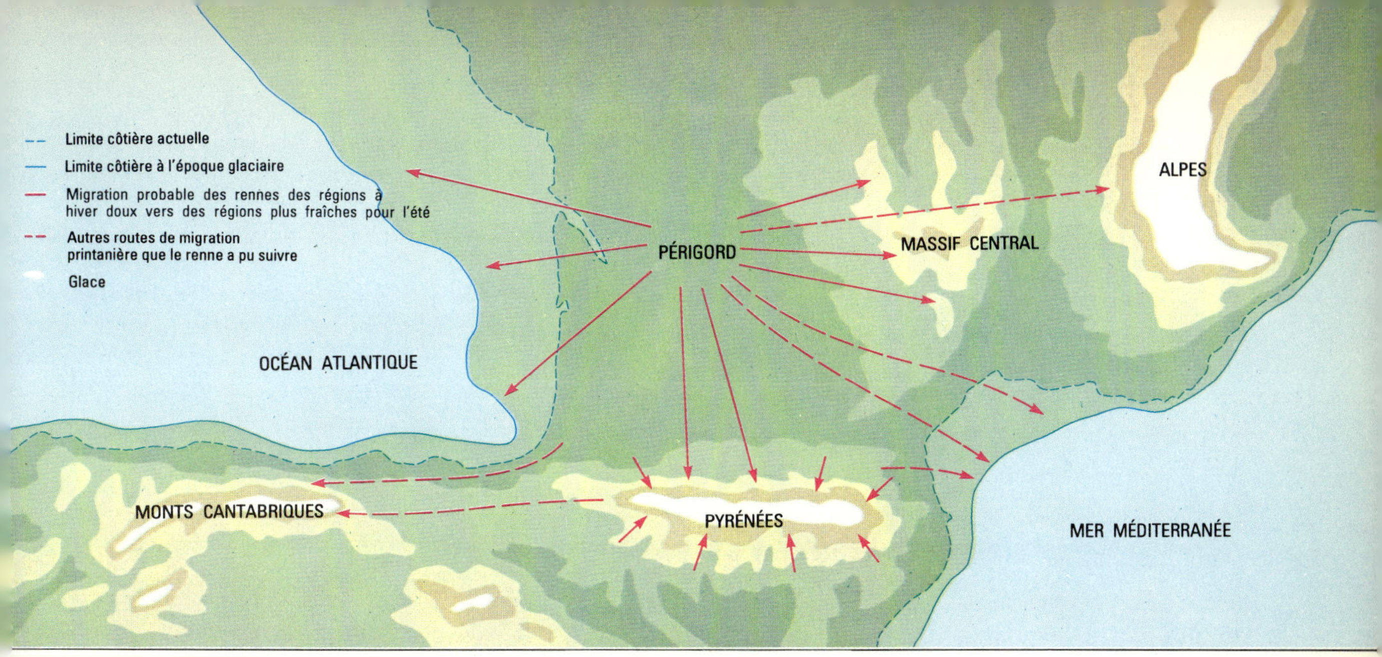

De nombreux indices permettent de penser que les rennes et les groupes humains du Périgord se déplaçaient en été vers le Massif Central ou les plaines côtières, tandis que les occupants des contreforts pyrénéens grimpaient dans la montagne. Il existe d'autres itinéraires possibles de migrations : vers les monts Cantabriques à l'ouest, vers la côte méditerranéenne ou même vers les Alpes, mais les indices concernant ces migrations sont plus fragiles. La distance jusqu'aux côtes était probablement plus grande qu'aujourd'hui, car les glaciations, en retenant une importante masse d'eau, avaient abaissé le niveau de la mer.

de suivre les troupeaux, quelles en furent les conséquences ? Il est certain que leurs groupes devaient être très mobiles et peu importants, comme chez les Eskimos actuels qui poursuivent ce mode de vie. Mais Paul Bahn tire d'autres conclusions : « Je serais très étonné que le mode de vie des habitants des Pyrénées et du Périgord au Paléolithique supérieur n'ait pas été très semblable à celui de certaines tribus sibériennes qui vivent aujourd'hui du renne. Les conceptions de son exploitation varient considérablement selon les groupes : certains exercent un contrôle total sur les animaux; d'autres les chassent, mais en domestiquent aussi un certain nombre comme bêtes de trait, ainsi que pour le lait; des tribus migrent avec les troupeaux, d'autres sont plus sédentaires : tout cela dépend des circonstances locales. »

Les grottes des Pyrénées et du Périgord furent donc habitées par des chasseurs de rennes, pendant certaines périodes de l'année, à la fin du Paléolithique supérieur. Mais que sait-on de la mobilité de ces groupes ? Après avoir étudié cette question, Paul Bahn conclut que les campements de ces régions étaient saisonniers : « Dans tous les sites du Périgord, l'absence caractéristique des andouillers que les femelles perdent en été semble indiquer que les cervidés n'occupaient pas ces régions pendant cette saison. » La même remarque vaut pour les grottes pyrénéennes, qui étaient donc principalement habitées pendant l'hiver.

D'autres indices apparaissent dans une étude récente menée par Arthur Spiess sur les ossements de rennes de l'Abri Pataud, aux Eyzies. L'examen des os, des ramures, de l'éruption des dents et l'utilisation de la technique qui consiste à sectionner les dents pour en compter les couches de cément ont permis de conclure que le site n'était occupé que de la fin de l'automne au début du printemps. Où les troupeaux de rennes qui passaient l'hiver dans le Périgord et sur les basses pentes des Pyrénées se déplaçaient-ils pendant les mois les plus chauds de l'année ? Certains spécialistes estiment que les rennes du Périgord ne parcouraient que 70 km, pour atteindre les basses pentes du Massif Central. Mais le climat ne devait pas y être très différent de celui de leurs quartiers d'hiver. Du Périgord, les troupeaux s'enfonçaient probablement plus loin dans le Massif Central, ou grimpaient vers les pâturages plus élevés des Pyrénées, pour trouver la fraîcheur en été.

Peut-être les Alpes suisses étaient-elles le but estival de certains troupeaux, qui devaient alors parcourir plus de 450 km.

Selon Paul Bahn, il existe de bonnes raisons de penser que certains troupeaux du Périgord migraient en été vers des pacages côtiers du littoral atlantique ou méditerranéen, tandis que d'autres se dirigeaient vers les Pyrénées. Dans le même temps, les animaux qui passaient l'hiver dans les vallées basses des Pyrénées se déplaçaient peut-être vers le sud, jusqu'aux monts Cantabriques. Les déplacements étaient déterminés, dans une certaine mesure, par les obstacles physiques que les troupeaux en migration rencontraient sur leur route. Selon Paul Bahn, le témoignage de ces mouvements de bêtes entre le Périgord, les Pyrénées et les monts Cantabriques réside dans l'étonnante uniformité de l'art dans ces régions, qui implique certainement un contact entre les groupes humains de ces secteurs; il est possible également que les mêmes artistes aient exécuté les peintures dans divers sites. L'hypothèse de la migration estivale vers les pâturages côtiers est confirmée par la présence de coquillages marins dans toutes les grottes à rennes des Pyrénées et du Périgord. Un grand nombre d'entre eux sont percés, comme pour servir de parure, et les espèces varient selon les sites. Les sites du Périgord et des Pyrénées occidentales contiennent une forte proportion de coquillages de la côte atlantique, ainsi que quelques espèces méditerranéennes; plus à l'est, la proportion de ces dernières est plus importante. Certains préhistoriens pensent que ces parures de coquillages possédaient une telle valeur que les habitants des Pyrénées et du Périgord entreprenaient des voyages dans l'unique but de se les procurer. Mais il est tout aussi probable que les chasseurs de l'âge glaciaire ramassaient les coquillages en suivant les migrations des rennes.

Poisson gravé de la grotte espagnole d'Altxerri, non loin de la mer. Les figurations de poissons découvertes dans certaines grottes du centre de la France permettent de penser que leurs habitants passaient une partie de l'année sur la côte, qui était environ à 300 kilomètres.

Des traces de ces visites côtières subsistent parfois dans les réalisations artistiques, tels ces poissons plats de l'art mobilier des grottes de Lespugue, en Haute-Garonne, et de l'Abri-du-Souci, en Dordogne. Un poisson marin, semblable à une sole, figure sur une paroi de la grotte de Mas d'Azil. Renforcée par tous ces indices, et notamment par la présence des coquillages marins, l'hypothèse des migrations saisonnières semble tout à fait vraisemblable. Ainsi que le suggère Paul Bahn, bien que l'on ne connaisse pas encore la nature du contrôle que les chasseurs exerçaient sur les animaux, on peut penser qu'ils manipulaient les troupeaux à la manière des Lapons et des tribus sibériennes qui pratiquent aujourd'hui la même source d'économie.

Des chevaux domestiques à l'âge glaciaire ?

Les derniers indices concernant le mode de vie des peuples paléolithiques se rapportent aux chevaux : il s'agit de la figuration supposée de brides et d'une surface d'usure particulière trouvée sur certaines dents. Ces deux points furent discutés dans les cercles scientifiques français au début du siècle, mais après avoir subi de sévères critiques, ils disparurent temporairement des débats. Ce n'est que récemment qu'apparurent de nouveaux éléments, d'un intérêt certain.

A la fin du siècle dernier, ce fut essentiellement Edouard Piette qui suggéra l'idée d'une domestication des rennes et des chevaux au Paléolithique. Vers 1875, il se déclara partisan de cette thèse, après avoir examiné, sur une pièce d'art mobilier provenant de Laugerie Basse, une gravure qui représentait un renne mâle portant une longe. Quelques images de cette sorte, figurant des chevaux, furent encore découvertes et vinrent renforcer la conviction d'Edouard Piette. En 1893, dans la grotte de Saint-Michel

Cheval peint de la grotte de La Pasiegon. La ligne qui traverse sa tête fait penser à un harnais. Des images aussi séduisantes que celle-ci, découvertes au XIXe siècle, firent dire au préhistorien Edouard Piette que les humains de l'âge glaciaire domestiquaient des animaux tels que le cheval et le renne.

d'Arudy, dans les Pyrénées occidentales, la découverte d'une tête de cheval sculptée, munie apparemment d'un harnais de corde, acheva de le convaincre. L'éminent abbé Breuil, cependant, n'adhéra pas à cette thèse. Après s'être enthousiasmé, dans un premier temps, pour ces indices d'une domestication très ancienne, il changea d'avis, et ce ne fut que vers la fin de sa vie qu'il se disposa à réviser son jugement.

Après la mort d'Edouard Piette en 1906, ce fut l'opinion de l'abbé Breuil qui influença la vision de l'époque. Les choses en étaient restées là quand, en 1966, deux préhistoriens français publièrent une étude, importante à double titre; elle examinait de nouveau le problème et fournissait une nouvelle preuve : une tête de cheval gravée, provenant du site de La Marche, dans le sud-ouest de la France et qui date de 14 000 à 15 000 ans. Les traits de la gravure figurent nettement un harnais. Il est peu probable qu'il s'agisse ici de détails anatomiques stylisés : les lignes qui descendent le long de la tête, traversent le museau et passent sous le menton, ont été tracées après l'ensemble de la gravure et figurent la forme exacte d'un harnais.

Paul Bahn a étudié ce thème en profondeur : « En général, on ne peut être absolument catégorique au sujet des harnais gravés : il s'agit d'art et l'art est toujours ambigu. Mais la gravure de La Marche est une preuve décisive. On ne peut confondre ces traits avec les muscles du cheval. Cela ne peut être qu'un harnais et, de plus, cette partie de la gravure a été exécutée après toutes les autres. »

La présence d'une longe sur des chevaux semblables à celui de La Marche semble indiquer que ces animaux étaient montés, ou utilisés comme bêtes de trait : « A mon avis, aucune de ces deux possibilités n'est vraiment surprenante à cette période, c'est-à-dire il y a 14 000 ou 15 000 ans » affirme Paul Bahn.

Tête de cheval sculptée de la grotte de Saint-Michel d'Arudy. Edouard Piette fut totalement convaincu par le harnais de corde que l'animal semble porter, mais l'opposition de l'abbé Breuil, dont l'influence était grande, empêcha cette théorie de se répandre.

Il reste à savoir quel usage les chasseurs de l'âge glaciaire firent de leurs chevaux harnachés. La vision de cavaliers galopant à travers les froides prairies d'Europe, qui choque probablement les conceptions qu'ont les archéologues de la vie à cette période, pourrait bien se révéler exacte.

Un nouvel élément vient corroborer l'hypothèse des harnais : il s'agit des objets, qui sont parmi les plus énigmatiques du Paléolithique, connus sous le terme de « bâtons de commandement ». Ils sont taillés dans des os ou des bois de cervidés, percés généralement d'un trou, parfois de deux et sont souvent ornés de gravures. Ainsi que leur nom l'indique, ils ont longtemps été considérés comme des insignes de pouvoir, des marques honorifiques. Selon une hypothèse plus récente, ils servaient peut-être à redresser le bois des flèches : l'extrêmité de la flèche étant immobilisée dans l'orifice, la tige était ensuite forcée contre sa courbure naturelle, afin de former une arme parfaitement rectiligne. Mais des analyses ont démontré que l'usure des orifices était probablement due à un matériau plus tendre que le bois ou l'os dont on suppose que les tiges des flèches étaient faites. Ces mystérieux « bâtons » pouvaient-ils faire partie d'un harnais ? Il est possible, en effet, d'imaginer que les orifices servaient à maintenir les rênes et qu'ils étaient ainsi tenus en main par l'individu qui guidait l'animal, à la manière de certains objets utilisés par les Eskimos.

Nous arrivons enfin aux dents de chevaux mentionnées au début de ce chapitre. Ici encore, l'histoire commença en France, lorsqu'un préhistorien hardi exprima son opinion sur certain indice qu'il avait découvert. En 1911, le Dr Henri Martin trouva des incisives de cheval qui présentaient tous les signes d'un état connu sous le nom de « tique rongeur ». Les chevaux enfermés ou attachés appuient parfois leurs dents sur des supports rigides — montant de porte ou barrière — et arquent le dos pour prendre une respiration profonde. On ignore ce qui pousse les chevaux à adopter cette étrange attitude mais, selon la plupart des vétérinaires, il s'agit d'un comportement d'ennui. Le résultat en est que les incisives de l'animal s'usent de manière inhabituelle, en ciseau. C'est précisément cette variation sur la surface d'usure qu'Henri Martin observa sur les dents qu'il étudiait et qui étaient celles de chevaux morts depuis 30 000 ans au moins : ils avaient vécu dans le site de La Quina, en Charente. « Ce fut une chance incroyable qu'Henri Martin ait découvert ces dents le premier », déclare Paul Bahn. « Il était assez bon paléontologue pour discerner qu'il s'agissait du tique rongeur, il avait les idées assez larges pour accepter l'idée que ce phénomène ait pu exister à une époque si reculée et il eut le courage de publier cette hypothèse. »

Par bonheur, l'un des amis les plus intimes d'Henri Martin était un éminent vétérinaire français, qui s'intéressait particulièrement à la paléontologie. Le Dr E. Hue, quelque temps après, eut l'occasion d'examiner les dents de 20 000 chevaux américains. Sa conclusion, publiée en 1915, fut que le tique rongeur est inconnu chez les chevaux sauvages : il apparaît seulement chez les animaux qui sont régulièrement attachés et pendant de longues périodes. La conclusion s'imposait donc : il y a au moins 30 000 ans, les humains ne se contentaient pas de décocher des flèches aux chevaux.

Paul Bahn retrouva, au musée de Saint-Germain, l'une de ces dents usées découvertes par Henri Martin. Mais son voyage à Paris fut récompensé par une trouvaille plus substantielle. « Ce que je cherchais, explique-t-il, était le devant complet d'une mandibule et non simplement une incisive. J'eus l'extraordinaire chance d'en trouver un dont les dents polies présentaient des signes évidents d'usure en ciseau. J'ai examiné plusieurs centaines de dents de la collection du musée, et j'ai noté que l'incidence de cette forme d'usure etait très faible. Cela renforce ma certitude que cette mâchoire témoigne d'un fait significatif : s'il ne s'agit pas du tique rongeur, je voudrais bien en connaître la cause. » Ces dents proviennent d'un autre site

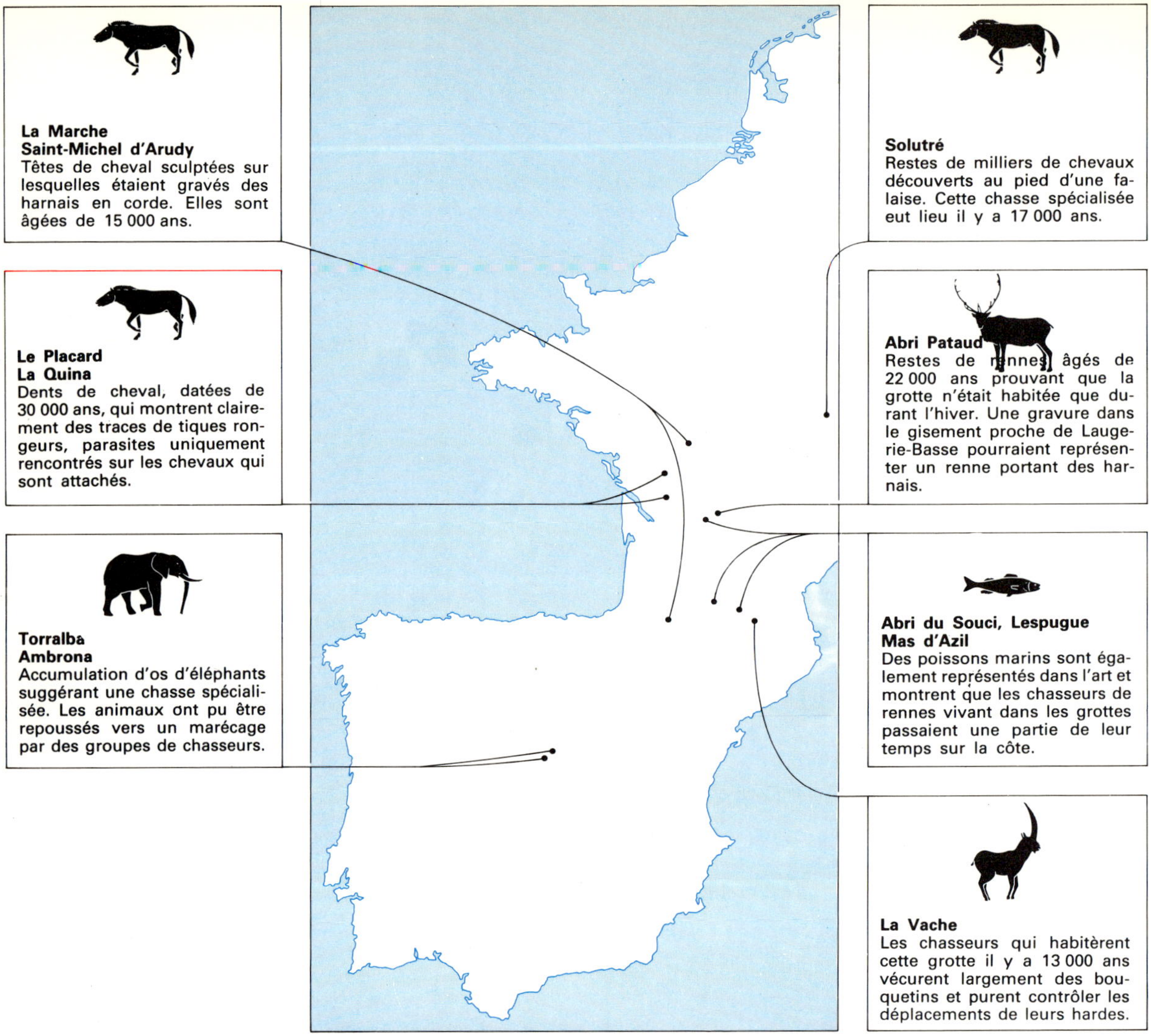

charentais nommé Le Placard, qui est légèrement plus récent que La Quina.

Que signifie l'existence de ces traces de tique rongeur sur des pièces aussi anciennes ? Les conclusions de Paul Bahn sur les pratiques de l'âge glaciaire restent prudentes : « Je n'irais pas jusqu'à affirmer que la notion de "chevaux attachés" équivaut à celle de "chevaux domestiques". Chacun a sa propre interprétation de l'idée de domestication. Ces animaux devaient certainement être attachés assez régulièrement pour avoir adopté ce comportement, mais ils pouvaient tout aussi bien servir d'appâts apprivoisés ou d'animaux de compagnie que de montures. »

L'importance du contrôle que les humains du Paléolithique exercèrent sur les animaux de leur environnement — chevaux, rennes, bouquetins, parmi d'autres — reste à déterminer, mais les indices prouvant qu'il existait une forme d'élevage semblent désormais suffisants. Il est probable aussi que l'habileté humaine ne se limita pas à la maîtrise des animaux : « Je pense que les plantes ont pu être l'objet d'un contrôle similaire », affirme Paul Bahn. Il est clair que les vestiges archéologiques fournissent plus d'indications sur le mode de vie des humains du Paléolithique qu'on ne l'a estimé tout d'abord.

*De nombreux indices de différents ordres semblent prouver que les humains de l'âge glaciaire apprenaient à contrôler les animaux qu'ils chassaient. La chasse organisée en fut probablement la première étape et semble avoir été pratiquée bien avant l'âge glaciaire parmi les populations d'*Homo erectus *de Torralba et d'Ambrona. Le second stade consista peut-être à contrôler les mouvements des troupeaux, comme ce fut le cas, apparemment, à La Vache et à Solutré. Enfin, certains animaux furent, semble-t-il, domestiqués et utilisés pour le transport et pour la viande, ainsi que le suggèrent les trouvailles de Saint-Michel d'Arudy, de La Marche, de La Quina et du Placard. Les dates de ces vestiges indiquent que le degré de domestication variait énormément selon les sites.*

Quelle qu'ait pu être la réalité en fin de compte, une conclusion s'impose désormais : la transition entre une économie de chasse et de cueillette et un mode de vie agricole n'a pas été aussi soudaine ni aussi récente qu'on l'estimait généralement.

Nouveaux indices au Kenya

Des vestiges découverts récemment au Kenya confirment cette conclusion. On a longtemps pensé que le bétail avait été introduit en Afrique orientale, il y a 1 500 ou 2 000 ans, par des peuples qui venaient du nord et qui en avaient acquis le contrôle, parmi de nombreux éléments culturels, sous l'influence des civilisations qui fleurissaient alors en Egypte et au nord de l'Ethiopie. Mais il apparaît à l'heure actuelle que les animaux furent domestiqués en Afrique dans des périodes bien antérieures. Charles Nelson, de l'Université du Massachusetts, recherche depuis 1975 des indices d'élevage archaïque sur les hauteurs du Kenya. Il a abouti à la conclusion que ce milieu a pu favoriser l'introduction d'animaux domestiques bien plus tôt que les plaines avoisinantes, où sévissait probablement la mouche tsé-tsé.

Plus de cent sites ayant abrité des groupes de bergers préhistoriques furent découverts au cours de ces recherches. Les fouilles révélèrent l'existence, il y a environ 2 500 ans, de nombreuses cultures pastorales. Ce degré de diversité impliquait que des peuples pastoraux s'étaient développés en Afrique orientale au cours d'une très longue période. Mais les traces de ces premiers bergers avaient été difficiles à déceler.

L'une des premières trouvailles fut exhumée du site de Salasun, perché sur le cratère volcanique du mont Suswa. Les fouilles ont permis d'affirmer que des poteries, des bols et des plats de pierre, semblables à ceux trouvés dans des sites pastoraux plus récents, étaient des ustensiles quotidiens il y a quelque 7 000 ans, et que les bovidés domestiques constituaient une ressource qui complétait la chasse du gibier sauvage.

Plus récemment, Charles Nelson et son équipe fouillèrent plusieurs sites près de Nairobi, dans le secteur de Lukenya Hill. Plusieurs échantillons de reliefs alimentaires, datés d'après la méthode du radiocarbone, remontent à un peu plus de 13 000 ans. Les ossements de bovidés constituent moins de 20 % des restes animaux, ce qui implique probablement que le bétail fut peu nombreux dans les premiers temps. Puis, il y a 3 300 ans environ, la configuration se transforme : les découvertes indiquent que la population de cette région commença de dépendre d'une économie entièrement pastorale.

Le problème est de savoir quand et où le bétail fut d'abord domestiqué. L'absence de bétail sauvage dans les collections de fossiles provenant du sud du désert du Sahara implique que celui-ci a été introduit en Afrique de l'Est à l'état domestiqué. Cela suggererait que les animaux auraient été apprivoisés quelque part en dehors de l'Afrique il y a bien plus de 8 000 ans. Cette hypothèse est étayée par des preuves de domestication connue en Afrique du Nord il y a un peu plus de 9 000 ans.

En Europe, en Afrique du Nord et en Asie, les restes de bétail mis au jour sur des sites archéologiques anciens ont été généralement interprétés comme ceux de bétail sauvage qui aurait été la proie de chasseurs. En Afrique tropicale, où on ne trouve pas de bétail à l'état sauvage, une telle interprétation est impossible. Il est très probable que certaines de ces découvertes archéologiques anciennes en Europe aient été mal interprétées et qu'elles représentent, en fait, du bétail domestiqué.

A la lumière de tant de données différentes, il est difficile d'échapper à la conclusion que la domestication des animaux est apparue bien plus loin dans le temps qu'on ne l'avait supposé. Il est clair que tout n'a pas été encore dit sur l'histoire du pastoralisme.

12 Un nouveau mode de vie

La côte du Pérou, au nord de Lima, est un lieu de contrastes fascinant. Le courant Humboldt, qui vient grossir les eaux côtières, apporte à la surface les richesses nutritives des fonds sous-marins : la vie marine est, dans ce secteur, la plus prolifique du monde. A quelques kilomètres à l'intérieur des terres, des pentes montagneuses s'étirent jusqu'aux sommets de la splendide chaîne des Andes, abritant dans leurs replis une profusion de végétaux — pommes de terre, fèves et courges sauvages — ainsi que des troupeaux de lamas. Entre les riches eaux du Pacifique et les pentes fertiles des Andes s'étire l'une des régions les plus inhospitalières de la terre. Le sable blanc et aride de la plaine côtière reçoit rarement une goutte de pluie : 4,5 cm d'eau environ tous les vingt-cinq ans. Aucune végétation n'y pousse, si ce n'est, de place en place, une étrange plante sans racines nommée « tillandsia » : semblable au sommet sectionné d'un ananas, elle absorbe dans le sable les maigres gouttes de brume matinale.

Et c'est pourtant cette étroite bande de terre aride qui abrita quelques-unes des plus grandes civilisations du Nouveau Monde : l'Empire inca y naquit, avant de contrôler un secteur plus vaste que celui des Romains; les Chimus y avaient développé auparavant une riche civilisation artistique, concentrée autour de la cité massive et ordonnée de Chan Chan, au nord du fleuve Moche; et avant eux, les Mochicas, célèbres pour leurs poteries décorées, occupaient la région. Le secret de la réussite de ces peuples sur une plaine côtière si aride était simple : l'irrigation.

Tous les vingt kilomètres environ, les fleuves qui descendent des Andes entaillent la bande côtière, créant des zones de végétation qui se détachent sur la blancheur des sables. Grâce à l'irrigation, les paysans y cultivent actuellement des fruits et des légumes, mais y a 2 000 ans, leurs ancêtres travaillaient presque deux fois plus de terre. Pour les peuples Chimu et Mochica, l'irrigation était une pratique inhérente à la vie quotidienne et dans laquelle ils réussissaient merveilleusement bien. Un gigantesque réseau de canaux transportait l'eau dans toute la vallée du fleuve Moche et des constructions d'une conception étonnante étendaient aux vallées voisines le système d'irrigation. Les Mochicas, qui furent parmi les premiers cultivateurs du Nouveau Monde, alliaient à cette compétence d'extraordinaires talents d'ingénieurs.

Ces canaux ne sont pas les seuls vestiges retraçant l'histoire du désert côtier du Pérou. Des constructions monumentales, qui rivalisent avec les pyramides d'Egypte par l'organisation et la main-d'œuvre qu'a dû nécessiter leur mise en place, sont probablement plus anciennes que la civilisation mochica, ainsi qu'il est établi depuis quelques années. Dans la seule vallée du fleuve Moche ont subsisté six sites vieux de plus de 2 000 ans, et la vallée du Supe voisine abrite dix exemples de l'architecture monumentale de ces temps archaïques. Des vues aériennes de cette région ont révélé, tout au long de la côte, l'existence de centaines d'édifices très anciens, dont la

Les peuples Chimu et Mochica construisirent un vaste réseau de canaux dans toute la vallée du fleuve Moche, qu'ils complétèrent de sorte à irriguer les vallées voisines. Cette photographie montre un aqueduc sur le canal qui relie les vallées Moche et Chicama. Une partie de l'aqueduc a été emportée par les eaux. La construction est vue ici en coupe transversale.

majorité n'ont jamais été explorés. Des recherches récentes menées par Michael Moseley et ses collègues du Field Museum de Chicago ont démontré que ces structures témoignaient de la présence, il y a 4 000 ou 5 000 ans, de civilisations très complexes. Les anciens habitants du Pérou furent parmi les premiers humains du Nouveau Monde à abandonner la vie nomade fondée sur la chasse et la cueillette pour une existence sédentaire, phénomène qui avait déjà fait son apparition dans l'Ancien Monde.

Là, comme je l'ai indiqué au chapitre précédent, s'installait un mode de vie nouveau, organisé autour du village, et dans lequel l'accent était mis plus nettement sur l'agriculture, d'où le terme de « révolution agricole ». Au Pérou, en revanche, le changement d'économie se fonda en premier lieu sur les produits de la mer et non sur les cultures. Des communautés s'établirent ainsi, sur la base des richesses maritimes, dans d'autres régions du monde : la côte pacifique d'Amérique du Nord et certaines régions côtières d'Europe, entre autres. De tels faits indiquent simplement de manière évidente que les humains savent toujours exploiter les ressources qui sont à leur portée, lorsqu'elles sont exploitables et abondantes.

La révolution agricole

Il y a 10 000 ans environ, les peuples du monde entier adoptèrent une forme d'agriculture et un nouveau mode de vie.Pourquoi et comment cette « révolution agricole » s'est-elle produite ? De nombreuses hypothèses ont été formulées au cours des années pour expliquer cette transition : certaines valorisent les pressions extérieures, d'autres les mouvements internes aux groupes humains. Mais aucune de ces explications, prise séparément, n'est vraiment convaincante. Le changement d'économie fut probablement le produit d'un concours de circonstances, universelles ou locales. Les vestiges archéologiques apportent de nombreux éléments, et pour reconstituer le mode de vie des humains de cette période transitoire. Le trait le plus frappant est la diversité des pratiques par lesquelles les peuples des différentes régions du globe abordèrent cette transition, en fonction des conditions, des ressources et, probablement, des traditions locales.

La révolution agricole se présente sous plusieurs aspects spectaculaires. Le changement qu'elle impliquait, tout d'abord, fut remarquablement rapide. Pendant 2 millions d'années environ, les humains avaient pratiqué une économie nomade de chasse et de cueillette, qui était plus stable qu'évolutive en matière de technologie et de culture. Ce mode de vie fut abandonné sur une période de quelques milliers d'années seulement. Mais les signes d'évolution apparaissent déjà il y a 30 000 ans, soit 20 000 ans avant la date traditionnellement attribuée au début de la révolution agricole. Ainsi que je l'ai mentionné au chapitre précédent, il faut donc considérer ce changement plus comme l'intensification d'un phénomène déjà existant que comme une innovation complète. Il n'en est pas moins vrai, cependant, que l'évolution fut étonnamment rapide.

Un autre élément important de l'apparition de l'agriculture fut l'augmentation de la population mondiale. La mobilité inhérente au mode de vie des chasseurs-cueilleurs et la nature des ressources exploitées restreignaient les groupes humains. La pratique de l'agriculture, en produisant plus de nourriture par unité de surface, permettait un peuplement plus dense. Des biologistes ont estimé que le total de la population mondiale était, il y a 10 000 ans, de 5 à 10 millions d'individus. En l'espace de 8 000 ans, ce chiffre atteignit 300 millions, soit trente fois le chiffre initial. Pendant les 1 750 années suivantes, jusqu'au début de la révolution industrielle, il augmenta encore de 500 millions. Puis commença l'explosion démographique moderne, qui a élevé le niveau de la population mondiale à 4 milliards

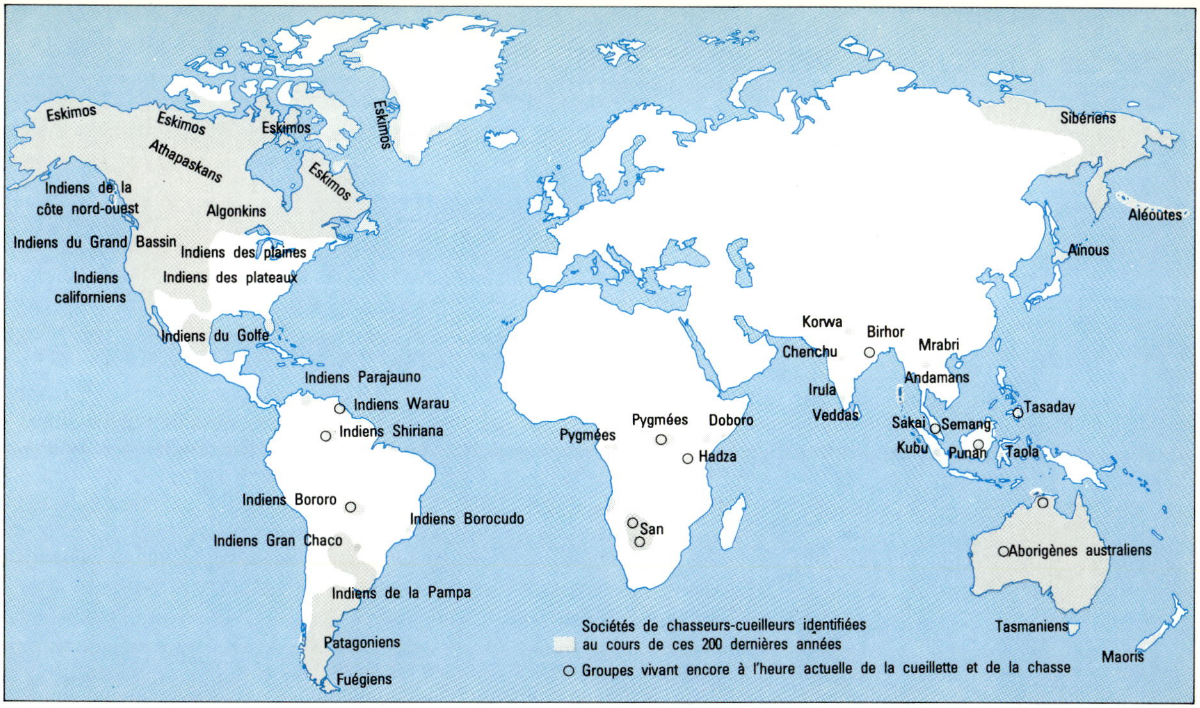

La plupart des peuples, dans le monde entier, adoptèrent l'agriculture il y a 10 000 ans, à l'exception des Aborigènes et des Indiens d'Amérique du Nord. Les peuples qui restèrent fidèles au mode de vie fondé sur la chasse et la cueillette étaient dispersés et peu importants. Ils vivaient souvent dans des environnements reculés et semi-désertiques, ou au cœur de forêtes indéfrichables. Des groupes qui vivaient ainsi il y a encore 200 ans, très peu subsistent aujourd'hui, et ceux qui persistent dans leur mode de vie sont obligés, sous les pressions des gouvernements, de se sédentariser. Le mode de vie nomade, qui fut celui de nos ancêtres pendant deux millions d'années ou plus, risque aujourd'hui de diparaître totalement.

d'individus, et atteindra le chiffre de 6,25 milliards vers l'an 2000. Si la révolution industrielle a alimenté les étapes les plus récentes de cette étonnante croissance, il ne fait aucun doute que la révolution agricole qui se produisit il y a 10 000 ans, donna l'impulsion initiale de cette ascension.

La transition vers l'agriculture se produisit indépendamment en divers endroits. Les modalités de ce phénomène ne font pas l'unanimité parmi les spécialistes, mais Jack Harlan, de l'Université d'Illinois, pense que le developpement intensif de l'agriculture s'est produit dans trois régions principales : le secteur en forme d'arc qui borde la Méditerranée orientale — le « Croissant fertile » — la Chine du Nord-Est et l'Amérique centrale. Ils existe d'autres zones moins précises : en Afrique, en Inde, en Asie centrale, en Asie du Sud-Est, au nord et à l'ouest de l'Amérique du Sud.

En l'état actuel des connaissances, ce fut le Croissant fertile qui connut, sur une vaste échelle, le développement agricole le plus précoce, il y a au moins 10 000 ans. Ce fut ensuite la Chine, il y a 7 000 ans environ, puis l'Amérique centrale, il y a 5 000 ans. Bien que certains spécialistes aient tenté de démontrer que l'agriculture se diffusa entre ces sites majeurs, les preuves archéologiques proposent des développements locaux séparés.

La rapidité du changement entre une économie nomade et un mode de vie sédentaire, l'accroissement démographique qui s'ensuivit et l'universalité de cette évolution sont les trois facettes essentielles de la révolution agricole et fournissent quelques indices sur les causes du changement. Mais avant d'examiner cette question, il convient de replacer l'événement dans son contexte climatique.

Il y a environ 15 000 ans, les glaciers commencèrent à diminuer. Avec la fin de l'âge glaciaire, l'arrivée d'un climat plus chaud et plus humide favorisa l'extension de la couverture forestière, ainsi qu'une croissance plus vigoureuse de l'herbe et des arbustes. Le niveau de la mer s'éleva d'environ 130 m avec la fonte des glaces : des plaines côtières disparurent sous les eaux qui avançaient et un vingtième des terres fut ainsi englouti. Il y a 10 000 ans, le monde subissait donc d'intenses modifications climatiques, qui eurent peut-être un lien avec l'avènement de l'agriculture.

Changement de climat ou explosion démographique ?

L'anthropologue Richard Lee décrit le mode de vie des chasseurs-cueilleurs comme « l'adaptation la plus réussie et la plus durable que l'humain ait jamais réalisée ». Dans les premiers temps, du moins, le passage à l'agriculture a certainement présenté un certain nombre d'inconvénients : temps de travail plus long, sécurité alimentaire moins stable en cas d'échec des récoltes et raréfaction de la viande. Dans ce cas, pourquoi ce phénomène s'est-il produit et pourquoi fut-il à ce point universel ?

Le caractère global de l'avènement de l'agriculture poussa inévitablement les préhistoriens à rechercher un facteur externe unique qui aurait affecté tous les groupes humains de la terre : celui qui s'imposait était une modification majeure du climat. L'une des premières hypothèses, avancée dans les années cinquante par Gordon Childe, supposa l'apparition d'une courte période d'intense sécheresse à la fin de l'âge glaciaire, en particulier au Moyen-Orient. Humains, animaux et végétaux se seraient alors concentrés dans les vallées bien arrosées, comme celle du Nil. Là, la promiscuité due aux conditions géographiques « aurait pu favoriser une sorte de symbiose entre humains et animaux, symbiose qu'implique le terme « domestication ». Gordon Childe approfondit cette idée en imaginant que « les chasseurs dont les femmes cultivaient la terre avaient de la nourriture à offrir à certains des animaux qu'ils chassaient : le chaume des parcelles à céréales et la balle des grains. Les animaux qui présentaient un certain intérêt étant de plus en plus circonscrits dans les oasis par l'avancée du désert, les humains pouvaient étudier leurs habitudes, les apprivoiser et les rendre dépendants, plutôt que de les tuer immédiatement. » La faiblesse de cette « théorie de l'oasis » réside dans le fait qu'aucun indice de cette période de sécheresse n'a encore été découvert.

Une autre théorie fondée sur l'influence de l'environnement, du moins au Proche-Orient, met l'accent sur l'extension des graminées qui étaient les ancêtres des céréales. « Les chasseurs-cueilleurs de l'âge glaciaire vivaient dans cette région, affirme le professeur Gordon Hillman, de l'University College de Cardiff, et leur régime alimentaire comprenait des graines de stipa, graminée qui poussait bien sur la steppe ouverte. Au fur et à mesure que le climat devint plus chaud et plus humide, les céréales sauvages quittèrent les forêts couvertes pour coloniser la steppe ouverte. » Il faut souligner que les « céréales » sont simplement ces herbes que les humains ont choisi, par hasard, de cultiver. Ces végétaux avaient des grains plus gros car ils étaient adaptés au milieu forestier, où l'humidité est abondante et la lutte pour la lumière et l'espace intense. Une grosse graine produit un jeune plant vigoureux, qui croît et se fixe rapidement et peut ainsi lutter avec succès contre les autres espèces. Gordon Hillman pense que l'extension de ces herbes à grosses graines eut une influence majeure sur la vie des chasseurs-cueilleurs du Proche-Orient, ouvrant la porte aux cultures et à une domestication actives.

C'est également dans une transformation du milieu que le professeur Richard MacNeish, de la Peabody Foundation for Archeology, dans le Massachusetts, pense avoir trouvé la clé de l'apparition de l'agriculture dans la vallée mexicaine de Tehuacán (les événements qui ont introduit les pratiques agricoles dans cette vallée seront décrits en détail plus loin) : « L'apparition d'un climat plus chaud et plus humide au Mexique permit l'extension de bois et de forêts, qui diminua pour les chasseurs le nombre potentiel de proies disponibles. Les humains durent donc adapter leurs habitudes aux nouvelles conditions et consacrer plus de temps à la recherche

Les ancêtres sauvages du blé furent parmi les nombreuses graminées des bois qui envahirent les plaines lorsque le climat se réchauffa à la fin de l'âge glaciaire.

systématique de fruits, de baies et de noix. Progressivement, ils commencèrent à soigner et à entretenir leurs nourritures sauvages, pour adopter, plus tard, de solides pratiques culturales. » Richard MacNeish compare ce processus à celui qui, selon Gordon Hillman, se développa dans le Croissant fertile : les bases alimentaires étaient différentes, mais l'impulsion d'une intervention humaine plus étendue et plus systématique fut la même, estime-t-il.

De nombreux préhistoriens, tout en admettant que les modifications du climat ont pu jouer un certain rôle dans l'apparition d'un nouveau mode de vie, pensent qu'elles ne peuvent en être la seule cause. Le professeur Mark Cohen, de la State University de l'État de New-York, a récemment formulé une mise en garde : « En général, les explications fondées sur le climat ont deux faiblesses. Tout d'abord, les phénomènes climatiques sont réversibles et répétitifs : ils ne peuvent expliquer l'irruption unique d'un événement ou d'un processus ayant démontré une faible tendance à s'inverser. En second lieu, les changements climatiques ont, par nature, une portée locale et diffèrent fréquemment entre régions voisines. Par définition, ils ne peuvent donc pas induire des tendances économiques parallèles sur l'ensemble d'un vaste secteur géographique. »

Si ce n'est le climat, quel autre facteur fut donc à l'origine de cette transition universelle et exceptionnellement rapide vers l'agriculture ? L'une des conséquences les plus marquantes de la révolution agricole fut, ainsi que je l'ai indiqué précédemment, l'accroissement démographique. Les chasseurs-cueilleurs nomades ne peuvent transporter avec eux qu'un nombre restreint de possessions et la même règle joue pour le nombre d'enfants. Les femmes de ces sociétés ne peuvent pratiquer la cueillette en portant plusieurs enfants, si bien que les naissances sont généralement séparées par un intervalle de quatre ans environ. Le contrôle des naissances par un certain nombre de méthodes telles que l'allaitement prolongé, l'usage des herbes abortives et l'infanticide est pratique courante chez les peuples nomades, dont le niveau démographique reste ainsi relativement constant. De nombreux indices permettent de penser que le nombre d'individus dans les communautés de chasseurs-cueilleurs est, de manière significative, plus faible que le nombre potentiel des habitants que la région où ils vivent pourrait accueillir. L'écart entre la population réelle et le seuil démographique maximun sert peut-être de marge de sécurité et permet ainsi d'éviter la famine dans les années maigres. Lorsque les chasseurs-cueilleurs nomades deviennent sédentaires, la restriction sur les naissances est levée et la population augmente. L'agriculture pouvant nourrir par unité de surface plus d'individus que la chasse et la cueillette, l'accroissement démographique est, de fait, inévitable.

Certains préhistoriens, cependant, considèrent cette croissance comme une cause de la révolution agricole autant que comme un effet. Selon eux, c'était au prix de réels efforts que les chasseurs-cueilleurs nourrissaient une population toujours croissante, jusqu'à ce que la découverte d'une méthode nouvelle et révolutionnaire permît de satisfaire les bouches affamées. Cette hypothèse, avancée par plusieurs chercheurs, fut populaire pendant un certain temps. Mark Cohen en exprime une des versions les plus récentes et les plus complexes dans son livre *The Food Crisis in Prehistory*, où il récuse la notion d'un équilibre démographique dans les sociétés de chasseurs-cueilleurs et affirme qu'un net accroissement de la population a conduit à la révolution néolithique. Selon lui, la progression régulière de la pression démographique explique le fait que cette révolution se soit produite en divers endroits du globe sensiblement à la même époque.

Certains préhistoriens adhèrent à cette opinion, d'autres la rejettent. L'anthropologue britannique Barbara Bender, par exemple, affirme que les indices en faveur de la théorie de Mark Cohen « sont peu nombreux et, quand ils existent, ne sont d'aucune utilité ». Elle indique que de nombreuses données contredisent, de fait, cette hypothèse : « Dans le sud-ouest de l'Amérique du Nord, l'intensification du recours à l'agriculture coïncide avec un déclin de la population; dans la vallée centrale du Mexique, le rapport de la population aux ressources productives reste constant tout au long d'une période d'intensification économique. » Le professeur Kent Flannery, archéologue à l'Université du Michigan, a effectué des recherches au Proche-Orient et au Mexique, et reste sceptique à l'égard de l'hypothèse démographique. Quand des spécialistes sont à ce point en désaccord sur l'interprétation des indices existant, cela signifie généralement que le nombre de preuves est insuffisant.

Explications culturelles de l'apparition de l'agriculture

Nous en arrivons aux interprétations qui mettent l'accent sur l'être humain, plus que sur les circonstances extérieures. Dans les années soixante, le professeur Robert Braidwood invoqua l'influence d'une évolution culturelle progressive : « A mon avis, il n'est nullement besoin de compliquer l'histoire avec des « causes » extérieures. La révolution concernant la production alimentaire apparaît comme le point culminant d'une évolution constante de la différenciation et de la spécialisation culturelles des communautés humaines. Vers l'an 8000 av. J.-C., les habitants des collines qui bordent le Croissant fertile étaient parvenus à connaître si bien leur environnement qu'ils commencèrent à domestiquer les plantes et les animaux qui étaient auparavant l'objet des pratiques de chasse et de cueillette. A une époque légèrement plus récente, des cultures humaines atteignirent le même niveau en Amérique centrale, ainsi probablement que dans les Andes, en Asie du Sud-Est et en Chine. »

Robert Braidwood considère que l'évolution humaine consiste en un passage par un certain nombre de niveaux identifiables. Tout d'abord, il y eut la chasse libre et vagabonde, associée à la fabrication d'outils de plus en plus complexes. Vinrent ensuite une époque de cueillette et de chasse, puis une période de chasse sélective et de cueillette saisonnière, accompagnées de traditions plus raffinées en matière d'outillage lithique. C'est ainsi que s'intensifia une économie saisonnière de cueillette et de chasse. Dans certaines circonstances particulières, la cueillette prit un tour très systématique, favorisant ainsi une installation semi-sédentaire. Une agriculture à part entière, centrée sur le village, émergea par la suite, après une période de domestication opportuniste des plantes et des animaux de l'environnement. Robert Braidwood considère que l'agriculture offrait des avantages économiques non négligeables, de sorte que, dès que le niveau de compétence approprié était atteint, l'acceptation de cette nouvelle forme d'économie était probablement systématique. Cette transition ne pouvait intervenir plus tôt, dans la mesure où l'évolution d'*Homo sapiens* n'avait pas atteint le stade requis.

Il est certain que les acquisitions humaines en matière de culture et d'économie ont progressé régulièrement au long de l'Histoire. Mais comment distinguer la cause de l'effet ? Ne peut-on pas considérer que les nouvelles technologies associées à l'agriculture furent le résultat de l'application de techniques confirmées à une nouvelle forme d'activité économique, plutôt que l'origine de ce mode de vie d'un type nouveau ? Il est difficile d'apporter des indices confirmant l'une ou l'autre de ces hypothèses.

L'une des théories les plus récentes concernant la révolution considère que « pour expliquer les origines de l'agriculture, on a accordé trop d'importance à la technologie et à la démographie et trop peu de place aux structures sociales ». C'est en ces termes que Barbara Bender présenta récemment une étude dans laquelle elle démontre que la révolution agricole prit racine dans l'élaboration de systèmes sociaux complexes au sein des derniers groupes de chasseurs-cueilleurs. Barbara Bender admet que le mode de vie nomade fut stable et prospère pendant de longues périodes, mais elle pense que les sociétés s'élaborèrent d'une manière plus complexe avec l'évolution, il y a 40 000 ans, de l'humain actuel, *Homo sapiens sapiens*. Chez les peuples actuels de chasseurs-cueilleurs, l'importance de l'établissement et du maintien des alliances sociales et politiques est primordiale entre tribus, entre groupes à l'intérieur d'une même tribu et à l'intérieur des groupes. De telles alliances impliquent souvent l'échange d'objets et aussi de nourriture. Une hiérarchie s'instaure parfois dans le groupe et peut se manisfester dans la répartition alimentaire. C'est alors qu'apparaît, selon Barbara Bender, la nécessité de produire des biens supplémentaires. Lorsque les quantités de nourriture nécessaires à la distribution et à l'échange atteignent des proportions importantes, les déplacements sont parfois compromis, à certains moments de l'année. En restant dans la même région, les groupes en épuisent rapidement les ressources alimentaires. Ils sont alors obligés d'intensifier la production alimentaire, par tous les moyens, afin de nourrir tous leurs membres pendant cette période. C'est cet accroissement de la production qui aurait, en définitive, conduit à la domestication des animaux et à l'agriculture.

Quelles preuves viennent étayer cette théorie socio-culturelle ? Des indices de l'existence d'inégalités dans les sociétés de chasseurs-cueilleurs remontent presque à 100 000 ans : certaines sépultures, par exemple, semblent indiquer la marque d'un statut social. Le commerce de matériaux tels que l'obsidienne dans tout le Proche-Orient il y a 35 000 ans, ou les coquillages dans le sud de la France à une époque légèrement plus récente, laisse entrevoir le type de systèmes d'alliances évoqué par Barbara Bender. Des vestiges archéologiques datant de la période pré-agricole en Amérique du Nord signalent des campements d'hiver relativement stables, des sépultures indiquant un statut social, ainsi que des liaisons commerciales couvrant plusieurs centaines de kilomètres. Ces indications sont précieuses pour deux raisons. Tout d'abord, elles lient l'avènement de l'agriculture à une étape importante de l'évolution culturelle humaine. En second lieu, elles estompent la traditionnelle et brutale ligne de démarcation entre les stades pré-agricole et agricole de notre histoire. La théorie socio-culturelle présente, en matière de production alimentaire, une transition beaucoup plus naturelle que ne l'implique habituellement le terme de « révolution agricole ».

Les hypothèses concernant les causes de la révolution agricole sont loin de faire l'unanimité. Les indices sont encore trop peu nombreux pour permettre d'ébaucher des théories convaincantes. Il se peut aussi que la révolution agricole ait été un phénomène si complexe, impliquant des facteurs si divers, qu'aucun modèle simple et unique ne puisse jamais en rendre compte.

Abordons maintenant la question de savoir comment le changement s'est déroulé. Comment des groupes humains nomades sont-ils devenus sédentaires et ont-ils choisi d'adopter une économie de production alimentaire intensive, de vivre en communautés plus vastes et d'expérimenter une vie sociale d'une complexité croissante ? La réponse varie, en fait, selon les régions habitées et les ressources naturellement disponibles. Au Moyen-Orient, par exemple, des variétés primitives de blé et d'orge formèrent les nouveaux aliments de base, en même temps qu'étaient domestiqués moutons et chèvres. Le maïs devint la base des jeunes économies agricoles du Nouveau Monde, avec les fèves qui en apportaient le complèment nutritionnel. Les premiers agriculteurs chinois se consacrèrent essentiellement au millet, auquel ils ajoutèrent plus tard le riz et le soja.

Les humains ne se contentèrent pas alors de cultiver une ou deux céréales. Ils continuèrent à ramasser les plantes sauvages comestibles de diverses

Dans le Croissant fertile (en pontillé sur la carte), l'économie agricole centrée sur le village était un mode de vie à part entière il y a 10 000 ans. Cet arc de terre fertile et abritée regorge de vestiges d'anciens sites habités.

Pages suivantes : *reconstitution artistique d'une récolte de céréales sauvages, près d'un village du Croissant fertile, il y a 10 000 ans environ.*

espèces et élargirent plus tard l'éventail de leurs cultures. Au Moyen-Orient, ils se nourrissaient de légumes sauvages — fèves, pois et lentilles —, de graminées sauvages, ainsi que de pistaches, d'amandes et de câpres. Ils domestiquèrent par la suite des espèces telles que l'avoine, les lentilles, les pois-chiches, les féveroles et le lin.

Le Croissant fertile

Je voudrais maintenant examiner plus en détails les événements qui eurent pour cadre le Croissant fertile, cette bande de terre particulièrement riche, longue de 2 000 km, qui est abritée par les hauteurs d'Israël, de Jordanie et de Syrie à l'ouest, de Turquie au nord et d'Iran à l'est. Cette région regorge d'anciens sites humains : Uruk, Ur, Jarmo, Ali Kosh, Abu Hureya, Çatal Huyuk, Jayonim, Jéricho, parmi d'autres. Là, il y a 10 000 ans, les groupes humains s'étaient déjà lancés dans une production alimentaire intensive : l'agriculture centrée sur le village était un mode de vie à part entière.

Le Moyen-Orient échappa aux rigueurs de l'âge glaciaire, mais le climat y était plus froid et plus sec qu'aujourd'hui, la végétation plus éparse. Les bois de chênes et de pistachiers étaient concentrés dans les zones abritées de la côte méditerranéenne; les ancêtres sauvages du blé et de l'orge poussaient entre les arbres. Les chasseurs-cueilleurs exploitaient les ressources de ces secteurs abrités et chassaient la gazelle et l'oryx sur la steppe. Ils ramassaient les graines de stipa, soit en frappant les plantes pour en verser les graines dans un récipient qu'ils portaient autour du cou, soit en les déracinant.

A l'aide d'une faucille très ancienne semblable à celle-ci, Jack Harlan démontra avec succès que le blé et l'orge sauvage étaient assez abondants dans le Croissant fertile pour permettre à un campement humain de se fixer. Les premiers humains qui adoptèrent l'agriculture continuèrent probablement à pratiquer la chasse et la cueillette, mais ils n'étaient plus nomades et leurs provisions de céréales sauvages leur permettaient de subsister pendant l'hiver.

Avec l'arrivée d'un climat plus chaud, l'environnement se transforma, non de manière instantanée et spectaculaire, mais régulièrement et inexorablement. Une couverture d'arbres et de buissons commença à s'étendre, ainsi que les céréales sauvages. Génération après génération, la steppe relativement rase fut envahie par le blé et l'orge sauvages. Au fil des millénaires, des colonies de plus en plus denses de graminées occupèrent un paysage auparavant clairsemé. Les groupes de chasseurs-cueilleurs surent probablement tirer parti de ces nouvelles ressources, qui s'ajoutaient à leur butin.

Les fruits saisonniers fournis par les forêts en expansion, ainsi que la viande procurée par un gibier abondant, contribuèrent sans doute à rendre la vie des humains de ces régions fort agréable. Mais les céréales qui couvraient les plaines offraient-elles des nouvelles possibilités, un nouveau mode de vie ? Afin de vérifier cette hypothèse, Jack Harlan explora les pentes d'une montagne volcanique, en Turquie orientale, dénommée Karacadag. C'est ainsi qu'au cours de l'été 1966, avec pour seul outil une faucille de silex datant de 9 000 ans, il entreprit de faucher une zone où le petit épeautre, variété de blé sauvage, poussait en quantité. En une heure, il avait récolté près de 3 kg de grains. Sans faucille, il parvint à en recueillir 2 kg, mais ses mains en souffrirent. De cette expérience, Harlan conclut qu'un « groupe familial progressant lentement vers le sommet au fur et à mesure que la saison avançait, pouvait, en l'espace de trois semaines, effectuer une récolte de céréales et, même sans peiner, obtenir plus de grains qu'il n'en pouvait consommer en un an ». Cette expérience simple démontrait que l'extension post-glaciaire des graminées sauvages offrait une possibilité de sédentarisation. Les humains pouvaient désormais stocker les grains en prévision de l'absence des autres ressources. Ainsi se serait constituée une vie de village, sans agriculture proprement dite.

Existe-t-il des indices prouvant que les choses se passèrent réellement ainsi ? Le site d'Abu Hureya est, de ce point de vue, particulièrement intéressant. Ce fut le Dr Andrew Moore, du Pitt Rivers Museum d'Oxford, qui dirigea, au début des années soixante-dix, des fouilles d'urgence dans ce site, qu'un projet de barrage sur l'Euphrate menaçait d'inondation. Les fouilles révélèrent que le site avait été habité pendant deux périodes, d'il y a 9 500 à 7 500 ans environ, et, fait plus remarquable, d'il y a 11 500 à 10 500 ans.

Abu Hureya était un village composé de demeures circulaires simples, dont la charpente consistait en des poteaux verticaux. Un toit de roseaux recouvrait probablement chaque demeure. On découvrit sur les lieux des meules, des petites lames et des faucilles de silex, ainsi qu'un grand nombre d'outils en os, en particulier des aiguilles. Si l'on en juge par l'accumulation de débris d'os, les habitants d'Abu Hureya se nourrissaient de lapins, de gazelles, de moutons, de chèvres et d'onagres (ânes sauvages de la région). Il est probable qu'ils pêchaient également dans l'Euphrate voisin, ainsi que le suggère la présence de coquilles de moules et de restes de poissons d'eau douce. Mais les indices les plus intéressants concernent les végétaux qui composaient leur régime alimentaire : lentilles sauvages, micocoules, câpres, graines de stipes plumeuses et céréales.

Après avoir examiné ces dernières, Gordon Hillman identifia trois espèces : la plus représentée était le petit épeautre; les deux autres étaient l'orge et le seigle sauvages. Le blé trouvé dans le village ne présente, selon Gordon Hillman, aucun signe de domestication : la taille, la forme et toutes les autres caractéristiques de ses graines ne le distinguent en rien du blé sauvage.

L'une des différences les plus significatives entre le blé sauvage et le blé domestiqué réside dans la fixation de la graine au rachis, ou partie supérieure de la tige. Dans les espèces sauvages, le rachis est très cassant lorsque les grains sont mûrs et il se brise facilement, notamment quand le climat est chaud et sec, éparpillant les graines. Ce caractère constitue un avantage pour les plantes sauvages, car les graines qui tombent sur le sol germent et croissent avec les pluies d'automne. Mais ce qui est favorable à la dispersion naturelle des semences ne sert pas les intérêts de l'agriculteur. Si celui-ci récolte les grains en coupant les tiges (plutôt qu'en les battant), il doit opérer exactement au moment propice, lorsque le grain est assez mûr pour la consommation, mais avant que le rachis ne devienne trop cassant et ne se brise. Les blés domestiqués diffèrent des variétés sauvages en ce qu'ils ont un rachis solide qui maintient les graines à sa plante, même quand elles sont mûres.

Dans les variétés de blé sauvage, une très faible proportion de plantes obtiennent, par mutation génétique, un rachis solide. Les premiers humains qui moissonnèrent régulièrement le blé devaient perdre, inévitablement, une partie des graines normales et conserver celles qui se rattachaient à un rachis solide. Ainsi, parmi les graines récoltées, la proportion de graines qui avaient subi une mutation génétique était plus forte et la mutation se transmettait lorsque ces grains étaient semés à la saison suivante. Après de

Petit village près d'Hébron, dont l'aspect diffère peu des anciens campements de la région. Lorsque les chasseurs - cueilleurs s'étaient fixés en un village permanent et commençaient à emmagasiner les grains de céréales sauvages, la transition vers une agriculture à part entière n'était plus très loin.

nombreuses générations — Gordon Hillman a effectué ses calculs sur 1 000 ans environ —, la proportion des plantes ayant subi la mutation aurait ainsi augmenté suffisamment pour attirer l'attention d'individus qui auraient entrepris par la suite une sélection plus active de cette variété plus intéressante : ainsi aurait débuté le processus de domestication active.

Le fait que les céréales découvertes à Abu Hureya ont un rachis cassant et tous les caractères des espèces sauvages semble indiquer que les humains qui vécurent là étaient des chasseurs-cueilleurs sédentaires et non des agriculteurs. Ils moissonnaient probablement le blé qui poussait en abondance près de la plaine inondable de l'Euphrate et devaient en posséder assez pour pouvoir établir une base permanente d'où ils exploitaient les nombreuses richesses alimentaires de la région. En fut-il vraiment ainsi ? Andrew Moore n'admet pas l'hypothèse selon laquelle les habitants d'Abu Hureya étaient de simples cueilleurs de blé. Les cultures, affirme-t-il, dérangent l'équilibre du sol et favorisent l'apparition d'herbes caractéristiques. Or, des traces de la présence de telles herbes ont été retrouvées dans les vestiges de ce très ancien village.

Il est évidemment possible de penser que les habitants de ce site ont vécu les premières étapes de l'agriculture, et qu'ils ont labouré et semé assez longtemps pour permettre l'apparition de ces herbes, mais pas assez pour obtenir un effet quelconque sur les caractères physiques de leurs plantes. Les indices d'une culture extensive sont maigres; cependant, on peut conclure plus simplement que si ces humains cultivaient la terre, cette activité ne représentait probablement qu'une faible partie de leur économie.

La transition entre le ramassage systématique du blé sauvage par une communauté sédentaire et la culture du blé peut sans aucun doute s'effectuer aisément et naturellement lorsque les circonstances l'exigent. C'est peut-être un phénomène de cette sorte qui se déroula dans de nombreuses communautés du Croissant fertile, il y a quelque 10 000 ans, chaque groupe développant d'abord les techniques d'emmagasinage qui lui permettaient de se fixer dans une région et perfectionnant ensuite les techniques agricoles de production alimentaire. Des spécialités artisanales ont ainsi pu prendre forme avec l'expansion de la communauté. Potiers, tisserands, fabricants d'outils et vanniers se sont peut-être alors mis au service du groupe en échange de nourriture et d'autres articles. Le petit campement villageois était désormais en passe de devenir une ville.

Le commerce a une longue histoire, mais c'est certainement avec l'extension des communautés sédentaires qu'il s'est développé en importance et en diversité. La conséquence naturelle de cette évolution fut l'apparition de grands centres de commerce, tels Jéricho au nord de la mer Morte et Çatal Huyuk en Turquie orientale. L'histoire de Çatal Huyuk remonte à plus de 8 000 ans et la ville de Jéricho, considérée comme la plus ancienne au monde, se serait établie il y a 10 500 ans environ. Elle était entourée, depuis ces temps archaïques, d'une immense muraille. Jéricho et Çatal Huyuk devinrent des métropoles importantes où s'établirent et se précisèrent des hiérarchies sociales. Tandis que ces mutations s'effectuaient, les nouvelles techniques de production alimentaire commencèrent à se répandre du Croissant fertile en Europe.

Comment cette migration de l'agriculture s'est-elle déroulée ? A-t-elle pris la forme d'un mouvement d'idées, par exemple par l'intermédiaire des axes commerciaux les plus actifs ? Ou bien accompagna-t-elle les humains qui se déplaçaient pour coloniser de nouvelles régions ? Les vestiges archéologiques n'apportent guère d'éléments de réponse : les artefacts peuvent en effet être transportés aussi bien à l'occasion de contacts commerciaux que lors de migrations humaines. En revanche, la composition génétique des populations actuelles peut apporter des indications sur d'anciennes migra-

Page opposée : *des populations humaines pénétrèrent en Amérique à des périodes d'intense glaciation, lorsque le niveau de la mer était assez bas pour dégager le détroit de Béring. Il s'agissait probablement de groupes qui suivaient les troupeaux sur la toundra sibérienne. La première vague d'immigrants aborda le continent, semble-t-il, il y a 40 000 ans, mais on suppose que d'autres mouvements eurent lieu plus tard, lorsque le détroit fut de nouveau asséché. L'un d'eux date environ d'il y a 18 000 ans. Les peuples immigrants se déplacèrent progressivement vers le sud, et atteignirent l'Amérique centrale et l'Amérique du Sud il y a au moins 20 000 ans. Ils adoptèrent un mode de vie fondé sur l'agriculture il y a environ 5 000 ans.*

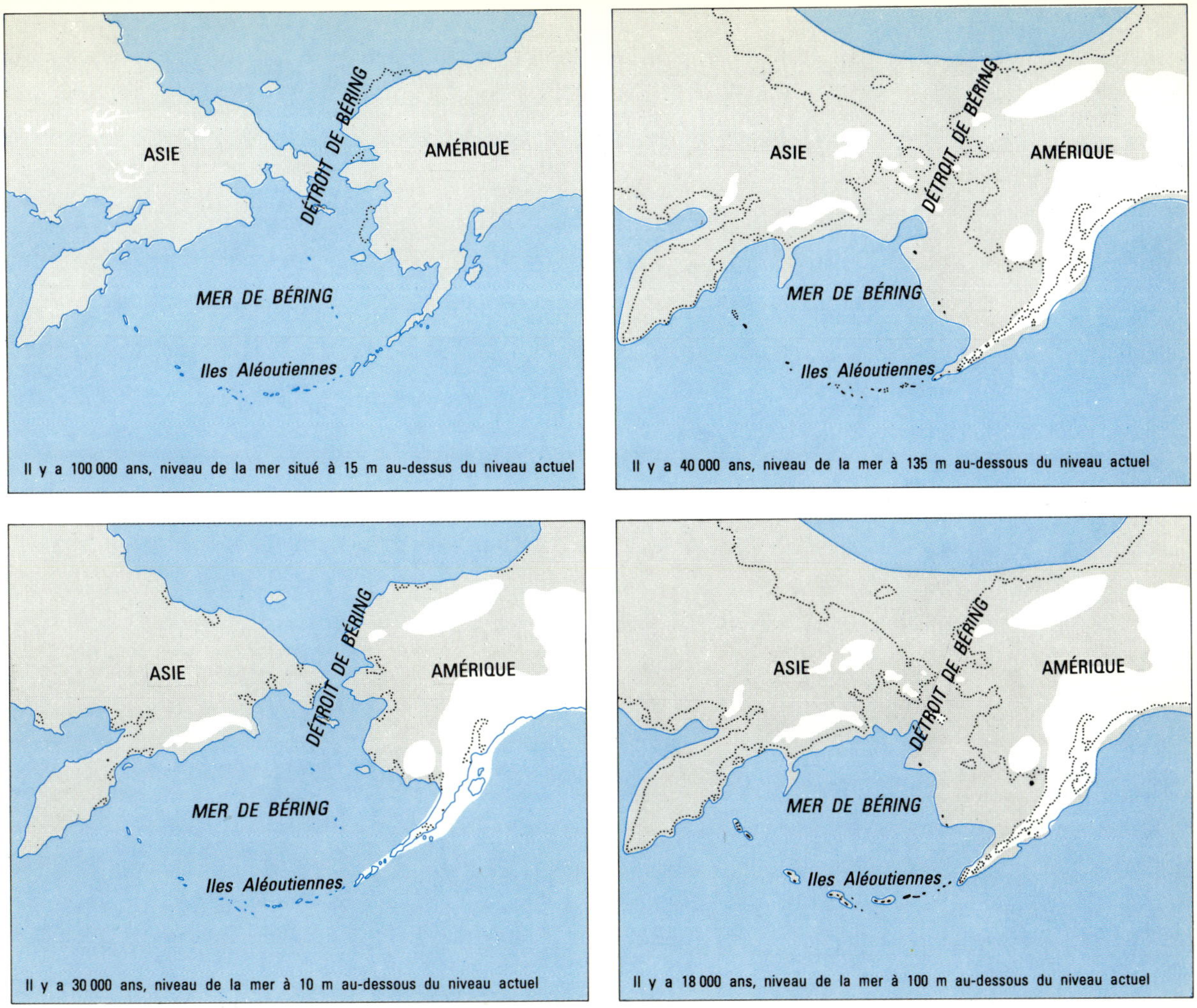

Il y a 100 000 ans, niveau de la mer situé à 15 m au-dessus du niveau actuel

Il y a 40 000 ans, niveau de la mer à 135 m au-dessous du niveau actuel

Il y a 30 000 ans, niveau de la mer à 10 m au-dessous du niveau actuel

Il y a 18 000 ans, niveau de la mer à 100 m au-dessous du niveau actuel

Calotte glaciaire
Limite côtière actuelle
Limite côtière aux époques correspondantes

tions, ainsi que l'ont démontré le professeur Luigi Cavalli-Sforza et ses collègues de Stanford University, en Californie.

En examinant la distribution de certains caractères génétiques entre des communautés séparées géographiquement, il est possible d'évaluer l'importance des contacts qui ont eu lieu dans le passé entre ces deux groupes. Considérons, par exemple, une population A, possédant des caractères génétiques *a*, et une population voisine B possédant des caractères génétiques *b* : s'il n'existe aucune trace de *a* dans le groupe B, ni aucune trace de *b* dans le groupe A, il est certain que les deux populations ont eu peu de contacts entre elles. Si, en revanche, le groupe A présente des traces de *b* tandis que le groupe B ne possède que des caractères *b*, on peut en conclure que des migrations ont eu lieu de B en A, mais non de A en B. Voilà, présentée schématiquement, la manière dont Luigi Cavalli-Sforza aborda le problème de la transmission de l'agriculture du Proche-Orient au reste de l'Europe.

En analysant la répartition de trente-huit caractères génétiques parmi les populations actuelles d'Europe et du Proche-Orient, les chercheurs californiens purent dresser un tableau du passé qui, pour n'être pas totalement précis, n'en est pas moins irréfutable : ce sont les groupes humains qui se sont déplacés, emportant avec eux les idées nouvelles. L'hypothèse d'invasions brutales est à écarter, cependant : l'extension de l'agriculture s'est effectuée à la vitesse approximative d'un kilomètre par an.

L'agriculture dans le Nouveau Monde

Que se passait-il alors dans le Nouveau Monde, où l'agriculture se développait de manière indépendante ? L'extension des pratiques agricoles était particulièrement importante en Amérique centrale, dans les collines et les vallées du Mexique, notamment, mais le phénomène était également apparu dans diverses régions d'Amérique du Sud : au Pérou, en Équateur et en Bolivie, entre autres. Kent Flannery décrit ainsi certains aspects de cette évolution : « La culture des plantes dans le Nouveau Monde est un phénomène très ancien. Les humains cultivent les calebasses, par exemple, depuis 10 000 ans, peut-être plus. Mais l'agriculture proprement dite apparut il y a seulement 5 000 ans. »

Les indigènes amérindiens, chasseurs-cueilleurs du Nouveau Monde, avaient la chance d'avoir à leur disposition dans la nature les calebasses qui, une fois séchées, constituent d'excellents récipients et dont les graines, grillées, sont à la fois savoureuses et nourrissantes. « Il est probable que ces groupes ont semé des graines de calebasses dans des points stratégiques de leurs territoire de chasse et de cueillette, » suggère Kent Flannery; « les calebasses étaient ainsi à leur disposition dès qu'ils en avaient besoin. Ils ont peut-être appris ensuite à distinguer les graines de calebasses de celles de plantes de la même famille, telles que courges, potirons et autres. C'est ainsi qu'aurait débuté, sous forme de culture fortuite des calebasses pour des motifs technologiques, la pratique extensive de l'agriculture, destinée à obtenir des denrées alimentaires supplémentaires. Il est évident que cette forme de culture limitée ne pouvait suffire à nourrir une communauté sédentaire. »

Les Amérindiens développèrent des pratiques agricoles à une époque où le climat mondial se réchauffait régulièrement après la fin de l'âge glaciaire. Au cours de l'âge glaciaire, le climat du Mexique était plus froid et plus sec qu'aujourd'hui. Les plaines et le fond des vallées étaient couverts d'herbages où vivaient l'antilope et le lièvre. Avec l'arrivée d'un climat plus doux, les buissons épineux et les forêts envahirent les espaces ouverts, favorisant les cervidés au détriment des occupants précédents. L'environnement se transforma.

C'est ce changement climatique qui, selon Richard MacNeish, contribua à transformer le mode de vie des habitants de Tehuacán en une économie agricole sédentaire. La vaste vallée de Tehuacán, au centre du Mexique, est aujourd'hui abondamment irriguée et cultivée. Richard MascNeish et ses collègues ont, pendant de nombreuses années, effectué dans cette vallée des fouilles et des études approfondies, qui fournissent de précieux renseignements sur les transformations qui s'y sont déroulées au cours des 12 000 dernières années.

Au début de cette période, des chasseurs-cueilleurs vivaient en petits groupes dans la région. Le gibier constituait près de 70 % de leur nourriture et leur vie était réglée par les saisons. La viande, qu'ils consommaient tout au long de l'année, était probablement la seule denrée accessible en hiver. Au printemps, ils se nourrissaient de gousses et de jeunes pousses, de grains en été et de fruits en automne. De plus, en toutes saisons, les habitants de Tehuacán ajoutaient à leur régime alimentaire les oponces et les feuilles d'agaves. La vie était centrée essentiellement sur des petits groupes familiaux, ou « microgroupes », selon le terme de Richard MacNeish.

L'extension des buissons et des forêts, favorisée par un climat chaud et humide, réduisit peu à peu la quantité de viande dont les habitants de la vallée pouvaient disposer. Il y a 8 000 ans environ, la viande ne constituait plus que 50 % de leur alimentation. Outre le ramassage saisonnier de cosses, de graines, de fruits et d'autres produits, ils commencèrent à cultiver en petites quantités la courge, l'amarante et le piment, qui constituèrent alors environ 5 % des denrées comestibles.

Avec le réchauffement constant du climat se poursuivit l'évolution des schémas sociaux et des techniques alimentaires : la consommation de viande continua à diminuer, les recherches saisonnières de nourriture s'organisèrent davantage, les cultures jouèrent un rôle plus important dans l'approvisionnement et les individus vécurent plus longuement dans des groupes plus vastes. L'arboriculture est probablement apparue la première, lorsque les humains commencèrent à prendre soin des buissons et des arbres fructifères, en défrichant leurs abords et en les débarrassant des parasites. Mais l'horticulture proprement dite naquit avec les premiers ensemencements réalisés de main humaine, il y a 6 000 ans.

Mille ans plus tard, l'agriculture était fermement établie, avec la culture d'importantes quantités de maïs, de fèves, de courges et de piments. Des hameaux semi-permanents commençaient à s'installer et ainsi s'amorçait le mouvement vers une vie totalement sédentaire, fondée sur la pratique agricole. Il y a 3 000 ans environ, les habitants de Tehuacán cultivaient près de la moitié de leurs aliments, vivaient dans des villages permanents et devaient faire face au problème de l'explosion démographique. Des hiérarchies sociales, des cultes et des systèmes politiques régionaux s'instaurèrent par la suite. Ce processus avait-il été amorcé, ainsi que le suggère Richard MacNeish, par la transformation du climat et de l'environnement ? L'hypothèse, ici, est très séduisante, mais d'autres facteurs entrèrent certainement en jeu.

Il est probable que l'histoire de Tehuacán s'est déroulé de nombreuses fois dans diverses régions d'Amérique centrale. Mais il y eut des variantes. Revenons maintenant à cette région sur laquelle s'est ouvert ce chapitre, la côte du Pérou. Cette plaine regorge de vestiges historiques des époques récentes et de la période où l'agriculture faisait sa lente apparition dans le Nouveau Monde. Mais l'un des aspects les plus intéressants de l'histoire ancienne du Pérou concerne le développement de communautés extrêmement complexes et dont l'économie n'était pas fondée sur l'agriculture.

Frise de pierre de Chan Chan, centre de la civilisation Chimu qui précéda au Pérou celle des Incas. La frise représente des hommes en train de pêcher, activité caractéristique de ce peuple dont les ancêtres abandonnèrent la chasse et la cueillette pour vivre des produits de la mer, en se fixant près de la côte. Les Chimus adoptèrent par la suite l'agriculture, en s'installant à l'intérieur du pays et en irriguant de vastes secteurs du désert côtier.

Les pêcheurs péruviens utilisent encore parfois aujourd'hui de simples embarcations faites de roseaux qu'ils cultivent dans des jardins immergés, près de la côte. Les habitants de Salinas de Chao, il y a 5 000 ans, se servaient probablement du même genre de barques.

A une heure de voiture, environ, au sud de la ville côtière de Trujillo, se trouve un lieu connu sous le nom de Salinas de Chao, situé à 3,2 km de la mer. Un édifice haut de 25 m marque le centre de ce qui fut, il y a quelque 4 000 ans, une communauté florissante. Des terrasses et les fondations d'autres constructions sont à demi-ensevelies sous le sable et l'herbe. « Il n'y a dans cette zone aucune ressource alimentaire d'origine végétale telle que racines, fruits, baies, et autres : le milieu est trop sec, » explique Michael Moseley. « Et aucun animal susceptible d'être domestiqué n'y vit. Il en était pratiquement de même lorsque le site était habité. Comment les indigènes survivaient-ils ? On découvre la réponse dans le sable : des arêtes d'anchois par milliers, des arêtes de poissons d'eaux profondes, des morceaux de coquillages. Les habitants de Salinas de Chao vivaient de la mer. »

Il ne s'agit pas d'imaginer ici quelques individus passant leur temps à pêcher et vivant comme une petite communauté côtière. Moseley et ses collègues ont maintenant acquis la certitude que Salinas de Chao abritait une population importante, s'élevant peut-être à 2 000 individus et que le site fut occupé pendant plusieurs siècles. Il reste très peu de vestiges des habitations, mais l'édifice central témoigne du niveau d'organisation sociale de cette ville.

Salinas de Chao n'est pas un exemple isolé : il existe des douzaines de sites semblables tout le long de la côte, dont la présence démontre que des communautés humaines importantes et complexes peuvent s'épanouir sur la base d'une seule ressource alimentaire — pourvu que celle-ci soit suffisamment abondante — et prouve que l'agriculture n'est pas le seul recours des grands groupes sédentaires. Ces peuples, cependant, n'ignorèrent pas la terre. Ils cultivaient avec succès un certain nombre de végétaux, notamment les calebasses et le coton, qui fournissaient la matière première indispensable pour la fabrication des filets de pêche : les calebasses servaient de flotteurs et le coton était utilisé pour la maille. Il serait bien étonnant que ces habitants n'aient pas aussi consommé les graines de calebasses; il est certain, en tous cas, qu'ils cultivèrent la courge. Mais il n'en reste pas moins vrai que leur subsistance principale venait de la mer.

La côte péruvienne est géologiquement très active. Les Andes subissent continuellement une poussée vers le haut et, dans le même temps, les plages s'inclinent peu à peu en s'éloignant de la mer. En conséquence, le littoral se retire par intervalles, laissant des plages abandonnées, qui forment des gradins de sable sec. Le soleil fait scintiller dans les sables arides de la plaine côtière les fragments de coquillages des anciens rivages. Pour des humains qui vivent des ressources maritimes, le retrait de la mer est particulièrement indésirable. Or, tous les sites de la côte péruvienne antérieurs à l'apparition de l'agriculture se trouvent aujourd'hui à plusieurs kilomètres à l'intérieur des terres, séparés de la mer par des étendues de sable sec qui constituaient autrefois le fond de baies peu profondes. Ce fut pour cette raison, qui s'ajoutait peut-être à une détérioration générale du climat, ou bien pour obéir à un édit politique, que les groupes humains migrèrent à l'intérieur des terres, abandonnant la pêche, mais emportant avec eux leurs connaissances en matière de cultures. Des colonies agricoles s'installèrent dans les plaines et les vallées côtières, alimentées par de gigantesques réseaux d'irrigation qui révélaient chez ces peuples des talents techniques exceptionnels. L'architecture monumentale qui prit naissance sur la côte évolua vers des formes colossales et spectaculaires. Les premiers signes d'une civilisation fondée sur l'agriculture annonçaient de nouvelles possibilités : un riche potentiel humain prenait forme dans le monde entier.

13 L'apparition du comportement agressif

En 1937, une heureuse découverte mit au jour l'un des édifices les plus impressionnants de l'ancienne civilisation andine. Julio Tello, l'un des premiers archéologues péruviens, prospectait la côte au nord de Lima à la recherche de sites historiques en juin de cette année-là lorsqu'il décida de passer la nuit dans une petite hacienda du village de Sechin. Il remarqua dans la maison une pierre étrangement sculptée et, pensant qu'elle provenait probablement d'un édifice local de quelque intérêt, il demanda qu'on le conduisît à l'endroit où la sculpture avait été trouvée. Le propriétaire de l'hacienda lui fit cette faveur et le mena au pied d'une colline voisine, où plusieurs pierres, travaillées de façon semblable, dépassaient du sol. Certain qu'il rencontrait là quelque chose d'important, Julio Tello entreprit des fouilles immédiatement. Au cours du séjour de deux mois qu'il fit alors à Sechin, il exhuma les vestiges d'un remarquable monument.

Il y a quelque 3 000 ans, les habitants de Cerro Sechin, nom sous lequel le site est désormais connu, avaient construit un édifice carré dont la façade et les murs latéraux exhibaient une file de guerriers en marche, entremêlés de figurations pittoresques de têtes coupées, d'yeux arrachés, de torses éviscérés, de nouveau-nés fendus en deux, de bras tranchés et de vertèbres amoncelées. Le message est clair : il s'agit d'une démonstration de force militaire, d'une menace d'agression incontestable.

Bien que Cerro Sechin soit un cas unique dans l'architecture andine archaïque, on trouve des figures guerrières semblables en Amérique centrale et dans l'Ancien Monde, dès cette période. Les poteries Mochica, au Pérou, dépeignent également des guerriers célébrant leurs triomphes sur de vils prisonniers. Cette « iconographie de la puissance », telle que la décrit l'anthropologue américaine Joyce Marcus, est un thème commun aux civilisations naissantes du monde entier. Tandis que les cités se transformaient en cités-États et les cités-États en nations, les souverains se livrèrent de plus en plus à des manœuvres d'intimidation et de menace. Pour certaines personnes, cet aspect répétitif de l'histoire indique certainement un aspect de la nature humaine : l'être humain est fondamentalement agressif et l'instinct guerrier est dans nos gènes.

Ainsi que le souligne le professeur Marshall Sahlins, c'est un fait indiscutable que « la guerre augmente en intensité, en cruauté et en durée... au cours de l'évolution des cultures, pour atteindre son point culminant dans la civilisation moderne ». On peut, en effet, évaluer l'histoire humaine en fonction de divers critères, dont l'un des plus sinistres concerne le nombre croissant des victimes dans des combats toujours plus élaborés. Selon Sigmund Freud : « Les humains ne sont pas des créatures douces et aimables, en quête d'amour... Il faut tenir compte du rôle que joue le désir d'agression dans les données instinctives... »

Fragment de la frise de pierre de Cerro Sechin, représentant un guerrier vaincu dont le corps a été sectionné au niveau de la taille.

La leçon de Makapansgat

On a parfois évoqué, pour renforcer ces hypothèses, les découvertes de fossiles préhumains dans des grottes d'Afrique du Sud, notamment celle où vécurent des groupes d'*Australopithecus africanus*, à Makapansgat. Aux fossiles d'hominidés découverts dans ce site étaient mêlés un grand nombre de crânes de babouins, ainsi que plusieurs fragments osseux appartenant à d'autres animaux.

Dans une remarquable série de trente-neuf mémoires scientifiques, publiés entre 1949 et 1965, le professeur Raymond Dart examina les pièces de Makapansgat. Il voyait dans les ossements de cette grotte des indices évidents du comportement qui nous différencie de nos ancêtres simiesques : les proto-humains étaient carnivores. Il analysa les causes de la mort des cinquante-huit babouins dont les crânes furent découverts dans le site et déclara que les fractures en forme de dépression observées sur la plupart des crânes indiquaient que les animaux avaient été frappés par des assaillants droitiers maniant le gourdin. Raymond Dart exposa les grands traits de sa théorie en ces termes : « Selon cette thèse, les ancêtres de l'humanité différaient des grands singes actuels en ce qu'ils étaient des tueurs confirmés : des créatures carnivores qui s'emparaient par la violence de proies vivantes, les battaient à mort, déchiquetaient leurs corps brisés, arrachaient leurs membres un à un, pour ensuite étancher leur soif meurtrière avec le sang chaud des victimes et dévorer avidement les chairs livides et palpitantes. »

En examinant en détail les restes fossiles des australopithécinés, Raymond Dart remarqua qu'eux aussi semblaient porter des traces de violences. Les instincts meurtriers de nos ancêtres ne se limitaient pas, semblait-il, aux babouins ou à d'autres animaux, en dépit du fait qu'à ce stade de l'histoire humaine les hominidés ne possédaient encore qu'un cerveau relativement petit : « L'équipement mental de ces microcéphales suffisait apparemment pour ces pratiques grossières, omnivores et cannibales de manieurs de massue et de pourfendeurs de mâchoires qui constituaient la phase herculéenne de l'émergence humaine… La détestable cruauté de l'humain envers l'humain est l'un de ses traits spécifiques et inéluctables; elle ne peut s'expliquer que par des origines cannibales. »

Résumant sa théorie des origines de l'humanité dans une étude publiée en 1953, *The predatory transition from ape to man*, Raymond Dart affirmait : « Les archives sanglantes et meurtrières de l'histoire depuis les premiers documents égyptiens et sumériens jusqu'aux récentes atrocités de la Seconde Guerre mondiale témoignent du cannibalisme universel des origines : sacrifices animaux et humains, ou leurs substituts dans les religions conventionnelles, rites de chasse au scalp ou aux têtes, cérémonies de mutilations corporelles et de nécrophilie sont autant de comportements proclamant cette soif de sang, ces habitudes de bête de proie et ce signe de Caïn qui sépare l'humain de ses ancêtres anthropoïdes et le rapproche plutôt, par son régime alimentaire, des carnivores les plus sanguinaires. »

Les conclusions de Raymond Dart étaient audacieuses et ses descriptions pittoresques. Dans l'atmosphère lourde et angoissée de la Seconde Guerre mondiale et de l'après-guerre, il tenta d'expliquer la situation mondiale selon une certaine vision de la préhistoire. Il eut un disciple enthousiaste et fervent en Robert Ardrey, dramaturge, journaliste et écrivain, qui, dans un style coloré et évocateur, brossa un tableau saisissant de notre passé. « L'être humain est un prédateur dont l'instinct est de tuer à l'aide d'une arme », affirma-t-il en 1961, opinion qu'il soutint jusqu'à sa mort en 1980. « Nous aimons la violence dans le sport et dans nos distractions; c'est un vestige de notre passé de chasseurs. »

Robert Ardrey ne fut pas le seul à penser et à proclamer que l'humanité

La grotte de Makapansgat, en Afrique du Sud, renfermait des ossements d'australopithécinés graciles, accompagnés de milliers de fragments osseux, ainsi que d'un grand nombre de crânes de babouins. Raymond Dart en conclut que les hominidés, se servant des os comme d'armes, avaient tué les babouins et d'autres animaux et s'étaient même massacrés entre eux. Des recherches plus récentes ont abouti à d'autres conclusions.

Ci-dessus : *Cette reconstitution, qui illustre un aspect de la culture « ostéodontokératique » attribuée aux australopithécinés de Makapansgat, date de 1959.*

était marquée du signe de Caïn : de nombreux psychologues et biologistes adhérèrent à cette opinion, parmi lesquels Konrad Lorenz, lauréat du Prix Nobel, dans son livre *On Agression.* Des cinéastes et des auteurs de fiction rendirent cette idée encore plus familière au grand public, avec des œuvres telles que *West Side Story, 2001 : odyssée de l'espace* et *Lord of the Flies (Le Seigneur des mouches).* Ce thème, déjà populaire, fut bien accueilli : les humains sont en fait foncièrement inhumains, ce qui explique la plupart des détresses, souffrances et guerres qui sévissent dans le monde.

Je pense que ces notions sont erronées. J'analyserai dans ce chapitre la validité des indices sur lesquels elles sont fondées, puis j'examinerai d'autres aspects de la préhistoire qui apportent quelque lumière sur l'idée de « nature humaine », ainsi que l'évolution du développement urbain depuis la révolution agricole qui est, à mon avis, un phénomène très révélateur de la manière dont fonctionne la société moderne.

Examinons, en premier lieu, ce que nous enseignent les vestiges fossiles de la grotte de Makapansgat. Une grande partie du plafond de la grotte a disparu sous l'effet d'une lente érosion, révélant une brèche particulièrement riche en os fossiles : plus de 250 000 pièces ont été découvertes à ce jour. De même que dans le cas des autres grottes sud-africaines, ce fut l'exhumation de crânes fossiles de babouins qui suggéra la présence de restes d'hominidés. James Kitching découvrit en 1947 le premier hominidé du site : Raymond Dart le dénomma tout d'abord *Australopithecus prometheus,* car on pensait avoir trouvé des traces de feu, mais il fut ensuite prouvé que cette hypothèse était fausse et la créature fossile devint *Australopithecus africanus.*

Les spéculations de Raymond Dart sur les australopithécinés de Makapansgat se divisèrent en deux parties. En premier lieu, les détériorations importantes observées sur les restes d'hominidés furent interprétées comme le témoignage d'un étonnant degré de violence entre individus. Le second point, qui se dégageait de l'observation de quelque 7 159 fragments osseux d'animaux fossiles, était que les hominidés avaient apporté dans la

Ci-dessous : *Quelques pièces provenant de Makapansgat. Raymond Dart émit l'hypothèse que ces moitiés de mandibules servaient peut-être de scies aux hominidés.*

grotte la plupart de ces os afin d'en faire des outils et des armes. Raymond Dart s'étonna du fait que certains os du squelette étaient plus fréquents dans le site que d'autres : cela signifiait-il que les hominidés choisissaient les os qui leur étaient utiles ? En 1957, il écrivait : « L'absence de queues s'explique probablement par le fait que ces parties étaient utilisées comme signaux ou comme fouets au cours des chasses, donc à l'extérieur des grottes. La disparition des vertèbres caudales, ainsi que des autres vertèbres, est peut-être due aux possibilités qu'elles offraient : leur partie centrale servant de projectile et leurs protubérances (quand elles existaient) de leviers et de pointes. Les fémurs et les tibias sont les plus communs des os longs exhumés du site : sans doute constituaient-ils des massues très pratiques pour les femmes et les enfants qui restaient au foyer. » L'humérus, pensait-il, était une arme de choix, tandis que les mandibules, sectionnées au niveau du menton, pouvaient servir de scies; les doubles rangées de dents des petits animaux faisaient de bons grattoirs et les crânes découpés pouvaient former, mis à l'envers, d'excellents bols. Raymond Dart qualifia cette culture d'« ostéodontokératique » (os-dents-cornes).

Un regard nouveau sur les vestiges fossiles

Bob Brain, grâce à ses travaux de recherche au Transvaal Museum de Prétoria, fut le principal instigateur d'une révision des conclusions de Raymond Dart. Au cours des quinze dernières années, il s'est interrogé sur la nature des dépôts fossilifères. Les questions qui l'ont essentiellement préoccupé concernent la manière dont les os arrivent dans une grotte et le traitement qu'ils y subissent ensuite.

Examinons d'abord la seconde question. Bob Brain explique : « Un fossile enterré près du fond d'une grotte profonde en voie de remplissage peut avoir au-dessus de lui jusqu'à 30 m de sédiments et le poids supporté est considérable. La conséquence en est que l'ensemble du crâne s'aplatit un peu comme sous l'action d'un rouleau compresseur… C'est la raison pour laquelle

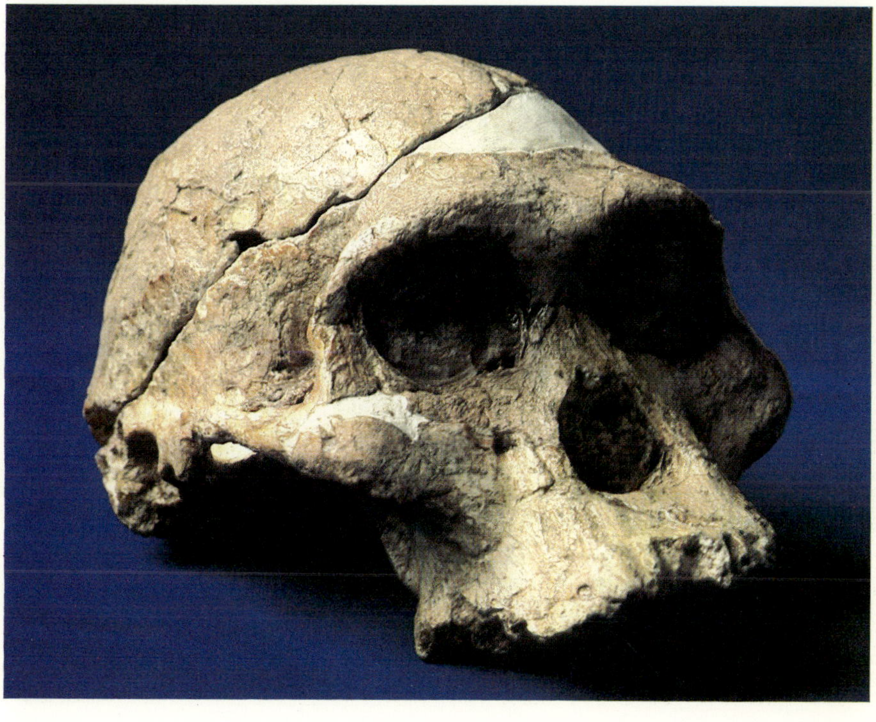

Australopithéciné gracile provenant de la grotte de Sterkfontein et connu sous le nom de « Mme Ples ». Parmi les crânes exhumés des grottes sud-africaines, celui-ci présente l'originalité d'avoir été conservé intact, sans aucune des déformations que l'on observe généralement sur ces pièces : la corniche rocheuse sous laquelle il avait roulé l'avait empêché d'être écrasé par le poids des sédiments qui se sont accumulés au-dessus par la suite.

tant de fossiles d'hominidés des grottes sud-africaines sont si déformés. Mais si le crâne se remplit progressivement d'une gangue, celle-ci lui servira de support interne et il résistera à la déformation. » Mais le processus se complique si un objet dur et pointu se trouve près du crâne lors de l'ensevelissement. « La pression qui s'exerce sur la pierre peut en enfoncer une protubérance dans le crâne, ce qui produit une fracture locale, exactement comme si l'individu avait été tué d'un coup sur la tête. »

De la mâchoire inférieure d'un jeune hominidé de 12 ans, Raymond Dart déclare : « Les fractures observées sur la mandibule (mâchoire inférieure) indiquent que les coups, qui furent portés probablement au cours d'un combat fatal, écrasèrent localement le visage, légèrement à gauche de la ligne médiane, dans la région des incisives; l'arme utilisée était vraisemblablement un gourdin. La conséquence de ces coups, en ce qui concerne la mandibule, fut que les quatre incisives permanentes (et peut-être la seconde molaire déciduale gauche) furent projetées hors de leurs alvéoles et que l'os fut brisé. » Quant à l'enfant de Taung, il fut tué d'« un coup latéral sur la région fronto-pariétale gauche du crâne ».

Bob Brain fait le commentaire suivant : « Ayant observé les effets de la pression sur plusieurs centaines de fossiles, je suis désormais très prudent en ce qui concerne la détermination de cas de fractures antérieurs à la fossilisation... La détérioration de la mandibule d'adolescent, par exemple, a pu être tout aussi bien causée par la pression locale d'une pierre du dépôt fossilifère. Il n'est pas non plus nécessaire de supposer que les incisives furent « projetées hors de leurs alvéoles » par un coup de gourdin. Ces dents à racines droites tombent fréquemment des mandibules avant que la fossilisation n'intervienne. »

« Les indices sont ambigus », déclare Bob Brain. « Il est absolument urgent qu'un plus grand nombre de spécimens endommagés avant le décès puissent être distingués de façon probante des pièces détériorées au cours de la fossilisation. En l'absence de ces preuves, le problème de l'incidence de la violence parmi les australopithécinés doit rester posé. »

Qu'advient-il alors de la culture « ostéodontokératique » des australopithécinés ? Il est certain que les ossements d'animaux de la grotte de Makapansgat représentent dans des proportions « anormales » les diverses parties du squelette. Les tranchants, pointes, diaphyses et autres, qui sont en grand nombre dans les assemblages osseux, servaient probablement d'outils. Qu'est-ce que cela implique ? Bob Brain commente les vestiges osseux en ces termes : « Parfois, à la grande joie des paléontologues, on découvre le squelette entier d'un animal mort depuis longtemps, et tous ses os sont en place. Un tel événement n'arrive cependant que grâce à des circonstances très particulières... Plus souvent, le corps de l'animal a été soumis aux influences destructrices qui caractérisent tout milieu naturel. Le squelette s'est désarticulé, et chacun de ses éléments a dû subir l'action des carnivores, ainsi que l'usure et la détérioration par les éléments naturels. »

Par chance, Bob Brain put observer de tout près les restes d'os qui avaient auparavant fait partie d'un repas humain. Tandis qu'il travaillait à la Nabib Desert Research Station, il fit par hasard « l'expérience naturelle » parfaite. « En visitant plusieurs villages hottentots, j'ai été frappé par le nombre de fragments d'os de chèvres qui jonchaient le sol entre les cases. Après en avoir rapporté plusieurs à la base de recherche, je les ai classés selon les parties du squelette auxquelles ils appartenaient, comme pour un exercice d'ostéologie. Il apparut immédiatement que certaines parties étaient bien représentées, tandis que d'autres étaient rares ou absentes... L'explication ne fut pas difficile à deviner — cet échantillonnage représentait les résidus de squelettes de chèvres qui avaient résisté au traitement qu'ils avaient subi. »

La chèvre fournit, en fait, la seule viande dont peuvent disposer les habitants de ces villages, qui utilisent, de plus, toutes les parties de l'animal. Les déchets sont ensuite jetés aux chiens, qui rongent et lèchent les os jusqu'à ce qu'ils ne puissent plus rien en tirer. La plupart des os les plus fragiles disparaissent ainsi et seules les parties du squelette les plus dures résistent. Dans l'assemblage qu'il avait étudié, Bob Brain constata que les maxillaires inférieurs étaient les pièces les plus nombreuses, suivis des extrémités des membres antérieurs (humérus) correspondant au coude, des extrémités des membres postérieurs correspondant au genou et des os du pied. Les os de la queue, l'extrémité de l'humérus correspondant à l'épaule, les vertèbres et l'extrémité supérieure des pattes arrière étaient pratiquement absents. Si les os de chèvres avaient subi, au départ, un grand nombre de dommages de la part des humains, les dents des chiens les avaient marqués, en fin de compte, de l'empreinte carnivore. La comparaison entre ces assemblages osseux et les fossiles de Makapansgat donna des résultats étonnants. Bien que les compositions des deux ensembles ne soient pas identiques, elles « révèlent une ressemblance générale remarquable », affirme Bob Brain. Il semblerait donc que les fossiles de Makapansgat ne soient pas les outils et les armes d'une culture archaïque, mais les reliefs de nombreux repas de carnivores.

Des preuves confirmant ces observations furent apportées par le Dr Judy Maguire, du Bernard Price Institute de Johannesburg, que ses recherches conduisirent dans la tanière d'une hyène de la réserve naturelle de Giora Ilani, en Israël. Là, elle dressa la liste des types de détériorations que les hyènes font subir aux os qu'elles rapportent dans leur repaire. Elle en dénombra neuf : piqûres, fractures en croissant, rainures faites au hasard, perforations, éclatements et évidages, parmi d'autres. La comparaison avec les fossiles de Makapansgat est intéressante : les neuf types de marques apparaissent sur l'ensemble des fossiles et, d'après une estimation très prudente, 30 % des os fossiles portent des signes non équivoques de l'action de hyènes. La proportion des os actuels portant les mêmes marques s'élève à près de 65 %, mais le chiffre plus faible concernant les os fossiles pourrait s'expliquer, selon Judy Maguire, par l'écaillement de la surface de nombreux fossiles qui aurait fait disparaître certaines traces. Bien que certains de ses collègues du Bernard Price Institute, notamment James Kitching, ne partagent pas son point de vue, Judy Maguire conclut que les carnivores ont eu, sur les vestiges osseux de Makapansgat, une action bien plus importante qu'on ne l'a pensé jusqu'ici.

Il apparaît donc aujourd'hui que la plupart des indices sur lesquels Raymond Dart et Robert Ardrey ont fondé leurs pittoresques descriptions de notre « passé sanguinaire » ne résistent pas à l'analyse scientifique. Par l'examen de ces travaux, je n'ai nullement l'intention de déprécier les recherches de Raymond Dart, ni l'importante contribution qu'il a apportée à notre connaissance de l'évolution des hominidés. Ainsi que le souligne Bob Brain : « L'étude des fossiles de Makapansgat menée par Dart était une entreprise novatrice en ce qu'elle représentait la première analyse et la première interprétation d'un assemblage osseux provenant d'une grotte africaine. » Alors que d'autres chercheurs se concentraient sur des échantillonnages d'os sélectionnés en fonction d'une étude particulière, son approche marqua le début d'une analyse plus logique du processus de conservation et de fossilisation des os dans son ensemble. Ce fut en fait Raymond Dart qui, dans une large mesure, encouragea Bob Brain et Judy Maguire dans leurs efforts pour tester son hypothèse antérieure. Paradoxalement, il se révéla beaucoup plus disposé à accepter les implications de leurs découvertes que bon nombre de ses partisans.

Entrée d'une tanière de hyène du parc national d'Amboseli, au Kenya. Raymond Dart accepta l'idée que les accumulations d'os de Makapansgat étaient peut-être dues à l'action des hyènes et quelques repaires actuels furent examinés : aucun ne contenait des os en grand nombre. Mais des études récentes ont montré que certaines hyènes accumulent les ossements dans leur tanière. De plus, comme à Makapansgat, certains os sont plus fréquents que les autres, pour la simple raison qu'ils ont mieux résisté aux crocs des carnivores et les traces qu'ils portent sont comparables à celles observées sur des spécimens provenant de la grotte.

Les effets de la sédentarisation sur les !Kung

La plupart des chasseurs-cueilleurs adoptèrent le nouveau mode d'économie il y a de nombreux millénaires. De nos jours, il existe encore des peuples de chasseurs-cueilleurs, mais la majorité d'entre eux sont en voie d'adopter une existence sédentaire et cette situation permet d'étudier certaines implications sociales de ce changement. Certains !Kung expérimentent actuellement la transition vers un nouveau mode de vie et des spécialistes les observent attentivement. « Il existe une contradiction majeure dans la période transitoire que les !Kung sont en train de vivre », explique le professeur Richard Lee, « entre le *partage*, qui est au centre du mode de vie des chasseurs-cueilleurs, et l'*économie*, ou gestion des ressources, qui est le cœur de la vie agricole et pastorale. La nourriture du campement des !Kung est immédiatement partagée, et de la même manière, entre résidents et visiteurs; si les éleveurs faisaient de même avec leur bétail, ou si les cultivateurs partageaient leurs grains, ils seraient rapidement ruinés. De nombreuses familles souffrent de ces exigences contradictoires. »

Richard Lee raconte l'histoire d'un !Kung nommé Debe, qui semblait très bien s'adapter au nouveau mode de vie. Il avait réuni un petit troupeau de chèvres et de vaches et était en passe de devenir un éleveur prospère. Mais lorsque la viande se fit rare chez les chasseurs-cueilleurs de sa parenté, qui vivaient non loin de là à /Xai/Xai, ces derniers vinrent le voir et lui demandèrent à manger. « Sous la pression sociale, Debe dut abattre ses chèvres l'une après l'autre, si bien qu'au bout de quelques années il vendit ou donna les bêtes qui lui restaient, en disant que les responsabilités étaient trop lourdes. »

Un autre homme, Bo, élevait six vaches et cultivait des champs de maïs et de melons. Conscient du fait qu'il risquait de succomber aux requêtes continuelles des membres de sa famille, il recevait ses visiteurs, mais les renvoyait après qu'ils aient pris un repas seulement. « Les effets de ce comportement furent étonnants, explique Richard Lee, les gens disaient de Bo qu'il était avare et distant; on commença à le craindre et à murmurer qu'il avait appris la sorcellerie de guérisseurs noirs. Puis son fils fut délaissé par sa femme et d'autres parents évitèrent son campement. Bo se retrouva prospère mais seul. En 1970 enfin, il en eut assez. Il vendit son bétail et ses réserves contre des espèces, rassembla ses affaires et traversa à pied la frontière, pour se fixer en Namibie, à Chum!kwe. » Il existe de nombreux exemples de ce genre, qui soulignent l'extrême différence d'éthique entre agriculteurs et chasseurs-cueilleurs.

La principale raison qui pousse les !Kung à adopter progressivement l'agriculture est une pression du gouvernement. Les !Kung vivent depuis des années en étroit contact avec des agriculteurs dont ils imitent maintenant, dans une certaine mesure, les pratiques d'élevage et de cultures. Un champ !Kung typique couvre moins d'un hectare et il est de forme approximativement ovale. Il n'est généralement pas irrigué. Les cultures les plus importantes sont le maïs, le melon, le sorgho et le tabac qui pose plus de problèmes que les autres plantes, car il nécessite beaucoup d'ombre et un arrosage constant. « Le fait que les !Kung consacrent tant de temps et d'efforts au tabac, qui n'est pas une culture alimentaire, semble indiquer que l'augmentation des réserves alimentaires n'est pas leur première préoccupation », observe Richard Lee.

La plus grande partie du travail des champs est réservée aux femmes. Les hommes passent beaucoup de temps auprès de leurs bêtes, de sorte qu'ils restent absents du village bien plus souvent que leurs épouses. « Cette division du travail a finalement d'importantes implications politiques », estime Richard Lee. « En premier lieu, le travail des hommes les met en contact avec les agriculteurs locaux, occasion dont les femmes ne profitent pratiquement jamais. Et comme les structures politiques locales prennent de plus en plus d'importance pour les !Kung, cette situation signifie que, contrairement au passé, le pouvoir est essentiellement une prérogative masculine. Le second point concerne la vente des bêtes adultes, qui donne aux hommes l'accès à l'argent. Le produit agricole obtenu par les femmes étant réservé, en majorité, à la subsistance, les femmes sont une fois de plus écartées d'une institution nouvelle et importante. Elles fabriquent, en fait, une sorte de bière de miel qu'elles vendent, mais le profit qu'elles en tirent est insignifiant par rapport à celui que procure la vente du bétail. »

Patrica Draper a particulièrement étudié les interactions sociales qui interviennent chez les !Kung dont le mode de vie se transforme et, selon elle, « l'égalité sexuelle qui existait dans la brousse disparaît progressivement dans les villages !Kung sédentaires. » Les rôles sexuels se figent de plus en plus et les hommes ont maintenant tendance à éviter certains travaux déclarés « non virils » ou « indignes », ce qui était rare auparavant. « Dans la brousse, les femmes tirent leur dignité du fait qu'elles contribuent quotidiennement et régulièrement à la subsistance familiale... Ce sont elles aussi qui assurent le contrôle de la nourriture qu'elles ont rapportée au village », constate Patrica Draper. Le changement du statut des femmes dans un mode de vie sédentaire est donc particulièrement frappant.

Le campement !Kung dans la brousse consiste en un ensemble très serré

de sept abris sommaires, parfois plus, disposés en cercle et faisant face au centre. Patrica Draper décrit ainsi la vie d'un camp : « Chaque individu du groupe peut voir (et souvent entendre) tous les autres, pratiquement tout le temps, puisqu'aucun lieu privé n'est prévu pour se retirer. Même à la tombée de la nuit, chacun s'installe dans l'espace commun pour dormir, seul ou avec d'autres membres de sa famille, auprès des feux allumés à l'extérieur des cases. Cette intimité entre tous les membres du groupe est le caractère principal de ce genre de vie. On discute, on résoud des conflits, on partage la nourriture — tout se passe à l'intérieur de ce cercle communautaire. »

La vie dans un village de cultivateurs est différente. Les maisons sont dispersées, souvent autour d'un parc à bestiaux. Les entrées des maisons n'ouvrent plus directement sur la vie du village. Les individus ne sont plus en étroit contact physique. « Dans un campement nomade, l'arrivée de la nourriture suscite un flot d'émotions », explique Richard Lee; « dans le village qui vit de l'agriculture, ce flot est endigué. » L'accès à l'argent, ajouté à une vie sédentaire, conduit les villageois à accumuler petit à petit des richesses matérielles, sous forme de vêtements et autres « biens de consommation ».

Parmi les !Kung, certains s'adaptent volontiers au nouveau mode de vie, tandis que d'autres préfèrent l'ancien. Patricia Draper a interrogé des femmes !Kung pour savoir si la vie était plus agréable chez les !Kung ou chez les Herero. Kxarun!a, cinquante ans environ, répond : « Les femmes !Kung sont plus heureuses. Chez les Herero, si un homme est en colère contre sa femme, il l'emmène dans sa maison, ferme la porte et la frappe. Personne ne peut venir les séparer et on ne peut qu'entendre les cris. Quand nous autres !Kung nous nous disputons, les autres peuvent intervenir. » Ses compagnes l'approuvent d'un air grave. Il est évident que pour ces femmes, la vie est bien autre chose que les avantages matériels que l'agriculture peut leur apporter : c'est l'intimité de leur vie communautaire.

L'adoption de l'agriculture a également un effet sur les enfants !Kung : « Dans la brousse, les enfants des deux sexes font peu de travaux, explique Patricia Draper, et leurs jeux ne diffèrent pas selon les sexes, les garçons faisant une chose et les filles une autre... Dans les campements sédentaires, en revanche, une tendance à considérer l'enfant comme un travailleur potentiel est apparue. Les garçons, par exemple, aident à surveiller les troupeaux, tandis que les filles travaillent parfois avec leurs mères aux champs ou à la maison. » Patricia Draper a également noté un développement distinct de « jeux de filles » et de « jeux de garçons », où les rôles masculin et féminin, définis plus spécifiquement chez les adultes, sont reproduits par les jeunes.

Une conséquence très pratique du nouveau mode de vie des !Kung est la nette augmentation du taux des naissances. Alors que les femmes avaient auparavant un enfant tous les quatre ans, le taux de natalité dans les villages agricoles récemment fixés est passé à près d'un enfant tous les deux ans et demi. Dans une communauté qui avait opté pour l'agriculture au début des années soixante, les naissances sont actuellement séparées par moins de deux ans. Ce phénomène était absolument prévisible chez un peuple qui abandonnait les exigences d'une mobilité constante. Un autre changement inévitable concerne la notion de propriété, qui se renforce. Les chasseurs-cueilleurs nomades déplacent fréquemment leur camp afin d'exploiter les ressources alimentaires de divers secteurs. Il arrive parfois que des petits groupes, lorsqu'il y a des conflits entre individus, se séparent du reste de la communauté en emportant leurs affaires. Les nomades sont libres de se déplacer au gré de leurs désirs, car leur nourriture est partout. Cela n'est pas le cas pour les fermiers. Défricher le sol, semer, soigner les jeunes plants et moissonner, enfin, exigent du cultivateur qu'il reste au même endroit.

Borne commémorant l'acquisition d'un terrain par un fonctionnaire de Babylone. Alors que les chasseurs-cueilleurs se déplacent librement, se nourrissant de ce que la nature leur offre, les agriculteurs développent un sentiment de possessivité à l'égard de la terre où ils enracinent leur vie. Avec l'agriculture est apparue la notion de propriété privée : désormais, la terre s'achète et se vend et devient même l'enjeu de conflits.

« Quand leur nourriture est enracinée dans les champs, les humains sont attachés à la terre d'une manière qu'ils ignorent lorsqu'ils sont nomades. »

Ce point est crucial pour comprendre cette conséquence essentielle qu'implique la production agricole : dès qu'un individu s'engage dans l'agriculture, il s'engage à défendre la terre qu'il travaille. Fuir devant l'agression équivaut à la ruine : c'est parfois le travail d'une année entière qui est investi dans les champs et cela ne s'abandonne pas aisément.

En plus de la terre, les cultivateurs acquièrent peu à peu des biens, personnels ou communautaires, qu'il faut également défendre. Même en l'absence de preuves historiques, on peut supposer que les hostilités entre groupes voisins se sont multipliées à la suite de la révolution agricole. A la fin de ce chapitre, j'examinerai brièvement quelques exemples anciens d'agression territoriale, en espérant ouvrir ainsi quelques perspectives sur la politique du XXe siècle.

La croissance des premières villes

C'est dans la naissance et la croissance des villes que s'est dessiné le profil de l'humanité moderne. Les villages et les petites villes furent les produits immédiats de la révolution agricole, mais leur trame sociale restait inspirée de celle de la tribu nomade. Avec la cité, en revanche, cette structure devint plus complexe et plus précise. Ainsi que le formule Richard Lee, « une communauté de 500 personnes, à plus forte raison de 5 000, ne s'organise pas comme un groupe de 50 individus. Des institutions sociales, économiques et politiques doivent être mises en place. C'est alors qu'apparaissent des dirigeants, des arbitres, des dignitaires et aussi, très souvent, une religion institutionnalisée. » En résumé, la cité dépend de secteurs d'activités très organisés, qui sont placés sous le contrôle d'autorités centrales. L'artisan qui vivait auparavant dans un village ou une petite ville participe désormais à une entreprise plus vaste, qui exigera parfois qu'il consacre une partie de son travail à la communauté. En revanche, il bénéficie des avantages sociaux et économiques de la vie citadine, ainsi que de la protection d'une armée.

Le statut de « cité » dépend essentiellement de la capacité de la communauté à entreprendre des constructions publiques telles que temples, palais et canaux. Dans le cas de Jéricho, l'œuvre publique fut une muraille. Cette ville très ancienne, qui a peut-être abrité 3 000 personnes dans ses 4 000 m^2, est située dans une riche oasis verdoyante, juste au nord de la ville actuelle de Jéricho, dans la vallée du Jourdain. Il y a 10 000 ans, les premiers habitants vivaient dans de simples maisons rondes, faites de briques de boue séchées au soleil et ne fabriquaient pas de poteries. Mais ils surent unir leurs forces pour dresser, avec une organisation et une maîtrise étonnantes, un rempart aux proportions gigantesques : une partie, qui atteint parfois quatre mètres de haut, subsiste encore aujourd'hui.

La vieille cité de Jéricho fut occupée périodiquement, pendant près de 7 000 ans au cours desquels dix peuples, dont les cultures distinctes ont pu être indentifiées, se sont succédés, exploitant le potentiel agricole de ce sol aride, ainsi que les autres richesses de ce site : l'excellente position de la ville sur la longue route de commerce traditionnelle qui s'étire du nord au sud favorisait le négoce : l'obsidienne, la néphrite, l'hématite, les coquillages et le sel transitaient par les institutions commerciales de la cité.

Mais que peut-on dire de ce mur, outre qu'il implique que l'autorité centrale de Jéricho était assez puissante pour faire exécuter ce genre de construction publique ? Peut-être s'agissait-il d'un rempart militaire, mais il est plus plausible de penser qu'il servait de protection contre la boue, et non contre des humains. De nombreuses personnes pensent aujourd'hui que le mur de Jéricho, loin d'être un indice très ancien d'une situation d'agression organisée, était simplement une protection contre les inondations.

Vestiges de la tour de Jéricho qui, ainsi que le fameux mur, fut construite il y a 10 000 ans environ.

Amérique centrale. La petite carte indique les secteurs occupés par les principaux peuples et la grande carte les vallées d'Oaxaca et de Tehuacán. Il y a 3 000 ans environ, l'adoption du maïs comme principale ressource alimentaire eut pour conséquence, dans la vallée d'Oaxaca, une croissance démographique particulièrement rapide. En moins de 1 000 ans, les structures sociales se transformèrent totalement et les populations des villages se groupèrent en un vaste centre urbain, Monte Albán. La cité acquit le contrôle d'un vaste secteur, mais ses souverains maintinrent toujours des relations diplomatiques pacifiques avec l'Empire aztèque, dont le centre était Teotihuacan.

Grandeur et décadence de Monte Albán

Certaines recherches entreprises récemment dans le Nouveau Monde ont mis en évidence des processus de l'évolution d'une civilisation. Le premier exemple est celui de la vallée d'Oaxaca, dans les hauteurs méridionales du Mexique, l'autre concerne la côte du Pérou.

La vallée d'Oaxaca fut le cadre de l'un des plus anciens développements urbains d'Amérique centrale, la cité-État de Monte Albán. Cette ville eut une histoire relativement brève, mais sa puissance fut incontestable. Elle naquit il y a environ 2 500 ans, atteignit son apogée quelque 600 ans plus tard et connut son déclin vers 700 av. J.-C. Durant cette période, les souverains de Monte Albán s'efforcèrent tout d'abord de s'assurer, par leur puissance militaire, la domination sur les territoires voisins, puis ils consacrèrent beaucoup de temps et d'énergie à établir et maintenir des relations diplomatiques avec leurs puissants voisins : la cité aztèque de Teotihuacan au nord et les États du Golfe, où vivaient les descendants des Olmèques, à l'est. Tous les centres urbains de ces principaux groupes politiques déclinèrent sensiblement à la même époque.

Avant la création de Monte Albán, la vallée d'Oaxaca était dominée par une poignée de chefs rivaux, dont chacun dirigeait un gros bourg entouré de hameaux, structuré sur le plan civique et rituel. Il y a environ 2 500 ans, pour des raisons que l'on ignore, les groupes rivaux fusionnèrent, semble-t-il, en une sorte de confédération dont la capitale, Monte Albán, fut fondée sur une colline de 400 m d'altitude, près du confluent des fleuves Atoyac et Salado.

La population de Monte Albán s'éleva bientôt à 10 000 habitants; ceux-ci venaient des communautés voisines gouvernées par la cité. En quelques siècles, la population doubla et atteignit peut-être 30 000 individus dans les 700 ans qui suivirent sa fondation. La cité occupait alors environ six hectares et contrôlait également les 30 000 individus qui vivaient dans sa sphère d'influence, sur une région de 700 km^2. Le déclin de la ville en 700 av.J.-C.

fut marqué par une importante baisse démographique, qui réduisit la population à 6 000 habitants environ.

La disparition de la population urbaine n'implique pas nécessairement quelque catastrophe ou holocauste militaire : l'éclipse de Monte Albán semble avoir plus été le fait d'un déclin pacifique que d'un cataclysme final. Il est probable que les citadins retournèrent à la campagne, faisant revivre les villages et les bourgades délaissés. Quel que fût le motif qui les avait d'abord réunis, puis fortement soudés en une puissante concentration urbaine, il n'avait plus cours. Ce cycle qui comprend la croissance d'une ville par l'afflux d'habitants de la région, puis la dispersion et le retour dans les villages ruraux, est fréquent dans les débuts de l'histoire de l'urbanisation : dans l'Ancien Monde, on le retrouve fréquemment, dans les grands centres de la civilisation sumérienne, entre autres.

Les édifices et les décorations de Monte Albán fournissent de précieuses indications sur l'évolution politique de la cité. L'une des premières constructions publiques importantes qui furent entreprises par ses habitants fut, comme à Jéricho, une imposante muraille, longue de trois kilomètres, et qui atteint en divers endroits quatre mètres de haut. Peu après la construction du mur s'éleva dans la ville un remarquable édifice qui est, selon Joyce Marcus, « l'un des ouvrages de propagande militaire les plus impressionnants de toute l'Amérique centrale. » Une galerie de trois cents images caricaturales, ou plus, est sculptée le long de la paroi est. Les corps

L'un des plus anciens édifices de Monte Albán, construit peu de temps après la muraille. Le long de sa face est, une série de dalles de pierre sculptées exhibe plus de 300 prisonniers, représentés nus et mutilés. Au premier plan, l'une de ces pierres.

La place centrale de Monte Albán, dans le soleil levant. Au temps de sa splendeur, la cité abritait près de 30 000 personnes.

nus de ceux qui étaient vraisemblablement des prisonniers sont mutilés et sanguinolents. Quel que pût être le but de cette représentation, il n'était pas, en tout cas, pacifique.

« Il s'agit ici de la sorte de propagande que l'on peut associer à un Etat naissant qui lutte pour établir son contrôle sur des régions auparavant autonomes, et qui veut décourager ainsi toute résistance », explique Joyce Marcus. « Les clichés de l'iconographie d'Amérique centrale les plus répandus sont les représentations de prisonniers, déshabillés et attachés, dans des positions disgracieuses et humiliantes. Les vainqueurs, en revanche, arborent des insignes somptueux et sont figés dans des poses empreintes de dignité. Lorsqu'un prisonnier a été sacrifié, il est représenté les yeux fermés et la bouche ouverte et il est souvent orné d'arabesques qui figurent probablement le sang qui coule de ses blessures. » Dans de nombreux édifices mayas réservés aux cérémonies, les portraits de prisonniers ridicules étaient sculptés dans les escaliers de pierre, de sorte que les vainqueurs pouvaient, à la lettre, fouler aux pieds les corps des vaincus. « Les Aztèques construisaient des compositions qui avaient le

même but : les *tzompantli*, sortes de murets faits avec les crânes des ennemis tués », ajoute Joyce Marcus.

Il est évident que les souverains de Monte Albán éprouvèrent la nécessité de démontrer leur puissance militaire à l'aide d'édifices de ce genre. Les constructions de cette époque ancienne surpassèrent en fait toutes celles qui suivirent. Un édifice en forme de flèche apparut relativement tôt dans l'histoire de Monte Albán, à l'extrémité sud de la vaste place centrale. Il semblait destiné à relater la chronique des victoires de la cité : une série de quarante pierres plates fixées aux murs représente une combinaison de hiéroglyphes indiquant le nom des localités conquises.

L'expansionnisme de Monte Albán se poursuivit avec succès pendant plusieurs siècles, soutenu par des représentations terrifiantes hors de la cité comme dans ses murs. Dans un camp, par exemple, les guerriers construisirent, selon le modèle aztèque, un muret de crânes. De solides fortifications étaient nécessaires aux limites de la province, mais la croissance de la cité-État fut arrêtée, semble-t-il, par sa rencontre, il y a 1 900 ans environ, avec l'ambitieux État aztèque, dont le cœur, Teotihuacan, était situé à 500 km au nord de Monte Albán, dans la vallée de Mexico.

Les deux « super-puissances » avaient apparemment un grand respect l'une pour l'autre, car l'iconographie de Monte Albán ne présente aucun indice de conflit militaire avec les souverains de Teotihuacan. En revanche, il existe sur les édifices de cette époque de nombreuses figurations de rencontres diplomatiques. Les contacts avec les peuples côtiers du Golfe étaient accompagnés d'échanges de cadeaux : l'obsidienne et la magnétite, minéral brillant utilisé dans les petits objets décoratifs, descendaient ainsi des plateaux sur la côte, ainsi que les splendides plumes vertes et bleues des ailes d'aras. En échange, l'élite de Monte Albán recevait des tambours faits dans des carapaces de tortues de mer, des carapaces de tatous et des dents de crocodiles.

La cité de Sechin Alto

La galerie aux prisonniers massacrés construite dans les premiers stades de l'histoire de Monte Albán évoque, de façon étonnante, les figures de Cerro Sechin, cet édifice péruvien vieux de 3 000 ans dont il a été question au début de ce chapitre. Joyce Marcus souligne cette ressemblance et voit en Cerro Sechin un degré de développement urbain proche de celui de la cité zapotèque. Lorenzo Samaniego, archéologue responsable des fouilles récentes de Cerro Sechin, pense que cet édifice commémorait une victoire de la population locale sur les habitants de la vallée voisine de Moxeke. A cette période de l'histoire des communautés côtières du Pérou, de nombreux territoires rivaux coexistaient, non sans difficultés, et il est probable que certains groupes d'ennemis potentiels oublièrent leurs différends pour former des confédérations, comme les peuples de la vallée d'Oaxaca. De grands centres urbains, destinés à jouer le même rôle que Monte Albán, furent donc probablement créés, parmi lesquels la ville de Sechin Alto, contemporaine et voisine de Cerro Sechin. Ce fut Julio Tello qui, en explorant Cerro Sechin, découvrit Sechin Alto.

A ce jour, ce vaste site, qui couvre de cinq à dix kilomètres carrés, n'a pas encore été fouillé. Il semble certain cependant que les vestiges d'une communauté importante et florissante sont enfouis là. Fondée probablement par les groupes de pêcheurs qui migrèrent à l'intérieur du pays il y a environ 3 000 ans, la ville de Sechin Alto était essentiellement une communauté agricole dont la culture de base était le maïs. Les vastes vallées de Sechin et de Casma étaient abondamment irriguées, sous l'autorité centrale des souverains de Sechin Alto. Il est probable que ceux-ci utilisèrent leurs forces militaires pour faire participer à cette entreprise les populations locales, et que les cruelles images de Cerro Sechin sont l'effrayante évocation de ces événements.

La ville de Sechin Alto s'étendit progressivement mais fermement au cours de plusieurs siècles. Son édifice principal fut sans cesse agrandi et rehaussé, dans un effort délibéré pour représenter et asseoir le pouvoir de l'autorité centrale (bien qu'il n'ait pas encore été fouillé, ce monument semble, vu la manière dont il se désagrège, avoir été édifié par étapes successives). Il rivalise en élégance avec les plus belles constructions d'Amérique du Sud, avec ses terrasses, ses murailles, ses patios et ses chambres décorées de reliefs. Conçue dans sa forme générale comme un siège géant, la pyramide est orientée vers l'est, où des clairières ont été intentionnellement défrichées sur les collines situées à cinq kilomètres de l'autre côté de la vallée. Au total, six millions de tonnes, au moins, de pierres et de briques d'adobe furent utilisées dans la construction de cet édifice monumental, qui dut nécessiter également une main-d'œuvre populaire de grande envergure.

Les ruines énigmatiques de Chancayillo. Cette étrange construction ressemble, avec ses trois remparts concentriques et ses entrées en chicane, à un fort; mais les pièces intérieures, minuscules, ne pouvaient loger une armée, si petite fût-elle.

Au sommet de la pyramide principale, des monuments plus petits se dressent à droite et à gauche. Trois places circulaires, mesurant chacune 80 m de diamètre, se succèdent en enfilade selon un axe orienté vers l'est. L'une d'elles est malheureusement traversée aujourd'hui par la route panaméricaine. Des vestiges de terrasses, de murs et d'autres édifices importants bordent cette longue promenade, jusqu'aux clairières des collines, qui servirent probablement de repères pour sa construction. Juste derrière l'édifice principal sont groupés trois « sièges de géants » et, au nord-ouest, un ensemble de constructions reproduit en miniature Sechin Alto. L'ensemble du site est particulièrement imposant.

On peut aisément imaginer que Sechin Alto fut le centre politique d'une vaste communauté et l'expression architecturale d'une société fortement structurée. Aucune habitation n'a subsisté, même sous forme de fondations : celles-ci apparaîtraient, le cas échéant, sur les photographies aériennes. Les maisons étaient probablement faites de roseaux et d'adobe et ne devaient pas résister aux inondations qui étaient rares mais dévastatrices. Les civilisations andines pratiquèrent pendant très longtemps un système d'impôt sur le travail : les individus devaient réserver une partie de leur travail à l'État, soit directement, en participant à la construction d'édifices publics, soit indirectement, en donnant une partie de leur production, agricole ou autre. Cette pratique existait chez les Incas sous le nom de *mit'a*. Les briques d'adobe qui servirent à la construction Mochica de la Huaca del Sol, le monument le plus gigantesque, probablement, d'Amérique du Sud, portent les marques des différents artisans, ce qui semble indiquer l'existence d'unités de travail distinctes. Il en est de même pour les murailles de Chan Chan, la capitale Chimu. On peut penser que Sechin Alto fut aussi le produit d'une organisation semblable, mais on n'a trouvé jusqu'ici aucune confirmation de cette hypothèse.

Au sud-est, en amont de la vallée de Sechin, se profile une construction massive, perchée au sommet du flanc de la vallée. Cet édifice, nommé Chancayillo, est une énigme. Il date de la même époque que Cerro Sechin et Sechin Alto, et fut très certainement construit par une population soumise à l'impôt sur le travail. L'interprétation la plus évidente est que Chancayiallo était une gigantesque fortification destinée à protéger les champs irrigués de la vallée, mais cette hypothèse est peut-être erronée. L'édifice possède trois murs d'enceinte concentriques qui assurent les défenses extérieures (si telle en était vraiment la fonction) et dont chacun est percé d'une entrée « en chicane ». Le diamètre du mur extérieur est de 150 m. A l'intérieur, plusieurs corps de bâtiment à double muraille s'ouvrent également sur des orifices en chicane. En fait, l'importance des murailles et des chicanes laisse peu de place aux pièces intérieures, qui sont minuscules. Le « fort », dans son ensemble, ne pouvait donc loger une garnison substantielle et on peut penser que Chancayillo était peut-être un temple. Mais il faut avouer que l'allure générale de la construction est celle d'une citadelle et, si cette hypothèse est correcte, elle renforce encore l'idée que des conflits marquèrent les premiers temps de l'agriculture et la formation des villes.

Le dessein de ce chapitre était de présenter l'apparition des guerres comme une réponse sociale et politique à la mutation d'un contexte économique. C'est bien la nature de la société qui a changé et non la nature humaine. Mais les humains sont des êtres essentiellement culturels, capables de réagir de façons diverses aux mêmes circonstances dominantes. Dans le dernier chapitre, j'explorerai plus profondément la notion de « nature humaine », à la lumière de l'histoire et de la préhistoire, et j'exposerai mon opinion personnelle sur ce que cet enseignement implique pour l'avenir de l'espèce humaine.

14 L'avenir

La couverture du *Bulletin of Atomic Scientists* représente une horloge dont les aiguilles sont arrêtées à minuit moins sept : « Elle symbolise pour le monde l'approche du cataclysme nucléaire », explique Bernard Feld, directeur de la publication. L'éditorial du premier numéro de 1980 commence par ces mots terrifiants : « Le Bulletin entre dans sa 35e année et nous ressentons aujourd'hui l'urgence de souligner le fait que l'évolution vers un désastre mondial s'accélère dans presque tous les domaines de l'activité sociale. »

Tandis que j'écris les dernières lignes de ce livre, les crises mondiales se disputent la une des journaux. Les tensions s'aggravent entre l'Est et l'Ouest et les ravages des maladies dans les pays pauvres, moins spectaculaires, continuent à s'intensifier. Les premiers frissons de panique se font sentir avec la diminution, et l'épuisement prochain, des ressources naturelles, en particulier du pétrole. L'économie de la planète est de plus en plus menacée par le déséquilibre des sources d'énergie pétrolières et l'incertitude politique. Le terrorisme frappe violemment et sans prévenir, créant une situation de désordre. Jamais auparavant l'humanité n'a abordé un avenir aussi incertain, aussi périlleux.

Les prophéties funestes ne datent pas d'aujourd'hui. Dans toutes les générations, des individus ont vu dans les progrès technologiques et sociaux des signes avant-coureurs de la destruction de la civilisation. Il y a un demi-siècle, Sigmund Freud écrivait : « Les hommes ont mené à un tel paroxysme leur contrôle sur les forces de la nature qu'il leur permet actuellement d'exterminer le genre humain avec la plus grande facilité. Ils le savent — c'est ce qui explique leur malaise actuel, leur accablement et leurs craintes. »

Moins de dix ans après ces déclarations, la Seconde Guerre mondiale faisait rage, détruisant d'innombrables villes et des millions de vies humaines. La fin de la guerre ne fut pas marquée, ainsi que Freud le craignait, par l'extermination de l'espèce humaine, mais elle impliquait que l'éventualité en était désormais très proche, avec l'annihilation d'Hiroshima et de Nagasaki par des armes atomiques. Hiroshima fut la première cible civile et près d'un demi-million de victimes périrent sous l'effet d'une seule bombe atomique qui était pourtant, comparée aux armes actuelles, de puissance très modeste. Les arsenaux nucléaires modernes abritent en effet des armes équivalant à un million de bombes semblables.

La Troisième Guerre mondiale serait certainement la dernière. La combinaison d'une puissance de destruction énorme et de systèmes de guidage extrêmement complexes et précis assurerait l'extermination définitive de tous les camps en conflit. Quant aux autres pays, ils seraient dévastés par les retombées radioactives mortelles. Notre planète serait totalement détruite et presque toutes les formes de vie — animaux, plantes, bactéries — subiraient le même sort.

Famille indienne d'une extrême pauvreté. Les trois-quarts de la population mondiale vivent dans les pays les plus déshérités et se partagent seulement un cinquième des ressources de la planète. Les gouvernements de la plupart de ces pays choisissent malheureusement de s'équiper en armements modernes avant de subvenir aux besoins élémentaires des populations. Les tensions entre l'Est et l'Ouest ne font qu'aggraver les différences entre pays riches et pays pauvres.

Certains détails concernant l'armement des super-puissances frisent l'absurde. Les États-Unis et l'U.R.S.S. possèdent au total seize mille têtes nucléaires, alors qu'il n'existe, dans l'hémisphère nord, que quatre cents villes assez importantes pour « justifier » l'emploi d'une telle arme. Un sous-marin américain Poséidon transporte assez de têtes nucléaires pour détruire toutes les villes soviétiques de plus de 150 000 habitants et ces sous-marins sont au nombre de trente et un. Un témoin de l'un des premiers essais nucléaires en a décrit le bruit, « semblable au claquement des portes de l'enfer »; si les armes, aujourd'hui prêtes à frapper par la simple pression d'un bouton, étaient utilisées, c'est pour toujours que ces portes se refermeraient sur nous.

La course aux armements qui a conduit notre planète au bord de l'anéantissement est le fruit de nombreux facteurs. La puissance des machines de guerre est considérable, mais les divergences idéologiques et le climat de méfiance qu'elles créent en sont des éléments moteurs importants. La paix mondiale de ces trente-cinq dernières années repose sur un équilibre de la terreur encore plus précaire. Malgré les négociations SALT (Stratégic Arms Limitation Talks) de la décennie précédente, la course aux armes nucléaires s'est intensifiée. Le coût global de cette aventure militaire s'élève à 450 milliards de dollars par an, soit vingt fois l'aide financière que les pays riches accordent aux nations déshéritées. L'énergie et la détermination avec lesquelles les hommes assurent la primauté militaire illustrent certainement un aspect de la nature humaine. De quoi s'agit-il exactement ?

L'agression dans le monde animal

A l'époque des amours, les épinoches mâles réagissent instinctivement devant le ventre rouge des mâles rivaux et un combat s'ensuit. Les singes vervets chassent les intrus de leur territoire en poussant des cris aigus. Un cerf provoque en combat un chef de harde, s'il se sent capable de le vaincre pour prendre sa place au milieu des femelles. De tels actes « d'agression » sont courants dans la vie animale. Certaines personnes en concluent que l'être humain est soumis de la même manière à des instincts agressifs, la plupart du temps contrôlés par les conventions sociales des communautés civilisées, mais qui ne peuvent jamais être totalement éliminés.

Si les luttes pour le partenaire sexuel, la nourriture ou le territoire sont fréquentes dans la nature, les animaux suivent des règles de combat élaborées et évitent généralement de s'infliger des dommages trop sérieux. L'un des traits essentiels du conflit animal est qu'il est en principe plus fréquent dans certaines circonstances que dans d'autres. Des facteurs tels que la quantité des ressources et le peuplement d'un territoire interviennent sur le niveau de violence d'un groupe. En période de surpopulation, par exemple, les actes d'agression sont beaucoup plus fréquents.

Il faut se demander cependant si l'on peut comparer un pays qui se prépare à la guerre à, par exemple, un babouin qui découvre les canines menaçantes à l'apparition d'un mâle rival. Il est dans la nature du babouin de réagir en certaines circonstances par ce « baillement de menace » caractéristique. S'il n'utilisait pas ce comportement, l'animal aurait beaucoup de difficultés à s'intégrer à la communauté naturelle. Il ne serait pas vraiment un babouin. En est-il de même pour les humains ? La guerre est-elle un fil inséparable du tissu de la nature humaine ?

L'importance de la culture

Tout au long de l'histoire de l'évolution humaine, un thème persiste : celui de l'élaboration d'une culture matérielle et sociale. La plupart des animaux agissent sur le monde extérieur par des comportements instinctifs, que leur expérience, dans une certaine mesure, modifie. Mais, ainsi que le souligne

« Bâillement de menace » d'un babouin mâle. La vue des canines pointues suffit généralement à faire fuir le rival. C'est au moyen de messages de ce genre que les sociétés animales maintiennent leur hiérarchie interne. Les véritables conflits sont rares et même lorsqu'un combat a lieu, les adversaires évitent de se blesser gravement.

David Pilbeam : « L'humain est, par excellence, un animal en apprentissage. Nous devons apprendre plus de choses, pendant plus longtemps, d'une manière plus complexe mais plus efficace (c'est-à-dire, par l'intermédiaire de la culture) et nous ne possédons, pour communiquer nos connaissances, qu'un système : le langage. » Les êtres humains viennent au monde avec un très petit nombre de réponses instinctives : la succion, les pleurs, le sourire, la marche... La manière dont une personne évolue dans ses comportements et ses croyances dépend de la culture qui baigne son environnement.

L'humain fabrique sa culture et la culture le modèle. Pour David Pilbeam, « que nous soyons monogames ou polygames, que nous portions du noir ou du blanc aux enterrements, que nous vivions sous la domination d'un roi ou sans chef, tout cela dépend de notre culture, non de nos gènes. » Clifford Geertz exprime ainsi les relations entre les humains et la culture : « Sans humains, il n'y a pas de culture, c'est certain; mais sans culture, il n'y a pas d'êtres humains, ce qui est encore plus significatif. » Nous venons au monde avec un millier de modes de vie potentiels, mais nous adoptons celui qui est forgé par les traditions de la culture qui nous a vus naître.

L'infinie variété des modes culturels, croyances religieuses, règles sociales, vêtements et langues témoigne de notre extrême souplesse. Il n'existe aucune règle qui soit respectée dans le monde entier. Même la prohibition du meurtre et de l'inceste qui régit la plupart des sociétés n'a pas cours dans certaines communautés. *Homo sapiens sapiens* est sans aucun doute un produit de la sélection naturelle, mais le trait principal de son comportement est de s'adapter parfaitement à la société dans laquelle il vit.

Il est donc ridicule, dans ce contexte, d'affirmer que la guerre organisée est l'équivalent humain de l'attitude agressive du babouin découvrant ses canines. Les dirigeants nationaux qui organisent les conflits militaires sont impliqués dans la politique, non dans l'agression directe; quant aux individus qui s'affrontent sur les champs de bataille, ils sont plus des moutons que des loups. Si le corps à corps meurtrier se déroule souvent dans l'émotion et la haine, il ne faut jamais perdre de vue que cet état d'esprit est le fruit de la dépersonnalisation et de l'endoctrinement des combattants.

Exprimant un point de vue de préhistorien, Bernard Campbell affirme : « L'anthropologie nous enseigne que l'être humain vivait en communion avec la nature jusqu'aux débuts de l'agriculture, où il commença à corrompre l'écosystème : un accroissement démographique s'ensuivit. Mais ce n'est qu'avec le développement des villes sacrées (vers 5000 av. J.-C.) qu'apparaissent des indices de meurtres et de guerres. Cet événement est bien trop récent pour avoir eu une influence quelconque sur l'évolution de la nature humaine… L'être humain n'est pas programmé pour tuer et faire la guerre, ni même pour chasser : la possibilité d'adopter ces comportements lui est transmise par ses aînés et ses pairs lorsque la société l'exige ». Paradoxalement, c'est cette compétence culturelle commune à tous les peuples de la terre qui les divise et les divergences de croyances religieuses et d'idéologies ont provoqué, tout au long de l'histoire, la haine et les conflits.

Mais le plus grand paradoxe est certainement celui qui concerne les langues. L'être humain est la seule créature douée d'un langage parlé, qui est le fondement de sa culture. Sans le langage, les systèmes sociaux complexes et les technologies élaborées n'existeraient pas. C'est le langage qui unit les humains et c'est lui qui les divise, à la fois par l'intermédiaire de son principal artefact, la culture, et par l'extraordinaire diversité de ses formes.

Je pense que la nature humaine est plus complexe qu'on ne le croit généralement. Nous ne portons pas le fardeau d'un passé « primitif » et « sauvage » : nous ne sommes pas ces « singes-tueurs » dont on a parlé, mais nous ne sommes pas non plus des créatures foncièrement pacifiques. La sélection naturelle nous a dotés d'une souplesse de comportement sans équivalent dans le monde animal. Nous sommes des êtres profondément sociaux et, sans contact avec d'autres individus, nous ne serions pas humains. Pendant plusieurs millions d'années, nos ancêtres ont mené une vie de chasse et de cueillette qui exigeait un niveau de coopération inconnu des autres primates. Mais il serait tout aussi faux d'affirmer que les humains sont, par nature, coopératifs que de prétendre qu'ils sont naturellement agressifs. Par nature, nous ne sommes *rien* . Nous sommes des êtres de culture, des produits de notre environnement particulier.

Ceux qui proclament que l'être humain est foncièrement agressif fournissent un alibi à la violence et à la guerre. Mais ce qui est encore plus grave, c'est que de telles croyances font accepter l'idée que l'holocauste est inévitable. Peu importe la manière dont nous envisageons la nature de l'univers physique : les planètes poursuivent leur course autour du Soleil, que nous croyons ou non en leur existence. Mais, ainsi que le souligne le psychiatre Léon Eisenberg, « le comportement humain n'est pas indépendant des théories que la société adopte sur la nature humaine. » Quand on pensait, par exemple, que la maladie mentale était par essence violente, les malades étaient enchaînés, battus et enfermés. Ils réagissaient par de violentes crises de rage, se moulant ainsi dans le comportement que la société attendait d'eux. Si nous nous laissons aller à penser que les humains sont foncièrement agressifs et que les conflits sont inévitables, rien ne sera plus certain alors que la réalisation de cette croyance.

Le gouffre entre Nord et Sud

J'ai évoqué la menace que représente pour notre espèce le pouvoir militaire des super-puissances, mais d'autres problèmes contribuent à l'instabilité de la situation mondiale, en particulier les flagrantes inégalités de la répartition des richesses. Un quart de la population mondiale vit dans les pays « développés » de l'hémisphère nord[1] et consomme les quatre cinquièmes du revenu global. Les pays pauvres de l'hémisphère sud[1] (à l'exclusion de l'Australie et de la Nouvelle-Zélande) sont habités par les trois quarts de la population mondiale, qui se partagent seulement un cinquième des ressources du globe. Tel est le constat de la différence entre le nord et le sud.

Il y a un peu plus de dix ans, le secrétaire général des Nations Unies, U Thant, lançait ce cri d'alarme : « Les pays membres des Nations Unies ont peut-être dix ans devant eux pour oublier leurs différends et organiser une coopération mondiale destinée à freiner la course aux armements, à améliorer et à fournir tous les moyens nécessaires à des efforts accrus. » Selon U Thant, les problèmes étaient déjà trop graves pour pouvoir être surmontés. En 1980, un important rapport fut rédigé par une commission internationale, sous la présidence de Willy Brandt. Intitulé *Nord-Sud : programme pour la survie*, ce document souligne les problèmes de société, d'économie et de santé qui divisent pays riches et pays pauvres, en démontrant que si le Nord ne reconnaît pas ses responsabilités envers le Sud, un désastre mondial est inévitable. Il est donc évident que la situation s'est aggravée depuis les déclarations pessimistes d'U Thant en 1969.

« Il existe un réel risque qu'en l'an 2000, une grande partie de la population mondiale vive encore dans la misère », écrivait Willy Brandt dans l'introduction du rapport. « Le monde peut devenir un jour surpeuplé et excessivement urbanisé. Les famines massives et les dangers de destructions augmenteront alors sans cesse — si une nouvelle guerre n'a pas encore secoué les fondations de ce que nous appelons la civilisation humaine. »

Bien que l'explosion démographique ait quelque peu diminué, la population mondiale dépasse 4 milliards d'individus et atteindra quelque 6 milliards vers l'an 2000. Actuellement, un milliard d'individus sont gravement sous-alimentés et 40 millions meurent littéralement de faim, non parce que notre planète manque de ressources, mais parce que les richesses sont injustement réparties. En fait, la nourriture est produite en quantités suffisantes pour que chaque individu au monde soit nourri, mais elle n'est pas distribuée à ceux qui en ont le plus besoin : elle est écoulée vers les plus offrants, qui en achètent des quantités bien supérieures à leurs besoins. Ce sont des structures économiques et sociales profondément injustes qui sont responsables de la misère et de la famine, ainsi que du gaspillage de la nourriture et des autres ressources dans les pays « développés ».

Le rapport *Nord-Sud* donne aussi quelques exemples édifiants de la manière dont les dépenses militaires détournent les fonds qui satisferaient les besoins concrets des pays pauvres. A titre d'exemple, les dépenses militaires d'une demi-journée pourraient financer le programme de l'Organisation mondiale de la santé pour la lutte contre la malaria. Des dépenses encore moindres suffiraient à surmonter le problème de l'onchocercose [2] qui affecte des millions de personnes. Le coût d'un seul tank permettrait de financer le stockage de 100 000 tonnes de riz et d'en économiser ainsi 4 000 tonnes au moins par an. Quarante villages pourraient être équipés d'une pharmacie pour environ 20 millions de dollars, le prix d'un seul avion de

1. Ne pas entendre « hémisphères nord et sud » au sens strictement géographique : il s'agit plutôt ici de « blocs », l'ensemble des pays développés étant situé globalement au nord des pays pauvres. Le sens strict d'« hémisphères » rendrait absurde la répartition des populations telle qu'elle est présentée dans le texte. (NDLT)

2. Cette maladie, qui affecte les habitants des bords de fleuves et de contrées humides, est transmise par un petit insecte hématophage, la simulie; elle est très redoutée pour ses localisations oculaires, car elle peut provoquer la cécité. (NDLT)

LONDON

Ce dépôt d'ordures en Angleterre illustre l'incroyable gaspillage des ressources dans les pays riches. Des structures économiques injustes, datant de la colonisation, créent cette situation, tandis que la famine sévit dans les nations les plus déshéritées.

chasse. La somme relativement modique de 23 milliards de dollars pourrait financer l'équipement agricole nécessaire pour que les pays pauvres puissent subvenir à la quasi totalité de leurs besoins vers 1990. Et quelque 9 milliards de dollars permettraient de résoudre, dans les pays où ils se posent, les problèmes de l'eau et des ordures. Les pays riches dépensent par ailleurs 100 milliards de dollars par an pour les boissons alcooliques. La liste est longue et les comparaisons sont terrifiantes.

Le gouffre entre nations riches et pauvres est désormais si large que les populations des deux extrémités de l'échelle vivent dans des univers totalement étrangers. Et malgré cela, les gouvernements de nombreux pays pauvres, plutôt que de venir en aide aux plus misérables, gaspillent leurs ressources dans l'achat d'armements modernes. « Par une ironie absurde, conclut Willy Brandt, les équipements et les techniques les plus complexes qui sont transmis par les pays riches aux pays pauvres concernent les machines de mort. » Le lien entre l'obsession de la puissance militaire et l'abandon des plus déshérités est indéniable. Il est clair également que le climat de méfiance qui baigne les relations entre l'Est et l'Ouest contribue fortement à renforcer la disparité économique entre les deux hémisphères.

Choisir notre futur

De nombreux observateurs ont fait remarquer que l'espèce humaine occupe une seule planète et devrait donc partager entre les individus ce qu'elle offre, sans gaspillage. Du point de vue de la préhistoire, on peut également ajouter que nous sommes une seule espèce et que nous possédons donc un héritage commun, ce qui est, à mon avis, une excellente raison pour reconsidérer les injustices flagrantes qui ravagent le monde, avant que ces déséquilibres nous plongent tous dans le néant.

Les recherches que j'ai décrites dans ce livre démontrent qu'*Homo sapiens sapiens* provient d'une souche unique et que les différences physiques entre les communautés des diverses parties du globe reflètent simplement les variations géographiques que l'on peut s'attendre à observer au sein de toute espèce largement répandue. Ces différences sont en fait à fleur de peau — et c'est vraiment la métaphore qui convient ici — si l'on considère la longue histoire de l'oppression sociale dont la couleur de la peau fut et est toujours le prétexte.

Les habitants de régions différentes sont différents, cela est incontestable et les variations principales concernent la manière dont ils font les choses : vêtements, architecture, mythes, chansons, idéaux... Ces différences doivent être considérées comme une manifestation de l'extraordinaire don d'invention de la culture humaine et non comme une source de divisions. La Terre est habitée par un seul peuple qui, grâce à une compétence culturelle unique en son genre, vit selon des modes de vie variés et nombreux. L'esprit humain est aussi celui qui cherche universellement, au-delà de lui-même, une explication à la nature humaine et au monde qui l'entoure.

« Parmi les deux millions d'espèces, ou plus, qui vivent actuellement sur terre », écrit Theodosius Dobzhansky, « l'être humain est le seul qui connaisse « l'ultime interrogation ». Il a besoin d'une foi, d'un espoir et d'un but, afin de vivre et de donner sens et dignité à son existence. » Pendant des millénaires, l'humanité a cherché cette foi hors d'elle-même, dans une conception religieuse de l'univers. Pour beaucoup, cette conception fut fortement compromise par le progrès de la science, notamment par les découvertes révolutionnaires de Copernic et de Darwin. Je pense que nous avons un grand enseignement à tirer de notre expérience intérieure, en ayant conscience d'appartenir individuellement à une même espèce, diverse et extrêmement bien adaptée. Le niveau de notre intelligence nous donne une perspective d'ensemble ignorée des autres créatures. Nous devons pouvoir prendre conscience de l'équilibre de la nature, tout en sachant judicieusement utiliser ce qu'elle nous offre. Ayant une vision globale du monde, nous en avons aussi la responsabilité totale, à la fois au niveau des autres individus de l'espèce humaine et à celui des nombreuses formes de vie avec lesquelles nous partageons la planète.

N'oublions jamais la leçon d'Hiroshima. Nous possédons les moyens techniques d'effacer toute vie de la surface de la Terre, mais en aucun cas nous ne sommes programmés en vue d'une telle fatalité. *Homo sapiens sapiens* n'est, par nature, ni agressif, ni pacifique. Le cerveau humain est une mécanique extraordinairement souple et adaptable, comme en témoignent les spectaculaires transformations qui marquent l'impact du monde industrialisé sur des sociétés à technologie simple et qui étaient auparavant isolées. En l'espace d'une génération, des individus peuvent abandonner un univers de chasse et de cueillette pour se plonger dans la complexité technique du monde moderne.

Contrairement à nos ancêtres dont les lignées se sont éteintes, nous sommes des animaux capables d'un choix pratiquement illimité. Mais le problème qui se pose aujourd'hui est celui de notre incapacité à reconnaître que nous pouvons choisir notre avenir.

Dans la recherche de nos ancêtres, j'ai découvert une source d'espoir.

La ville d'Hiroshima, dévastée par une bombe atomique en 1945.

Nous avons en partage notre héritage et notre avenir, ainsi que l'incomparable pouvoir de choisir notre destin. J'ai la conviction qu'une catastrophe mondiale d'origine humaine n'est pas inévitable.

A nous de choisir.

Remerciements

Je suis particulièrement reconnaissant à Roger Lewin, ami et collaborateur de longue date, qui m'a aidé tout au long de la préparation de ce livre. Sans son aide, je ne crois pas que la parution de ce livre aurait pu coïncider avec la série télévisée. Je dois aussi féliciter Peter Kain pour ses efforts à prendre des photos un peu partout dans le monde, souvent dans des conditions difficiles.

L'histoire de ce livre est directement liée à la série télévisée et je dois dire combien j'ai apprécié la collaboration de Graham Massey et Peter Spry-Leverton avec lesquels la série a été conçue et produite. Ce fut un plaisir de participer avec eux et avec toute l'équipe du film à la réalisation du projet et je les remercie sincèrement. J'ai aussi une dette de reconnaissance envers Linda Gamlin, qui a revu et préparé le manuscrit, et envers Martin Bristow, pour l'excellente maquette de ce livre.

Au cours du tournage et de la rédaction du livre, de nombreuses personnes m'ont facilité la tâche ou fourni des informations. Je dois mentionner en particulier Kamoya Kimeu, Glynn Isaac et Yves Coppens, ainsi que Richard Lee, Alan Walker, Pat Shipman, David Pilbeam, ma mère Mary Leakey, Barbara Isaac, Woo Ju-Kang, Henry et Marie-Antoinette de Lumley, Roger Fouts, Erik Trinkaus, Paul Bahn, Bob Brain, Elisabeth Vrba, Don Johanson, Philip Tobias, Kathy Schick, Nick Toth, Henry Brunn, Larry Keeley, Patricia Draper, Ralph Holloway, Alexander Marshack, Ralph Solecki, Margaret Conkey, Richard Klein, Stephen Jay Gould, Peter Williamson, Diane Gifford, Kay Behrensmeyer, Martin Pickford, Michael Day, Clifford Jolly, Owen Lovejoy, Alun Hughes, Ellen Kroll, Jack Harlan, Charles Nelson, John Kimengich, Gordon Hillman, Richard MacNeish, Kent Flannery, Michael Moseley, Judy Maguire, Joyce Marcus, Robert Feldman, Richard Ford, Andrew Hill, John Thackray, Bernard Wood, Ian Reid, Lynne Frostick, Karl Butzer, Aris Poulianos et Ron Bowen.

La réalisation de la série télévisée et de ce livre nécessite de nombreux contacts et consultations dont certains furent pris en mon nom mais sans ma participation effective. Il est inévitable que de nombreuses personnes qui m'ont aidé d'une manière ou d'une autre n'aient pas été mentionnées individuellement, mais je les remercie toutes sincèrement. De même, de nombreux projets, idées, conclusions, n'ont pas été mentionnés dans le film, ni dans le livre, mais le sujet est trop vaste pour en donner une vision exhaustive. J'ai essayé de présenter de manière simple ces passionnantes recherches internationales et pluridisciplinaires et j'espère que mes nombreux collègues me pardonneront les imperfections.

Enfin, je voudrais rendre hommage au Gouvernement du Kenya et à l'administration du Museum de Nairobi qui m'ont donné le temps de participer au tournage de la série télévisée.

Même avec le temps et toutes les aides que j'ai mentionnées, je n'aurais rien pu faire sans les constants soutien, encouragement, tolérance et aide de ma famille, en particulier de ma femme, à qui je voue une reconnaissance éternelle. Sans Meave, ni le film ni le livre n'auraient pu être entrepris.

Glossaire

Basalte : roche de couleur sombre formée par solidification de la lave émise des volcans.
Brèche : roche formée en grottes et composée de fragments d'autres roches, mélangés au sol, aux argiles et quelquefois à des os.
Faille : cassure de la croûte terrestre le long de laquelle il y a un déplacement.
Hominidae : famille qui inclut toutes les espèces des genres *Homo* et *Australopithecus*, mais exclut tous les grands singes.
Hominidé : tout membre de la famille des Hominidae.
Hominoïde : terme général pour les grands singes et les Hominidés.
Moulage endocrânien : moulage de la surface interne du crâne.
Néolithique : « nouvel âge de pierre », époque qui est associée aux débuts de la sédentarisation.
Paléoanthropologie : étude des ancêtres de l'homme.
Paléolithique : « âge ancien de la pierre ».
Paléontologie : étude des vies animale et végétale passées.
Primates : ordre de mammifères qui inclut les hommes et tous les singes.
Roches sédimentaires : roches formées de sédiments; le sédiment lui-même est formé par la désagrégation d'autres roches.
Sélection naturelle : théorie qui a pour but d'expliquer le mécanisme de l'évolution. Elle suggère que la variation naturelle trouvée dans une population conduit à des chances plus ou moins grandes de survie pour les différents individus. En retour, ceci affecte dans une certaine mesure la transmission des gènes à la génération suivante.
Tests au carbone radioactif : utilisation des changements qui se sont produits naturellement dans le carbone pour déterminer l'âge d'un élément archéologique d'origine organique. Cette méthode permet de remonter jusqu'à 40 000 ans à peu près.

Index

Les numéros de pages en *italiques* renvoient aux illustrations.

I

J

K

L

M

N

O

P

R

S

T

U-V

W

Z

Bibliographie

F. Bordes, *Le Paléolithique dans le monde* (Hachette, L'Univers des Connaissances, 1968)

M. Brezillon, *Dictionnaire de la Préhistoire* (Larousse, nouvelle édition, 1977)

R. Chauvin & B. Chauvin, *Le Monde animal et ses comportements complexes* (Plon, 1977)

C. Darwin, *L'Origine des espèces*

M.H. Day, *L'Homme préhistorique* (Larousse, 1970, coll. poche couleurs)

T. Dobzhansky, *L'Homme en évolution* (Flammarion); Les Origines de l'Homme (Artaud)

J.-L. Heim, *700 000 siècles d'aventure humaine*

Howells W.W., *Préhistoire et Histoire naturelle de l'Homme* (Payot, Paris, 1948)

R.R. Inskeep, *The peopling of Southern Africa* (Barnes et Noble Books, New York, 1979)

J. Jelinek, *Encyclopédie illustrée de l'homme préhistorique* (Gründ, 1976)

R. Leakey et R. Lewin, *Les Gens du lac*

A. Leroi-Gourhan, *Les Religions de la préhistoire* (Paris, P.U.F., 1964)

E. Mayr, *Populations, espèces et évolution* (Hermann, Paris, 1974)

J. Piveteau, *L'Origine de l'Homme et sa destinée* (Masson, 1973)

A.H. Schultz, *Les Primates* (Bordas, La Grande Encyclopédie de la nature, vol. 17, 1972)

P.V. Tobias, *The Bushmen* (Éd. Le Cap. Afrique du Sud)

P.- J. Ucko et A. Rosenfeld, *L'Art paléolithique* (Hachette, L'Univers des connaissances, 1966)

J.-S. Weiner, *La Genèse de l'homme* (Bordas, La Grande Encyclopédie de la nature, vol. 18, 1972)

B. Wood, *L'Évolution des premiers hommes* (F. Nathan, Albums-documents, 1978)

L'Ascension de l'Homme (Collectif, Éditions Solar, 1978)

Origines de l'Homme (Catalogue de l'exposition, Musée de l'Homme, 1976)

Les Origines de l'Homme (série publiée par Time-Life)

Les Débuts de la vie (1976), *Le Chaînon manquant* (1975), *Les Premiers hommes* (1975), *Les Néandertaliens* (1975), *L'Homme de Cro-Magnon* (1975).

Pour la Science (numéro spécial « L'évolution », n° 13. nov. 78)

Sources des illustrations

10 Mary Evans Picture Library
11 Bob Campbell
12 Rodney Bond
14 John Reader/Colorific
17 Bob Campbell
23 Yves Coppens
24 Radio Times Hulton Picture Library
27 Ian Murphy
28 H. Reinhard/Bruce Coleman Inc.
30 Anthony Maynard
32-3 Nicholas Hall
36 Andrew Hill
38-9 Nicholas Hall
41 Bob Campbell
42 Rodney Bond
43 Rod Williams/Bruce Coleman Ltd
46 Eugène Fleury
47 David Pilbeam
48 Eugène Fleury
50 Photo : David Pilbeam. Dessin : Ron Bowen
53 W. Garst/Tom Stack Associates
56 A gauche : The Illustrated London News.
A droite : British Museum (Natural History)
59 Nicholas Hall, d'après les diagrammes de Bob Brain
64 Bob Campbell/Bruce Coleman Ltd
66 Rodney Bond
67 The Cleveland Museum of Natural History
68 David Brill. © National Geographic Society
69 David Brill. © National Geographic Society
72-3 Ron Bowen
85 Timothy Ransom
89 Richard Wrangham/Anthrophoto
90-1 Ron Bowen
93 Edward Ross
96 Irven DeVore/Anthrophoto
98 Eugène Fleury
100 Richard Lee
101 Irven DeVore/Anthrophoto
102 Edward Ross
103 Edward Ross
104 Irven DeVore/Anthrophoto
106 Edward Ross
113 Eugène Fleury
119 *En haut et en bas :* Glynn Isaac
121 Institut de paléontologie, Pékin
126 Rodney Bond
128 Rodney Bond
133 Joyce Tuhill
135 Michael Holford
136 Michael Holford
138 Keith Preston
140 Irven DeVore/Anthrophoto
147 Musée de l'Homme, Paris
148 En haut : Joyce Tuhill. En bas : The Illustrated London News
149 Eugène Fleury
151 Michael Holford
154-5 Ron Bowen
161 Jean Vertut
162 Jean Vertut
166 Michael Holford
168 Eugène Fleury
170 Jean Vertut
171 Jean Vertut
174 Collection Begouën; photo : Jean Vertut
176 Martin Bronkhorst, d'après l'abbé Breuil
177 Jean Vertut
178 Joyce Tuhill, d'après Alexander Marshack
179 Jean Vertut
182 Keith Preston
185 Bryan et Cherry Alexander
186 Michael Holford
190 Heather Angel
191 Eugène Fleury
192 Keith Preston
193 Keith Preston
194 Musée des Antiquités Nationales, Paris
196 Eugène Fleury
199 Robert Feldman, Field Museum. Chicago
201 Eugène Fleury
206 Eugène Fleury
208-9 Ron Bowen
213 Eugène Fleury
215 Michael Moseley/Anthrophoto
220 Michael Day
222 *En haut* : The Illustrated London News
226 Andrew Hill
228 Michael Holford
232 Eugène Fleury
233 Michael Freeman
234 Michael Freeman
239 Keystone Press Agency Ltd
241 Irven DeVore/Anthrophoto
244 Keystone Press Agency Ltd
246 Keystone Press Agency Ltd

Peter Kain est l'auteur des photos des pages suivantes (© Richard Leakey) : **8, 16, 19, 34, 44, 54, 57, 61, 62, 77, 79, 80, 82, 83, 87, 111, 115, 116, 122** (en haut, et en bas), **125, 132, 134** (à gauche et à droite), **137, 143, 144, 146, 157, 158, 164, 181, 188, 203, 207, 211, 216, 218, 222** (en bas), **223, 231, 236, et pages de titre.**

Achevé d'imprimer
par Printer Industria Gráphica, Barcelone, Espagne
N° d'Éditeur : 26
Dépôt légal : 4e trimestre 1981

Imprimé en Espagne